Werkstofftechnische Berichte | Reports of Materials Science and Engineering

Reihe herausgegeben von

Frank Walther, Lehrstuhl für Werkstoffprüftechnik (WPT), TU Dortmund, Dortmund, Nordrhein-Westfalen, Deutschland

In den Werkstofftechnischen Berichten werden Ergebnisse aus Forschungsprojekten veröffentlicht, die am Lehrstuhl für Werkstoffprüftechnik (WPT) der Technischen Universität Dortmund in den Bereichen Materialwissenschaft und Werkstofftechnik sowie Mess- und Prüftechnik bearbeitet wurden. Die Forschungsergebnisse bilden eine zuverlässige Datenbasis für die Konstruktion, Fertigung und Überwachung von Hochleistungsprodukten für unterschiedliche wirtschaftliche Branchen. Die Arbeiten geben Einblick in wissenschaftliche und anwendungsorientierte Fragestellungen, mit dem Ziel, strukturelle Integrität durch Werkstoffverständnis unter Berücksichtigung von Ressourceneffizienz zu gewährleisten.

Optimierte Analyse-, Auswerte- und Inspektionsverfahren werden als Entscheidungshilfe bei der Werkstoffauswahl und -charakterisierung, Qualitätskontrolle und Bauteilüberwachung sowie Schadensanalyse genutzt. Neben der Werkstoffqualifizierung und Fertigungsprozessoptimierung gewinnen Maßnahmen des Structural Health Monitorings und der Lebensdauervorhersage an Bedeutung. Bewährte Techniken der Werkstoff- und Bauteilcharakterisierung werden weiterentwickelt und ergänzt, um den hohen Ansprüchen neuentwickelter Produktionsprozesse und Werkstoffsysteme gerecht zu werden.

Reports of Materials Science and Engineering aims at the publication of results of research projects carried out at the Chair of Materials Test Engineering (WPT) at TU Dortmund University in the fields of materials science and engineering as well as measurement and testing technologies. The research results contribute to a reliable database for the design, production and monitoring of high-performance products for different industries. The findings provide an insight to scientific and applied issues, targeted to achieve structural integrity based on materials understanding while considering resource efficiency.

Optimized analysis, evaluation and inspection techniques serve as decision guidance for material selection and characterization, quality control and component monitoring, and damage analysis. Apart from material qualification and production process optimization, activities concerning structural health monitoring and service life prediction are in focus. Established techniques for material and component characterization are aimed to be improved and completed, to match the high demands of novel production processes and material systems.

Daniel Klemm

Lokale Verformungsevolution von im Elektronenstrahlschmelzverfahren hergestellten IN718-Gitterstrukturen

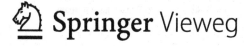 Springer Vieweg

Daniel Klemm
Sprockhövel, Deutschland

Daniel Klemm
Veröffentlichung als Dissertation in der Fakultät Maschinenbau der Technischen
Universität Dortmund.
Promotionsort: Dortmund
Tag der mündlichen Prüfung: 12.04.2023
Vorsitzender: Priv.-Doz. Dr.-Ing. Dipl.-Inform. Andreas Zabel
Erstgutachter: Prof. Dr.-Ing. habil. Frank Walther
Zweitgutachter: Prof. Dr.-Ing. Thomas Niendorf
Mitberichter: Prof. Dr.-Ing. Arne Röttger

ISSN 2524-4809 ISSN 2524-4817 (electronic)
Werkstofftechnische Berichte | Reports of Materials Science and Engineering
ISBN 978-3-658-42687-3 ISBN 978-3-658-42688-0 (eBook)
https://doi.org/10.1007/978-3-658-42688-0

Die Deutsche Nationalbibliothek verzeichnet diese Publikation in der Deutschen Nationalbibliografie; detaillierte bibliografische Daten sind im Internet über http://dnb.d-nb.de abrufbar.

Planung/Lektorat: Carina Reibold
Springer Vieweg ist ein Imprint der eingetragenen Gesellschaft Springer Fachmedien Wiesbaden
GmbH und ist ein Teil von Springer Nature.
Die Anschrift der Gesellschaft ist: Abraham-Lincoln-Str. 46, 65189 Wiesbaden, Germany

Das Papier dieses Produkts ist recyclebar.

Geleitwort

Die Forschungsaktivitäten des Lehrstuhls für Werkstoffprüftechnik an der Technischen Universität Dortmund im Bereich der additiven Fertigung befassen sich unter anderem mit der Charakterisierung des zyklischen Verformungs- und Schädigungsverhaltens von im Pulverbettverfahren hergestellten Gitterstrukturen unter anwendungsnahen Bedingungen. Die Untersuchungen zielen auf ein grundlegendes Verständnis der komplexen Wechselwirkungen zwischen dem Herstellungsprozess, den Strukturcharakteristika sowie den resultierenden mechanischen und mechanisch-thermischen Eigenschaften ab. Das übergeordnete Ziel ist hierbei die Implementierung von additiv gefertigten Gitterstrukturen als Designelement in industriellen Applikationen der Luft- und Raumfahrtindustrie.

Die vorliegende Arbeit befasst sich mit der generellen Herstellbarkeit und der mechanischen Charakterisierung bei Raum- und Hochtemperatur von im Elektronenstrahlschmelzverfahren gefertigten Gitterstrukturen auf Basis der Ni-Basislegierung Inconel®718. Primäre Fragestellungen befassten sich mit der Betrachtung des „as-built" Zustands, wobei auf Grundlage von röntgenografischen Scans Auswertemethoden entwickelt wurden, die vor allem die initiale Defektausprägung, geometrische Gestaltabweichungen und die Oberflächenrauheit quantifizieren. Zur Verbesserung der Oberflächenrauheit wurde ein berührungsloses Nachbearbeitungsverfahren tiefgreifend analysiert und auf die hergestellten Gitterstrukturen übertragen, wodurch ein experimenteller Versuchsaufbau zur nachhaltigen Minderung der Oberflächenrauheit von komplexen Bauteilen bzw. Strukturen etabliert werden konnte. Unter Berücksichtigung des im Vergleich zum Vollmaterial vielfältigeren Verformungs- und Schädigungsverhaltens wurden ebenfalls neue Probengeometrien mit zunehmender Komplexität entwickelt. Im Rahmen der mechanischen Charakterisierung wurden unterschiedliche Prüfmethoden in Kombination mit struktursensitiven Messverfahren adaptiert, wodurch erstmalig die dreidimensionale Schädigungsentwicklung innerhalb von Gitterstrukturen vorgangsorientiert analysiert werden konnte. Die Arbeit vermittelt somit ein ganzheitliches Prozess-Struktur-Eigenschaft-Verständnis unter Berücksichtigung der zugrundeliegenden Verformungs- und Schädigungsmechanismen von additiv gefertigten Gitterstrukturen.

Dortmund   Frank Walther

Juni 2023

Vorwort

Tu es oder tu es nicht. Es gibt kein Versuchen. – Yoda

Die vorliegende Dissertation entstand im Rahmen meiner Tätigkeit als wissenschaftlicher Mitarbeiter am Lehrstuhl für Werkstoffprüftechnik (WPT) der Technischen Universität Dortmund im Rahmen der von der Deutschen Forschungsgemeinschaft (DFG) geförderten Projekte „Damage tolerance evaluation of electron beam melted cellular structures by advanced characterization techniques" und „Erforschung der mikrostruktur- und defektkontrollierten Schadenstoleranz von Gitterstrukturen bei Raumtemperatur und 650 °C auf Basis der E-PBF prozessierten Nickelbasislegierung Inconel 718". Die Projekte wurden in Kooperation mit dem Institut für Werkstoffe – Metallische Werkstoffe (IfW) der Universität Kassel bearbeitet. Neben dem Fördergeber möchte ich mich bei allen Personen aus meinem persönlichen und beruflichen Umfeld für die Unterstützung während der Erstellung dieser Arbeit aufrichtig bedanken.

Ein großer Dank geht an meinen Doktorvater Herrn Prof. Dr.-Ing. habil. F. Walther sowohl für die Unterstützung in wissenschaftlichen und fächerübergreifenden Diskussionen als auch für die persönliche Betreuung im Rahmen meiner Promotion. Herrn Prof. Dr.-Ing. T. Niendorf danke ich für die Übernahme des Zweitgutachtens. Gerne möchte ich mich auch bei Herrn Prof. Dr.-Ing. habil. A. Röttger und bei Herrn apl. Prof. PD Dr.-Ing. Dipl.-Inform. A. Zabel bedanken, die die Prüfungskommission vervollständigt haben. Ein besonderer Dank geht an alle Kolleginnen und Kollegen am WPT, an meine studentischen Hilfskräfte sowie an meine Studienarbeiterinnen und Studienarbeiter, die mich jederzeit unterstützt und täglich mit Rat und Tat zur Seite gestanden haben. Namentlich danken möchte ich meinen über die Jahre gewonnenen Freunden Felix Stern und Mirko Teschke.

Zuletzt möchte ich meiner Familie, besonders meinen Eltern, für das Verständnis und die immerwährende Unterstützung in allen erdenklichen Lebenslagen danken. Mein größter Dank gilt letztlich meiner Ehefrau Patricia, die mir mit ihrer liebevollen, einfühlsamen und humorvollen Art unglaublich viel Halt und Kraft gibt und somit maßgeblich dazu beiträgt, dass ich tagtäglich das Beste aus mir herausholen kann und zu der Person gewachsen bin, die diese Arbeit fertiggestellt hat.

Sprockhövel   Daniel Klemm
Juni 2023

Kurzfassung

Steigende Anforderungen an die funktionalen und mechanischen Eigenschaften von Bauteilen und Komponenten zeigen aktuell die Grenzen konventioneller subtraktiver Fertigungsverfahren auf. Im Gegensatz dazu entwickelt sich die additive Fertigung in den letzten Jahrzehnten zu einem vielversprechenden Fertigungsverfahren, wobei komplexe Bauteile mit endkonturnahen Geometrien und vielfältigen Designs hergestellt werden können. Im Hinblick auf neuartige Leichtbaukonstruktionen stehen aktuell zellulare Strukturen im Fokus zahlreicher Forschungsarbeiten, da für diese die spezifischen Vorteile der additiven Fertigung kombiniert werden können. Generell können zellulare Strukturen in Schäume, Waben- und Gitterstrukturen eingeteilt werden, wobei letztere einzigartige Vorteile durch die vorhandenen Gittersymmetrien und die vergleichsweise leichte Anpassung der Gitterparameter bieten. Die komplexen Wechselwirkungen zwischen der Einheitszellenmorphologie, der relativen Dichte, den Fertigungsparametern, der sich einstellenden Mikrostruktur und Defektausprägung des Grundwerkstoffs sowie den resultierenden mechanischen Eigenschaften sind für diese neuartige Fertigungstechnologie bisher nicht eindeutig identifiziert, sodass weitergehende Untersuchungen notwendig sind.

Zur Verarbeitung von Metalllegierungen etabliert sich im Bereich der additiven Fertigung vor allem das pulverbettbasierte Schmelzen mittels Laser- oder Elektronenstrahl. Besonders in der Luft- und Raumfahrtindustrie werden aktuell Ansätze verfolgt, kostenintensive Legierungen mithilfe dieser Fertigungsverfahren zu verarbeiten, um Material- und Fertigungskosten zu reduzieren. Eine in diesem Industriezweig vielfältig eingesetzte Legierung ist hierbei die Ni-Basis-Legierung Inconel®718. Die Inconel®718-Legierung zeichnet sich dabei durch hervorragende mechanische Eigenschaften und eine hohe chemische Beständigkeit unter erhöhten Temperaturen aus. Die generelle Prozessierbarkeit der Inconel®718-Legierung mittels pulverbettbasierten Schmelzverfahren konnte in zahlreichen Forschungsarbeiten dokumentiert werden. Während für das Vollmaterial bereits vielfältige experimentelle Daten bei Raum- und Hochtemperaturen vorhanden sind, wurden Gitterstrukturen bisher nur in einem sehr geringen Maße untersucht. Ein Verständnis der auftretenden Verformungs- und Schädigungsvorgänge innerhalb der Gitterstrukturen sowie eine Einordnung der Leistungsfähigkeit im Vergleich zum Vollmaterial könnte zukünftig ein größeres Anwendungsfeld für zellulare Strukturen ermöglichen.

Übergeordnetes Ziel dieser Forschungsarbeit ist die ganzheitliche Charakterisierung der mechanischen Eigenschaften additiv gefertigter Gitterstrukturen bei Raum- und Hochtemperaturen auf Basis der Inconel®718-Legierung. Die Herstellung der Prüfkörper erfolgte mithilfe des pulverbettbasierten Schmelzens mittels Elektronenstrahl. Zur Einordnung der späteren experimentellen Ergebnisse wurden erste quasistatische und zyklische Versuche anhand von Vollmaterialproben durchgeführt. Für den polierten Zustand konnten hierbei vergleichbare bzw. verbesserte mechanische Eigenschaften im Vergleich zum konventionell hergestellten Material detektiert werden. Die „as-built" Oberflächenrauheit führte zu einer signifikanten Herabsetzung der mechanischen Eigenschaften. Weiterhin kann eine multiple Rissinitiierung an der Probenoberfläche beobachtet werden, die durch vorhandene oberflächennahe Defekte weiter begünstigt wird.

Ein Schwerpunkt liegt in der Charakterisierung des „as-built" Zustands der Gitterstrukturen, d. h. im initial gebauten Zustand ohne eine nachträgliche Bearbeitung. Neben mikroskopischen Untersuchungen wurden röntgenografische Scans durchgeführt, um die initiale Defektverteilung, die geometrische Gestaltabweichung im Vergleich zum CAD-Modell, die Oberflächenbeschaffenheit und den nominellen Probenquerschnitt zu bestimmen. Im Einzelnen konnte aufgezeigt werden, dass nahezu volldichte Probekörper, unabhängig von der Bauteilkomplexität, hergestellt werden können. Im Vergleich zum Vollmaterial im as-built Zustand wiesen die Gitterstrukturen ähnliche Oberflächenrauheiten auf, allerdings konnten im Bereich von Knotenpunkten geometrische Gestaltabweichungen detektiert werden, die auf Pulveragglomerationen zurückgeführt werden können.

Zur Verringerung der initialen Oberflächenrauheit wurden neuartige Bearbeitungsverfahren untersucht. Hierbei wurde ein Fokus auf das elektrochemische Polieren gelegt, da damit eine berührungslose Bearbeitung der Oberfläche ermöglicht wird. Nach der Bearbeitung konnte für einfache Vollmaterialproben eine Reduzierung der Oberflächenrauheit um mehr als 50 % detektiert werden. Zur Verbesserung der Oberflächenrauheit von innenliegenden Einheitszellen bzw.

Stegen wurde der experimentelle Prüfaufbau verändert und ein gezielter Material-abtrag ermöglicht. Dies bietet die Grundlage für weitergehende Untersuchungen, wodurch eine ganzheitliche Bearbeitung komplexer Strukturen sichergestellt werden kann.

Unter Berücksichtigung des vielfältigeren Verformungs- und Schädigungsver-haltens von Gitterstrukturen wurde die Komplexität der Prüfkörper schrittweise erhöht und struktursensitive thermometrische, resistometrische, akustische und optische Messverfahren für die Beschreibung der strukturellen Integrität bzw. zur Detektion des tatsächlichen Materialzustands qualifiziert. Die mechanische Charakterisierung der Gitterstrukturen mit dem Einheitszellentyp F_2CC_Z erfolgte anschließend, unter Einbindung der Messverfahren, in Mehrstufen- und Einstu-fenversuchen bei Raum- und Hochtemperaturen. Besonders hervorzuheben sind die digitale Bildkorrelation sowie die Erfassung von Widerstandsänderungen, die eine lokale und integrale Betrachtung des zyklischen Verformungsverhaltens ermöglichen. Im Zuge der Untersuchungen konnten die potentiellen Grenzen der verwendeten Messverfahren aufgezeigt werden. Für eine ganzheitliche Betrach-tung wurden intermittierende zyklische Versuche durchgeführt. In definierten Intervallen wurden röntgenografische Scans unter Zuhilfenahme einer in-situ Belastungseinheit durchgeführt und vorhandene Risse und Schädigungen sichtbar gemacht. Somit konnte erstmalig die dreidimensionale Schädigungsentwicklung von Gitterstrukturen visualisiert und untersucht werden.

Die Ergebnisse der Arbeit sollen ein grundlegendes Verständnis über die kom-plexen Wechselwirkungen zwischen dem Herstellungsprozess, den resultierenden mechanischen Eigenschaften und den Struktureigenschaften schaffen. Die initiale Charakterisierung der Gitterstrukturen kann, unabhängig von der Werkstoffklasse und der Einheitszellengeometrie, in zukünftigen Untersuchungen adaptiert wer-den. Die vorgestellte Prüfmethodik soll eine zeit- und kosteneffiziente Bewertung des quasistatischen und zyklischen Werkstoffverhaltens bei Raum- und Hochtem-peraturen ermöglichen und dazu beitragen, dass additiv gefertigte Gitterstrukturen als Designelement in industriellen Applikationen implementiert werden, wodurch Ressourcen geschont und Kosten gesenkt werden können.

Abstract

The increasing requirements for functional and mechanical properties of parts and components show the limitations of conventional subtractive manufacturing techniques. Additive manufacturing developed over the last decades to a promising manufacturing technique, which allows to manufacture complex parts with near net-shape geometries and versatile designs. With regard to new lightweight constructions, cellular structures are currently focused in various studies, since specific advantages of additive manufacturing techniques can be combined. Generally, cellular structures can be classified into foams, honeycomb and lattice structures, whereby latter offer unique properties through the present symmetry and the relatively easy adjustment of lattice parameters. The complex interactions between the unit cell morphology, the relative density, the process parameters, the upcoming microstructure and defect state as well as the resulting mechanical properties are not clearly identified for this new manufacturing technique, thus, further investigations are needed.

For processing of metallic alloys, powder bed fusion with laser or electron beam are established in the field of additive manufacturing. Especially in the aerospace industry, different approaches are pursued to process cost-intensive alloys by means of additive manufacturing in order to reduce material and manufacturing costs. One of the most prominent alloys in this industrial sector is the Ni-based alloy Inconel®718. This alloy features superior mechanical properties as well as a high chemical resistance at elevated temperatures. The general manufacturability of the Inconel®718 alloy by means of powder bed fusion was documented in numerous studies. Although diverse experimental data at room and high temperatures is existing for bulk material, lattice structures were investigated to a lower extent. The understanding of the occurring deformation and damage mechanisms inside the lattice structure as well as a comparison to the mechanical performance of bulk material could increase the potential application field of cellular structures in the future.

Overall aim of this work is the comprehensive characterization of the mechanical properties of additively manufactured lattice structures at room and high temperatures based on the Inconel®718 alloy. The manufacturing of the specimens was done by means of electron beam powder bed fusion. To classify the later experimental results, primary quasistatic and cyclic tests were carried out for the bulk material. For the polished condition, comparable or rather improved mechanical properties were detected compared to conventional manufactured material. The as-built surface roughness leads to a significant reduction of the mechanical properties. Additionally, multiple crack initiation sites can be observed at the specimen surface, which were further intensified by means of near-surface defects.

One of the main topics is the characterization of the initial state of the lattice structures in as-built condition. Next to microstructural investigations, computer tomographic scans were conducted to determine the initial defect state, the geometric deviations compared to the CAD model, the surface roughness and the nominal cross section. It could be shown that near fully-dense specimens with increasing complexity can be realized. Compared to bulk material, lattice structures show similar surface roughness, however, geometric deviations can be detected in the nodal points which can be linked to powder agglomerations.

To decrease the initial surface roughness, new methods were investigated, whereby the electrochemical polishing was focused since a contactless processing is enabled. After processing of simple bulk material specimens, surface roughness could be reduced over 50 %. To improve the surface roughness of inner unit cells or struts, the experimental setup had to be modified to enable a targeted material removal. This provides the basis for future investigations in order to ensure a comprehensive processing of complex structures.

Considering the versatile deformation and damage behavior of lattice structures, the complexity of the specimens was increased stepwise while qualifying thermometric, resistometric, acoustic and optical measurement techniques to determine the structural integrity as well as the actual material state. Within the mechanical characterization, a combination of multiple and constant amplitude tests was conducted while embedding the prescribed measurement techniques. Especially the use of digital image correlation as well as the detection of the change in electrical resistance enable the local and integral investigation of the cyclic deformation behavior. Within the experiments, potential limitations of the measurement techniques used could be highlighted. For the comprehensive characterization, intermittent cyclic tests were carried out. In defined intervals, computer tomographic scans were conducted by simultaneously using an in-situ load unit in order to detect present cracks and areas of failure, thus, it was first possible to visualize and investigate the three-dimensional damage progress of lattice structures.

The results of this work enable a fundamental understanding of the complex interactions of lattice structures resulting from the manufacturing process, the mechanical as well as the structural properties. Independent of the alloy and the unit cell geometry, the initial characterization of the lattice structures can be adapted in future investigations. The testing method shown enables a time- and cost-efficient evaluation of the quasistatic and cyclic material behavior at room and high temperatures and should contribute to the implementation of additively manufactured lattice structures as a design element in industrial applications in order to preserve resources and decrease costs.

Inhaltsverzeichnis

Abkürzungsverzeichnis

μCT	Mikrofokus-Computertomografie
2D	Zweidimensional
3D	Dreidimensional
A2X	Typenbezeichnung einer Elektronenstrahlschmelzanlage der Fa. GE Additive
ABS	Acrylnitril-Butadien-Styrol-Copolymer
AISI	engl. American Iron and Steel Institute
AM	Additive Fertigung (engl. Additive Manufacturing)
ASTM	Internationale Standardisierungsorganisation (engl. American Society for Testing and Materials)
BCC	Kubisch-raumzentriert (engl. Body Centered Cubic)
BMW	Bayerische Motoren Werke Aktiengesellschaft
BR	Baurichtung
CAD	engl. Computer-Aided Design
CT	Computertomografie
DFG	Deutsche Forschungsgemeinschaft
DIC	Digitale Bildkorrelation (engl. Digital Image Correlation)
DIN	Deutsches Institut für Normung
DTM	Deutsche Tourenwagen Meisterschaft
DVC	Digitale Volumenkorrelation (engl. Digital Volume Correlation)
ECP	Elektrochemisches Polieren
EDS	Energiedispersive Röntgenspektroskopie
EN	Europäische Norm
EOS	EOS GmbH (engl. Electro-Optical Systems)

ESV	Einstufenversuch
FCC	Kubisch-flächenzentriert (engl. Face Centered Cubic)
FDM	Fused Deposition Modeling
FEA	Finite-Elemente-Analyse
FLM	Fused Layer Modeling
GE	General Electric
HCF	Zeitfestigkeitsbereich (engl. High Cycle Fatigue)
HCP	Hexagonal-dichtestgepackt (engl. Hexagonal Close-Packed)
HIP	Heißisostatisches Pressen
HP	Hewlett-Packard
HT	Hochtemperatur
ILT	Fraunhofer-Institut für Lasertechnik
IN718	Inconel®718-Legierung
ISO	Internationale Organisation für Normung
kfz	Kubisch-flächenzentriert
krz	Kubisch-raumzentriert
LCF	Kurzzeitfestigkeitsbereich (engl. Low Cycle Fatigue)
LLF	Langzeitfestigkeitsbereich (engl. Long Life Fatigue)
LLM	Layer Laminated Manufacturing
LOM	Laminated Object Manufacturing
LS	Laser-Sintern
Me	Metalle
MIT	engl. Massachusetts Institute of Technology
MSV	Mehrstufenversuch
PBF-EB/M	Pulverbettbasiertes Schmelzen von Metallen mittels Elektronenstrahl (engl. Powder Bed Fusion of Metals using Electron Beam)
PBF-LB/M	Pulverbettbasiertes Schmelzen von Metallen mittels Laserstrahl (engl. Powder Bed Fusion of Metals using Laser Beam)
PC	Polycarbonat
PJM	engl. Poly-Jet Modelling
PLA	Polymilchsäure (engl. Polylactic Acid)
REM	Rasterelektronenmikroskop
SL	Stereolithografie
SLM	Selektives Laserschmelzen
SLS	Selektives Lasersintern
STL	Dateiformat (engl. Standard Triangulation Language)
UV	Ultraviolettstrahlung
VDI	Verein Deutscher Ingenieure

Formelzeichenverzeichnis

Lateinische Symbole

A	Bruchdehnung (10^{-2})
a_l	Abstand Metalloberfläche/Elektrolyt an Stelle A (μm)
a_S	Stegbreite (mm)
b	Schwingfestigkeitsexponent
b_l	Abstand Metalloberfläche/Elektrolyt an Stelle B (μm)
b_{Zelle}	Einheitszellenbreite (mm)
c_0	Anfangskonzentration (mol l^{-1})
c_L	Konzentration Element c in flüssiger Phase
c_S	Konzentration Element c in fester Phase
d_p	Äquivalenter Porendurchmesser (μm)
d_S	Stegdurchmesser (mm)
E	Elastizitätsmodul (GPa)
E_{dyn}	Dynamischer Elastizitätsmodul (GPa)
$E_{dyn,Druck}$	Dynamischer Elastizitätsmodul im Druckbereich (GPa)
$E_{dyn,\,Zug}$	Dynamischer Elastizitätsmodul im Zugbereich (GPa)
E_k	Normierte akkumulierte akustische Emission
E_{kor}	Freies Korrosionspotential (V)
E_V	Volumenenergiedichte (J mm^{-3})
f	Prüffrequenz (Hz)
F	Kraft (N)
g	Gravitationskonstante (m s^{-2})
G	Temperaturgradient (K mm^{-1})
h	Hatchabstand (μm)

h_{Zelle}	Einheitszellenhöhe (mm)
H	Bauraumhöhe (mm)
I	Stromdichte (A cm^{-2})
I_0	Initiale Strahlungsintensität (W m^{-2})
I_{max}	Maximale Stromstärke (A)
I_S	Strahlungsintensität (W m^{-2})
j	Anzahl reibungsfreier Knotenpunkte
k	Verteilungskoeffizient
L	Schichtdicke (μm)
l_{Zelle}	Einheitszellenlänge (mm)
M	Maxwell-Kriterium
N	Lastspielzahl
n	Anzahl
N_B	Bruchlastspielzahl
N_G	Grenzlastspielzahl
P	Strahlleistung (W)
R	Spannungsverhältnis
R^2	Bestimmtheitsmaß
Ra	Arithmetischer Mittenrauwert (μm)
$Rmax$	Maximale Rautiefe (μm)
R_m	Zugfestigkeit (MPa)
$R_{p,0,2}$	0,2 %-Dehngrenze (MPa)
Rz	Gemittelte Rautiefe (μm)
S	Sphärizität
T_L	Liquidustemperatur (°C)
T_q	Realtemperatur (°C)
T_S	Schmelztemperatur (°C)
U	Spannung (V)
v	Scangeschwindigkeit (mm s^{-1})
v_c	Traversengeschwindigkeit (mm s^{-1})
v_E	Erstarrungsgeschwindigkeit (mm s^{-1})
V_{Zelle}	Einheitszellenvolumen (mm^3)
x	Materialdicke (mm)
z	Anzahl Stege

Griechische Symbole

γ-Matrix	Austenitische Matrix der IN718-Legierung
γ'-Phase	Kubisch-raumzentrierte Ordnungsphase
γ''-Phase	Tetragonal-raumzentrierte Ordnungsphase
δ-Phase	Orthorhombische Phase
$\Delta\sigma$	Spannungsschwingbreite (MPa)
$\Delta\sigma_a$	Spannungsamplitudenänderung (MPa)
ΔT	Temperaturänderung (K)
ΔR_{DC}	Elektrische Widerstandsänderung (mΩ)
ε	Dehnung (10^{-2})
$\varepsilon_{a,p}$	Plastische Dehnungsamplitude (10^{-2})
$\varepsilon_{a,t}$	Totaldehnungsamplitude (10^{-2})
ε_m	Mitteldehnung (10^{-2})
ε_{max}	Maximale Dehnung (10^{-2})
ε_{min}	Minimale Dehnung (10^{-2})
μ	Schwächungskoeffizient (cm^2 g^{-1})
ρ^*	Dichte der Gitterstruktur bezogen auf V_{Zelle} (kg m^{-3})
ρ_0	Dichte Grundmaterial (kg m^{-3})
ρ_{Zelle}	Relative Dichte
σ	Spannung (MPa)
σ_a	Spannungsamplitud (MPa)
$\sigma_{a,start}$	Initiale Spannungsamplitude (MPa)
σ_f'	Schwingfestigkeitskoeffizient (MPa)
σ_m	Mittelspannung (MPa)
σ_{max}	Maximale Spannung (MPa)
σ_{min}	Minimale Spannung (MPa)

σ_O	Oberspannung (MPa)
σ_U	Unterspannung (MPa)
σ_r	Resultierende Spannungsamplitude (MPa)
Φ	Porosität (10^{-2})

Abbildungsverzeichnis

Tabellenverzeichnis

Motivation und Zielsetzung 1

Stetig wachsende Anforderungen an Bauteile und Konstruktionen, steigende Rohstoffpreise und der Drang nach einer nachhaltigen Zukunft stellen Ingenieur*innen auf der ganzen Welt vor neue Herausforderungen. Konventionelle subtraktive Fertigungsverfahren sind aufgrund von maschinellen Restriktionen limitiert, sodass neue Fertigungsverfahren für wichtige Industriezweige wie die Medizintechnik, Chemie-, Automobil-, sowie Luft- und Raumfahrtindustrie qualifiziert werden müssen. In diesem Zusammenhang bietet die additive Fertigung (engl. Additive Manufacturing, AM) aufgrund des schichtweisen Aufbaus ein großes Potential, höchst komplexe Bauteile endkonturnah und mit vielfältigen Designfreiheiten zu fertigen. Beginnend in den 1980er-Jahren wurde die AM noch zur Herstellung von einfachen Prototypen und Demonstratorbauteilen mit begrenzter Funktionalität eingesetzt. In den letzten Jahrzenten konnten, durch vielfältige Arbeiten im Bereich der Forschung und Entwicklung, additive Fertigungsverfahren zur Herstellung von komplexen Bauteilen aus Fe-, Ti-, Al- und Ni-Basis-Legierungen in Kleinserien etabliert werden, wodurch Produktionszeiten und -kosten gesenkt werden können und eine ressourcenschonende Fertigung ermöglicht wird. Heute werden additiv gefertigte Bauteile bereits in einer Vielzahl von industriellen Anwendungen u. a. im Bereich der Medizintechnik sowie der Luft- und Raumfahrtindustrie erfolgreich eingesetzt. Besonders neuartige Leichtbaukonstruktionen, die auf zellularen Strukturen beruhen, stehen aktuell im Fokus zahlreicher Forschungs- und Entwicklungsprojekte, da die spezifischen Vorteile wie die endkonturnahe Fertigung und das große Leichtbaupotential kombiniert werden können. Nichtsdestotrotz handelt es sich bei der AM um eine relativ neue Fertigungstechnik, sodass die zugrundeliegenden Wechselwirkungen zwischen dem Fertigungsprozess, der prozessinduzierten Mikrostruktur, der

D. Klemm, *Lokale Verformungsevolution von im Elektronenstrahlschmelzverfahren hergestellten IN718-Gitterstrukturen*, Werkstofftechnische Berichte | Reports of Materials Science and Engineering, https://doi.org/10.1007/978-3-658-42688-0_1

Defektausprägung, sowie der mechanischen Eigenschaften tiefgreifend untersucht und verstanden werden müssen, um weitere industrielle Anwendungen in der Zukunft zu ermöglichen.

Aktuell werden zahlreiche Ansätze verfolgt, um die Material- und Fertigungskosten bei gleichbleibender oder verbesserter Leistungsfähigkeit durch die Verarbeitung kostenintensiver Legierungen mittels AM-Verfahren, vor allem im Triebwerksbau, zu reduzieren und somit die Nutzlast (engl. Payload) der Luftfahrzeuge nachhaltig zu erhöhen, da die Anzahl der möglichen Werkstoffklassen durch die vorherrschenden Umgebungsbedingungen limitiert ist. Die bevorzugte Materialklasse sind hierbei Ni-Basis-Legierungen, wie bspw. die Inconel®718-Legierung (IN718). Diese zeichnet sich durch exzellente mechanische Eigenschaften und eine sehr gute chemische Beständigkeit auch unter erhöhten Temperaturen aus. In der Vergangenheit konnte die Prozessierbarkeit der IN718-Legierung mittels diverser AM-Verfahren wie dem pulverbettbasierten Schmelzen mit Laser- (engl. Powder Bed Fusion of Metals Using Laser Beam, PBF-LB/M) oder Elektronenstrahl (engl. Powder Bed Fusion of Metals Using Electron Beam, PBF-EB/M) gezeigt werden. Während die mechanischen Eigenschaften bei Raum- und Hochtemperatur für Vollmaterial in der Literatur bereits beschrieben werden konnten, wurden komplexe Strukturen aus IN718 bisher nur in einem sehr geringen Maße untersucht. Auch eine Einordnung der Leistungsfähigkeit im Vergleich zum Vollmaterial fehlt. Im Hinblick auf komplexe zellulare Strukturen ist besonders die Detektion des Verformungs- und Schädigungsverhaltens herausfordernd, da Schädigungsvorgänge aufgrund der Bauteilkomplexität vielfältiger und vom Vollmaterial abweichend sind.

In der vorliegenden Arbeit werden neuartige Prüf- und Auswertungsmethoden zur ganzheitlichen Charakterisierung der mechanischen Werkstoffeigenschaften von additiv gefertigten Gitterstrukturen entwickelt und anhand der IN718-Legierung validiert. Bei dem verwendeten Werkstoff handelt es sich um die am häufigsten eingesetzte Ni-Basis-Legierung im Bereich der Luft- und Raumfahrtindustrie, sodass hier ein großes Potential zur Optimierung von Fertigungsprozessen und Bauteilen für zukünftige Anwendungen besteht. Die Herstellung der Prüfkörper erfolgte auf Basis des pulverbettbasierten Schmelzens mittels Elektronenstrahl im Rahmen eines Forschungsprojekts (Projektnr. 379213719) der Deutschen Forschungsgemeinschaft (DFG) in Kooperation mit dem Institut für Werkstofftechnik – Metallische Werkstoffe der Universität Kassel.

Übergeordnet sollen folgende wissenschaftliche Fragestellungen beantwortet werden:

- Wie kann der initiale Zustand von zellularen Strukturen charakterisiert werden?
- Welche Messmittel können zur Detektion von inneren und äußeren Besonderheiten sowie zur Bestimmung der Oberflächenrauheit qualifiziert werden?
- Wie ist das quasistatische und zyklische Werkstoffverhalten von additiv gefertigten Gitterstrukturen aus IN718 zu bewerten und einzuordnen?
- Welche struktursensitive Messverfahren können zur Detektion von Verformungs- und Schädigungsvorgängen eingesetzt werden?

Primäres Ziel der Untersuchungen ist die Bewertung des quasistatischen und zyklischen Werkstoffverhaltens der additiv gefertigten zellularen Strukturen aus IN718 unter Berücksichtigung der zugrundeliegenden Schädigungsmechanismen bei Raum- und Hochtemperatur. In einem grundlegenden ersten Schritt werden geeignete Probengeometrien entwickelt, um die benötigten Pulvermengen zur Herstellung der Probekörper zu minimieren, zusätzlich die Komplexität der Prüfkörper bis hin zu zellularen Strukturen schrittweise zu erhöhen und gleichzeitig struktursensitive thermometrische, resistometrische, akustische und optische Messverfahren für die Beschreibung und Detektion des Verformungs- und Schädigungsverhaltens zu qualifizieren. Ein besonderer Schwerpunkt ist die Charakterisierung des initialen Zustands der zellularen Strukturen nach dem Herstellungsprozess durch eine grundlegende mikrostrukturelle Charakterisierung und die Durchführung röntgenografischer Scans zur Bestimmung der prozessinduzierten Defektverteilung, geometrischer Gestaltabweichungen, der Oberflächenbeschaffenheit und des nominellen Probenquerschnitts für die spätere mechanische Charakterisierung. Einflussgrößen wie Miniaturisierung und Oberflächenbeschaffenheit auf das mechanische Werkstoffverhalten werden auf Basis von Vollmaterialproben singulär und überlagernd untersucht, um die mechanische Leistungsfähigkeit einordnen und kritische Einflussgrößen auf das zyklische Verhalten der zellularen Strukturen definieren zu können. Besonders die Oberflächengüte wird in der Literatur häufig kritisch betrachtet, wodurch ein potentielles Nachbearbeitungsverfahren zur Verbesserung der Oberflächenbeschaffenheit additiv gefertigter Strukturen aufgezeigt und anhand von einfachen Geometrien bis hin zu zellularen Strukturen evaluiert werden soll. Die mechanische Charakterisierung erfolgt unter Zuhilfenahme der struktursensitiven Messverfahren in Mehrstufen- und Einstufenversuchen. Unter Verwendung der digitalen Bildkorrelation sowie der Erfassung von Widerstandsänderungen wird das lokale und integrale zyklische Verformungsverhalten der zellularen Strukturen ganzheitlich beschrieben. Allerdings erlauben optische Messverfahren, aufgrund nicht ausreichender Tiefenschärfe, keine Betrachtung der kompletten dreidimensionalen

Struktur. Deswegen werden zusätzlich intermittierende zyklische Untersuchungen durchgeführt. Zusätzliche röntgenografische Analysen mit einer in-situ Belastungseinheit ermöglichen die weitere Detektion von Versagensmechanismen sowie eine dreidimensionale Visualisierung der Schädigungsprozesse innerhalb der zellularen Strukturen. Die Ergebnisse dieser Arbeit sollen eine grundlagenorientierte Bewertung des quasistatischen und zyklischen Verhaltens zellularer Strukturen bei Raum- und Hochtemperatur durch eine zeit- und kosteneffiziente Prüfmethodik ermöglichen und zusätzlich einen Beitrag für die zukünftige Implementierung von AM-gefertigten zellularen Strukturen aus IN718 in industriellen Anwendungen liefern, sodass übergeordnete Ziele wie Ressourcenschonung und Kostensenkung beim Design und der Fertigung neuer Bauteile berücksichtigt werden können.

Stand der Technik

2

Die wachsende Nachfrage nach Nachhaltigkeit und damit einhergehend die effiziente Verwendung von Materialien sowie die Verringerung der eingebrachten Energie während des Herstellungsprozesses sind zentrale Herausforderungen in der Industrie. Konventionelle subtraktive Fertigungsverfahren stoßen zunehmend an ihre Grenzen, da die Komplexität der Bauteile stetig wächst, um den Anforderungen an eine bessere Leistungsfähigkeit gerecht zu werden. Die Nachfrage nach neuen Fertigungsverfahren zur Erfüllung dieser Anforderungen steigt. Die additive Fertigung stellt hierbei eine Schlüsseltechnologie dar und wird heute bereits für die Herstellung von Bauteilen in wichtigen Industriezweigen eingesetzt. Da es sich um eine relativ neue Fertigungstechnologie handelt, sind aktuell noch wenige Normen vorhanden. Die in dieser Arbeit verwendeten Begrifflichkeiten orientieren sich an der DIN EN ISO / ASTM 52900 [1].

2.1 Additive Fertigung

Die additive Fertigung (engl. Additive Manufacturing, AM), auch bekannt unter Begriffen wie 3D-Druck und generative Fertigung, umfasst Fertigungsverfahren, die schichtweise und werkzeuglos dreidimensionale (3D-)Bauteile aus unterschiedlichsten Werkstoffen auf Basis von CAD-Modellen (engl. Computer-Aided Design) mit einer nahezu grenzenlosen Gestaltungsfreiheit herstellen [2]. AM-Verfahren bieten damit vielfältige Möglichkeiten, Bauteile endkonturnah und mit einer erhöhten Komplexität sowie integrierten Zusatzfunktionen zu realisieren, die durch herkömmliche Fertigungsverfahren nur schwer oder gar nicht herstellbar sind [3,4]. Der hohe Individualisierungsgrad einzelner Bauteile, die mittels

D. Klemm, *Lokale Verformungsevolution von im Elektronenstrahlschmelzverfahren hergestellten IN718-Gitterstrukturen*, Werkstofftechnische Berichte | Reports of Materials Science and Engineering, https://doi.org/10.1007/978-3-658-42688-0_2

AM hergestellt werden können, ergibt aus unternehmerischer Sicht ein enormes Potential, was u. a. die Wettbewerbsfähigkeit fördern kann [3]. Besonders hervorzuheben sind neuartige Leichtbaukonstruktionen, die die spezifischen Vorteile wie die endkonturnahe Fertigung und das Leichtbaupotential der AM kombinieren, was einerseits zu einem geringeren Materialeinsatz während der Fertigung führt und andererseits das Bauteilgewicht reduziert und zusätzlich CO_2-Emissionen einspart. Darüber hinaus können AM-Verfahren auch zur Reparatur von kostenintensiven Bauteilen eingesetzt werden [5] und somit maßgeblich zum Ausbau der Nachhaltigkeit beitragen. Zusätzlich dazu kann eine dezentrale Fertigung eine bedarfsgerechte Produktion zur Senkung von Lager- und Transportkosten sicherstellen [2,6].

Den Grundstein für die heutige AM lieferte Chuck Hull durch sein Patent zur Stereolithografie, einem der ersten AM-Verfahren, im Jahre 1984 [7]. Gemäß der Norm DIN 8580 [8] zählen die AM-Verfahren zu den urformenden Fertigungsverfahren und können dabei anhand ihres Anwendungsbereichs in das Rapid Prototyping, das Rapid Tooling, das Direct Manufacturing und das Rapid Repair eingeordnet werden. In der VDI 3405 [9] sind die zuvor benannten Begriffe definiert, werden hier der Vollständigkeit halber aber kurz erläutert. Unter dem Rapid Prototyping wird die Herstellung von Bauteilen mit einer eingeschränkten Funktionalität verstanden [9]. Einige spezifische Merkmale wie bspw. die Haptik oder Optik sind jedoch ausreichend gut ausgeprägt, sodass eine Demonstrator- oder Prototypenfunktion erfüllt werden kann. Das Rapid Tooling beschreibt hingegen die Anwendung von AM-Verfahren zur Herstellung von Endprodukten für den Werkzeugbau wie bspw. komplexe Formen oder Formeinsätze für Großserien [9]. Das Direct Manufacturing beschreibt die „additive Herstellung von Endprodukten" [9], die für den direkten Einsatz in Baugruppen geeignet sind. Immer größere Bedeutung gewinnt aktuell das Rapid Repair, worunter die Verwendung von AM-Verfahren zur Instandhaltung bzw. Reparatur von verschlissenen oder defekten Bauteilen zu verstehen ist, um die Einsatzzeiten bzw. die Lebensdauer von besonders hochpreisigen und komplexen Bauteilen zu verlängern [10] und somit kosten- und ressourcenschonend zu agieren. In den 1980er-Jahren wurden AM-Verfahren fast ausschließlich zur Herstellung von Prototypen und Demonstratorbauteilen eingesetzt. Beginnend in den 1990er-Jahren veränderte sich die Produktpalette und zusätzliche Anwendungsbereiche wurden erschlossen. Heutzutage sind AM-Verfahren in der Industrie vollständig angekommen und vorhandene Anwendungen reichen von ultraleichten und topologieoptimierten Bauteilen für die Luft- und Raumfahrtindustrie [11] bis hin zu patientenindividuellen Implantaten im Bereich der Medizintechnik [12]. Weitere Anwendungsfelder sind im Bereich der Automobilindustrie zu finden. So nutzt die BMW Group 3D-Drucker im Prototypen- und Werkzeugbau, sowie zur Herstellung von Endprodukten für ihre Sportwagen in der Deutschen Tourenwagen Meisterschaft (DTM) [13]. Auch in der Textilindustrie nutzen namhafte Hersteller wie New Balance und Nike für individuell angepasste Lauf- und Fußballschuhe additiv gefertigte Schuhsohlen, die auf 3D-Scans des Endanwenders beruhen [14]. Besonders vielversprechend ist die Nutzung der AM-Verfahren im Kleinserienbereich zur Herstellung komplexer Bauteile in kleinen Losgrößen, da die Arbeitsvorbereitung durch die werkzeuglose Fertigung im Vergleich zu konventionellen Fertigungsverfahren wesentlich einfacher, schneller und kostengünstiger erfolgen kann [3].

Der generelle Herstellungsprozess ist für alle AM-Verfahren nahezu identisch und umfasst die Bereiche Konstruktion, Pre-, In- und Post-Prozess [15]. Die einzelnen Schritte sind in Abbildung 2.1 schematisch dargestellt. Innerhalb des Konstruktionsprozesses muss sichergestellt werden, dass die 3D-CAD-Modelle als vollständig geschlossene Volumenmodelle vorliegen. Anschließend werden die Modelle in eine meist standardisierte Datei im STL-Format (eng. Standard Triangulation Language, *.stl), bestehend aus einer Vielzahl von Dreiecken [13], für den Pre-Prozess überführt [3]. Innerhalb des Pre-Prozesses wird das Modell im Bauraum positioniert und erforderliche Stützstrukturen werden generiert. Anschließend wird der Slice-Prozess durchgeführt, d. h. das Modell wird entsprechend der sich aus dem Verfahren ergebenen Schichtdicke in Schichten unterteilt. Die Schichtdicken für die unterschiedlichen AM-Verfahren reichen dabei von 20 μm bis 1 mm [16]. Innerhalb des Pre-Prozesses werden zusätzlich die notwendigen Prozessparameter und Scanstrategien definiert und die Maschine mit der Bauplattform und dem zu verarbeitenden Material bestückt. Im eigentlichen Fertigungsprozess (In-Prozess), dem sog. Baujob, wird das Bauteil anhand der Schichtinformationen Schicht-für-Schicht aufgebaut. Basierend auf dem Material, der Materialzufuhr und des Bindemechanismus (z. B. Aufschmelzen, Verschmelzen über Binder, Verkleben, UV-Aushärtung [3]) sind mittlerweile viele AM-Verfahren etabliert, die große Unterschiede im Hinblick auf den Energieeintrag, die maximale Bauteilgröße sowie deren Qualität und Kosten aufweisen. Zu den gängigen verarbeitbaren Materialklassen zählen Kunststoffe, Keramiken und Metalle [4]. Nach Fertigstellung des Baujobs wird das Bauteil aus der Anlage herausgenommen und für die weitere Bearbeitung vorbereitet. Allgemein beschreibt der Post-Prozess alle am Bauteil durchgeführten Arbeitsschritte nach der Entnahme aus der Anlage [9]. Zuerst wird das Bauteil von der Bauplattform gelöst, überschüssiges Material wird entfernt und, wenn möglich, dem Prozess zurückgeführt und Stützstrukturen werden abgetrennt. Anschließend können qualitätssichernde Maßnahmen wie die Überprüfung der Maßhaltigkeit vorgenommen werden. Zum Post-Prozess zählt außerdem die mechanische Aufbereitung der Bauteile durch das Bearbeiten von anliegenden Flächen sowie die Durchführung von Wärmebehandlungen zur Homogenisierung des Materials bzw. zum Abbau von prozessinduzierten Eigenspannungen.

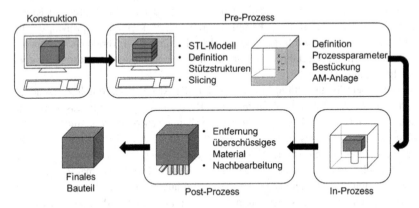

Abbildung 2.1 Prozessschritte der additiven Fertigung in Anlehnung an [15]

Wie bereits eingangs beschrieben, ergeben sich durch die spezifischen Vorteile der AM vielfältige Möglichkeiten für die Implementierung der Verfahren in der Industrie. Zu den wichtigsten industriellen Anwendungsfeldern von AM-gefertigten Endprodukten zählen die Automobilindustrie, die Luft- und Raumfahrtindustrie und die Medizintechnik [3]. Es wird davon ausgegangen, dass das globale Marktvolumen bis 2030 in der Automobilindustrie rund 2,6 Mrd. Euro betragen wird [17]. Im Luft- und Raumfahrtbereich soll es mit rund 9,6 Mrd. Euro noch höher ausfallen [17]. Die starke Entwicklung im Bereich der AM zeigt sich ebenfalls in der Anzahl der eingereichten Patente, wobei weltweit im Jahr 2018 mehr als 24.000 Patente eingereicht wurden [18]. Neben Deutschland sind besonders die USA und China bei den Patentanmeldungen auf den vorderen Plätzen vertreten. Zu den bekanntesten AM-Maschinenherstellern im Bereich des 3D-Drucks von Kunststoffen zählen Unternehmen wie Stratasys, Envision-TEC und HP. Im Bereich des 3D-Drucks von Metallen sind es Unternehmen wie GE Additive, TRUMPF, SLM Solutions, EOS und Marktforged [19]. Die Preisspanne von 3D-Druckern für Heimanwendungen reicht von 500 Euro bis hin zu 3D-Druckern für Industrieanwendungen für mehr als 2 Mio. Euro [20].

In der Literatur [6] werden jedoch auch kritische Einflussgrößen benannt, die eine flächendeckende Implementierung von AM-Verfahren in der Industrie erschweren. Besonders hervorzuheben ist der Punkt, dass aktuell noch keine Maschinen mit reproduzierbarem Output vorhanden sind. So können Bauteile bspw. unterschiedliche Materialeigenschaften oder geometrische Gestaltabweichungen aufweisen, obwohl diese mit den gleichen CAD-Modellen hergestellt wurden. Weiterhin erschwert eine bisher lückenhafte Qualitätssicherung, der Mangel an aktuellen Normen sowie der anhaltende Fachkräftemangel den Einsatz [6]. Die bereits beschriebenen Vorteile stehen dem gegenüber und es ist davon auszugehen, dass die vorhandenen Lücken in der Zukunft geschlossen werden.

2.1.1 Einteilung der additiven Fertigungsverfahren

Eine eindeutige Klassifikation der additiven Fertigungsverfahren ist in der Literatur bzw. in Normen nicht gegeben. AM-Verfahren können dabei u. a. anhand des Aggregatzustands/ Form des verwendeten Ausgangsmaterials, des Bindemechanismus und der verarbeitbaren Werkstoffe klassifiziert werden [9,10,15]. In der Wissenschaft hat sich jedoch die Einteilung hinsichtlich des Aggregatzustands bzw. der Form des Ausgangsmaterials und des Bindemechanismus etabliert [21,22,23]. Eine Unterteilung der AM-Verfahren ist in Abbildung 2.2 dargestellt.

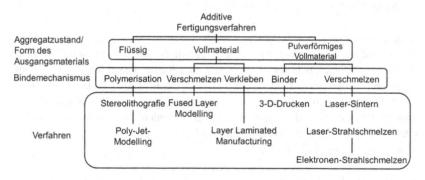

Abbildung 2.2 Einteilung der additiven Fertigungsverfahren in Anlehnung an [22,23]

Nachfolgend werden die einzelnen Prozesskategorien und die dazugehörigen AM-Prozesse kurz beschrieben. Eine ausführliche Beschreibung der Verfahren sowie Prinzipskizzen der Herstellungsprozesse können [9,22,24,25] entnommen werden. Zusätzliche AM-Verfahren sind in der Literatur vorhanden, werden im Rahmen dieser Arbeit aber nicht weiter betrachtet.

Badbasierte Photopolymerisation
Bei der badbasierten Photopolymerisation erfolgt die Herstellung der Bauteile
schichtweise in einem Flüssigkeitsbad. Unter Einwirkung von ultraviolettem (UV)
oder Laserlicht wird ein Photoprepolymer-Kunstharz verfestigt. Ein beispielhaftes
Verfahren aus dieser Prozesskategorie ist die Stereolithografie. Das Verfahren ist
jedoch auf fotosensitive Werkstoffe begrenzt. [1,9,22,24]

Freistrahl-Materialauftrag
Beim Freistrahl-Materialauftrag wird die sog. Inkjet-Technologie zur Herstel-
lung der Bauteile verwendet. Mittels Druckkopf, der in X-Y-Richtung verfahrbar
ist, wird ein lichtaushärtender Kunststoff aufgetragen und direkt durch eine
UV-Quelle ausgehärtet. Ein Verfahren aus dieser Kategorie ist das Poly-Jet-
Modelling. [1,9,22,24]

Materialextrusion
Bei der Materialextrusion wird mithilfe einer Extrudierdüse ein strangförmi-
ger Kunststoff erweicht und entsprechend den Schichtinformationen aufgetragen.
Die Verfestigung des Materials erfolgt unmittelbar. Ein beispielhaftes Verfahren
ist das Fused Layer Modelling, mit dem Kunststoffe wie bspw. Acrylnitril-
Butadien-Styrol-Copolymer (ABS), Polycarbonate (PC) und Polymilchsäure
(PLA) verarbeitet werden können. [1,9,24]

Schichtlaminierung
Bei der Schichtlaminierung wird eine Materialfolie als Grundmaterial verwendet. Diese wird mittels Laser, Wasserstrahl oder Messer entsprechend der Kontur
ausgeschnitten und anschließend mit der vorherigen Schicht verklebt oder mittels Ultraschall gefügt. Es können verschiedene Werkstoffklassen wie Papier,
Kunststoffe, Metalle und Keramiken verarbeitet werden. Ein exemplarisches Verfahren ist das Layer Laminated Manufacturing, dass auch als Laminated Object
Manufacturing bekannt ist. [1,9,21]

Freistrahl-Bindemittelauftrag
Beim Freistrahl-Bindemittelauftrag wird ein pulverförmiges Grundmaterial verwendet, wobei der Binder zur Herstellung des Materialverbundes mit einem
Druckkopf aufgetragen wird. Ein beispielhaftes Verfahren aus dieser Prozesskategorie ist das 3D-Drucken, das vom Massachusetts Institute of Technology (MIT)
patentiert wurde. Typische prozesssierbare Werkstoffe sind Polymere, Metalle und
Keramiken. [1,9,21]

Materialauftrag mit gerichteter Energieeinbringung
Beim Materialauftrag mit gerichteter Energieeinbringung wird das pulver- oder drahtförmige Material aufgebracht und gleichzeitig durch eine Energiequelle aufgeschmolzen. Ein beispielhaftes Verfahren ist das Auftragschweißen. [1,9]

Pulverbettbasiertes Schmelzen
Beim pulverbettbasierten Schmelzen wird ein Pulverbett aufgebracht und anschließend mittels Hochenergiequelle aufgeschmolzen. Zur Vermeidung von Oxidationen wird eine Schutzgas- oder Vakuumatmosphäre eingestellt. Verarbeitbare Materialklassen sind vor allem Metalllegierungen auf Fe-, Ti-, Al- und Ni-Basis. Zu den prominentesten pulverbettbasierten Schmelzverfahren zählen das Laser- und Elektronenstrahlschmelzverfahren. [1,9,26,27,28]

2.1.2 Pulverbettbasiertes Schmelzen

Zur Verarbeitung von metallischen Legierungen wird bevorzugt das pulverbettbasierte Schmelzen eingesetzt [29,30,31]. In den letzten Jahren konnte hier eine sehr starke Entwicklung im industriellen und akademischen Bereich festgestellt werden. Zu den zwei frequentiertesten Verfahren zählt das PBF-LB/M- und das PBF-EB/M-Verfahren. Beide Verfahren nutzen eine Hochenergiequelle, um Pulverpartikel lokal aufzuschmelzen [25]. Durch die hohe Reproduzierbar- und Genauigkeit ermöglichen sie die Herstellung komplexer Bauteile bei kurzen Prozesszeiten. Ein weiterer Vorteil ist die minimale Einbindung von Supportstrukturen, da das verbleibende Pulver im Bauraum als Unterstützung dient [32]. Grundlegend werden während des Herstellungsprozesses folgende Schritte durchlaufen [33]:

- Schichtinformationen entsprechend des CAD-Modells werden an die Maschine übergeben,
- Einstellung der Umgebungsbedingungen (Inertgasatmosphäre/Vakuum) für den Herstellungsprozess,
- (Metall-)pulverschicht mit definierter Schichtdicke wird auf die Bauplattform aufgetragen,
- ein durch die Schichtinformation vorgegebener Bereich wird selektiv mittels Hochenergiequelle (Laser-/Elektronenstrahl) aufgeschmolzen,
- Bauplattform wird um Schichtdicke abgesenkt und eine neue Pulverschicht wird aufgetragen.

Die Prozessschritte werden so lange wiederholt, bis das Bauteil seine finalen Dimensionen entsprechend des CAD-Modells aufweist. Pulverbettverfahren werden bereits in vielen industriellen Bereichen wie der Medizintechnik zur Herstellung von kundenspezifischen orthopädischen Komponenten und Implantaten, in der Luft- und Raumfahrtindustrie zur Herstellung von Kraftstoffdüsen, Halterungen und Turbinenschaufeln sowie im Energiesektor zur Herstellung von Wärmetauschern erfolgreich eingesetzt [33].

Pulverherstellung
Grundlage für das PBF-LB/M und das PBF-EB/M ist das Materialpulver. Beide Verfahren nutzen unterschiedliche Fraktionen, wobei für das PBF-LB/M eine feinere (15-45 μm) und für das PBF-EB/M eine gröbere Pulverfraktion (45-110 μm) verwendet wird [33]. Die Pulver werden typischerweise mittels Wasser-, Gas- oder Plasmaverdüsen hergestellt. Die verschiedenen Herstellungsverfahren führen zu unterschiedlichen Pulvereigenschaften wie bspw. unterschiedliche Pulvermorphologien und -größen, die wiederum die Eigenschaften des späteren Bauteils (bspw. die Porosität) beeinflussen können. Im Allgemeinen werden gute Fließeigenschaften benötigt, um eine gleichmäßige Verteilung der Pulverpartikel auf der Bauplattform sicherzustellen. Während der Wasserverdüsung wird das flüssige Metall tröpfchenweise ausgeschieden und befindet sich innerhalb der Verdüsungskammer im freien Fall. Die notwendige Abkühlung wird durch die Nutzung eines Wasserstrahls erreicht. Typische Pulvergrößen liegen im Bereich von wenigen μm bis hin zu 500 μm. Allerdings weisen die Pulverpartikel häufig eine irreguläre Form und einen erhöhten Sauerstoffgehalt auf, was das Fließverhalten der Pulver und die chemische Zusammensetzung des späteren Bauteils beeinflussen können. Das Wasserverdüsen wird häufig zur Herstellung von Stahlpulver verwendet. Reaktive Werkstoffe wie Ti-Legierungen werden nicht verarbeitet. Das Gasverdüsen erfolgt analog zum Wasserverdüsen, nutzt jedoch Inertgase wie Argon oder Stickstoff, um die Pulverpartikel abzukühlen und die Anreichung mit Sauerstoff zu reduzieren, wodurch es die bevorzugte Herstellungsmethode für reaktive Werkstoffe ist. Durch das Abkühlen innerhalb der Inertgasatmosphäre wird eine Herstellung von sphärischen Pulverpartikeln ermöglicht. Verglichen mit dem Wasserverdüsen können ähnliche Pulverfraktionen hergestellt werden. Wesentlich kleinere Pulvergrößen können mittels Plasmaverdüsen realisiert werden. Das Grundmaterial ist hierbei ein Draht, der mittels Plasmabrenner und Inertgas aufgeschmolzen und verdüst wird. [16]

Wie bereits zuvor erwähnt, können die Pulvereigenschaften die späteren Bauteileigenschaften wie Dichte, Porosität und Oberflächenqualität beeinflussen. Besonders die gleichmäßige Verteilung der Pulverschicht auf der Bauplattform ist in diesem Zusammenhang entscheidend, wobei die Fließeigenschaften eine übergeordnete Rolle spielen [34]. Beeinflusst wird die Fließfähigkeit durch die Partikelmorphologie und -größenverteilung. Generell gilt, dass die Fließfähigkeit mit steigender Partikelgröße zunimmt, allerdings sollten grobe Partikel eine möglichst glatte und sphärische Form aufweisen. Weiterhin führt eine enge Partikelgrößenverteilung zu einer Erhöhung der Fließfähigkeit. Neben neuem Materialpulver wird ebenfalls versucht, nicht aufgeschmolzene Pulverpartikel dem Prozess zurückzuführen, sodass eine materialschonende Fertigung ermöglicht wird. In der Literatur [34,35] konnte gezeigt werden, dass ein Recycling von Materialpulver zu keinen nennenswerten Veränderungen in der chemischen Zusammensetzung, der Pulvergrößenverteilung und -morphologie führt, wodurch ein Wiederverwenden der Pulver möglich ist. Nichtsdestotrotz wurde in diversen Arbeiten [36,37,38] gezeigt, dass die mechanischen Eigenschaften wie Streckgrenze und Zugfestigkeit durch ein mehrmaliges Recycling, in Abhängigkeit der Materialklasse, sowohl positiv als auch negativ beeinflusst werden können.

Pulverbettbasiertes Schmelzen von Metallen mittels Laserstrahl (PBF-LB/M)
Das PBF-LB/M ist das wohl bekannteste Pulverbettverfahren und wurde am Fraunhofer-Institut für Lasertechnik (ILT) entwickelt [39]. Ein schematischer Aufbau ist in Abbildung 2.3 dargestellt. Der Bauraum kann maximale Abmessungen von $800 \times 400 \times 500$ mm^3 aufweisen [10].

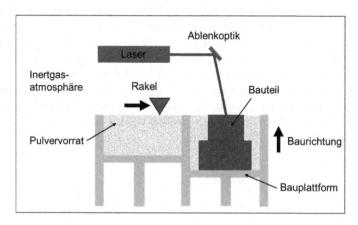

Abbildung 2.3 Schematischer Aufbau des Pulverbettbasierten Schmelzens mittels Laserstrahl in Anlehnung an [40]

Zu den wichtigsten Komponenten der Anlage zählt die Laserquelle mit den dazugehörigen Ablenkoptiken, die Bauplattform, der Pulvervorrat sowie der Rakel. Der Laser ist typischerweise ein Faserlaser mit einer Leistung von 200 bis 1000 W [41] und wird durch computergesteuerte Optiken abgelenkt, um so die Kontur abzufahren. Vorteil des Lasers ist der kleine Fokusdurchmesser, wodurch eine hohe Auflösung kleinster Geometrien ermöglicht wird [42]. Wie bereits erwähnt, werden für die Herstellung kleinere Pulverfraktionen (15–45 µm) verwendet, wodurch sich ebenfalls kleinere Schichtdicken im Bereich 20–100 µm realisieren lassen [41]. Während des Herstellungsprozesses wird eine Inertgasatmosphäre eingestellt, um mögliche Reaktionen mit Sauerstoff zu reduzieren [43]. Das Inertgas Argon wird dabei vorzugsweise für reaktive Werkstoffe und Stickstoff für nichtreaktive Werkstoffe verwendet [41]. Eine erfolgreiche Prozessierung eines Werkstoffs wird durch geeignete Prozessparameter sichergestellt. Als Maß für den Energieeintrag wird häufig die Volumenenergiedichte in J mm^{-3} angegeben:

$$E_v = P/(v \times L \times h) \qquad (2.1)$$

wobei P die Strahlleistung [W], v die Scangeschwindigkeit [mm s^{-1}], L die Schichtdicke [µm] und h der Hatchabstand [µm] ist (siehe Abbildung 2.4).

Generell werden zwei Schmelzvorgänge während der Herstellung durchgeführt. In einem ersten Schritt erfolgt das sog. Hatching, wobei die innere Fläche mittels Energiequelle einem Muster, der sog. Scanstrategie, folgend aufgeschmolzen wird. Anschließend findet das sog. Contouring statt, wobei die äußere Kontur zur Verbesserung der Oberflächenrauheit abgefahren und lokal verschmolzen wird (siehe Abbildung 2.4). Die Abkühlung erfolgt in sehr kurzer Zeit, wodurch Abkühlraten von 10^4 bis 10^6 K/s realisiert werden können [39]. Allerdings führt dies häufig zu prozessinduzierten Eigenspannungen, die ein nachgelagertes Spannungsarmglühen notwendig machen. Um dem entgegen zu wirken, kann zusätzlich eine Bauplattformheizung verwendet werden [44].

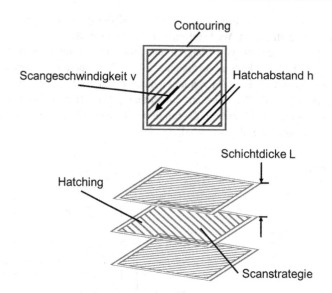

Abbildung 2.4 Relevante Prozessparameter für Pulverbettverfahren in Anlehnung an [42]

Pulverbettbasiertes Schmelzen von Metallen mittels Elektronenstrahl (PBF-EB/M)
Das pulverbettbasierte Schmelzen mittels Elektronenstrahl wurde erstmals 1997 von der Fa. Arcam AB vorgestellt und 2001 patentiert [32,45]. Heutzutage wird das Verfahren besonders im Medizin- sowie im Luft- und Raumfahrtsektor eingesetzt, da die erreichbaren mechanischen Eigenschaften der Bauteile mit denen aus konventionellen Herstellungsverfahren vergleichbar sind [46]. Der große Unterschied im Vergleich zum PBF-LB/M ist die Energiequelle in Form des Elektronenstrahls. Der schematische Aufbau einer Elektronenstrahlschmelzanlage ist in Abbildung 2.5 skizziert. Innerhalb der Elektronenkanone, die sich oberhalb des Pulverbetts befindet, werden durch die Erwärmung eines Wolfram- oder Lanthanhexaboridfilaments Elektronen emittiert [47], wobei Beschleunigungsspannungen von bis zu 60 keV erreicht werden. Durch den einstellbaren Strahlstrom (1–50 mA) ergibt sich eine maximale Leistung von 3 kW, die im Vergleich zum PBF-LB/M wesentlich höher ist. Die einstellbaren Prozessparameter (vgl. Abbildung 2.4) sind jedoch nahezu identisch mit denen des PBF-LB/M-Verfahrens. Durch die Verwendung eines Elektronenstrahls ist eine Vakuumatmosphäre bei

10^{-4}-10^{-5} mbar erforderlich, wodurch ideale Randbedingungen für die Verarbeitung von sauerstoffaffinen Werkstoffen geschaffen werden. Für das Auftragen einer neuen Pulverschicht wird Material aus dem Pulvervorrat bereitgestellt, der sich bspw. oberhalb der Bauplattform befinden kann. In neueren Anlagen wird das Material analog zum PBF-LB/M von unten durch einen Zylinder nachgeführt. Die Bauplattform wird typischerweise aus einem thermisch leitfähigen Werkstoff hergestellt, sodass diese als Wärmesenke fungiert und somit die schnelle Abkühlung des aufgeschmolzenen Pulvers ermöglicht [48].

Abbildung 2.5
Schematischer Aufbau der Elektronenstrahlschmelzanlage

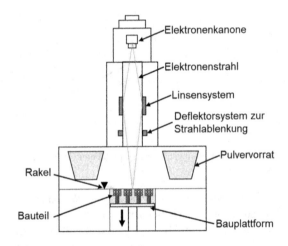

Die typische Schichtdicke beträgt 50–150 µm und es wird eine gröbere Pulverfraktion, im Vergleich zum PBF-LB/M, im Bereich 45–110 µm verwendet. Das Pulver sollte eine möglichst sphärische Form und wenig Satelliten aufweisen, da diese die Fließeigenschaften negativ beeinflussen können [46]. Auch zu kleine Pulverpartikel sollten vermieden werden, da sonst Prozessinstabilitäten auftreten können. Anders als beim PBF-LB/M-Verfahren findet nach dem Aufbringen der Pulverschicht eine Vorwärmung statt, indem ein defokussierter Elektronenstrahl die komplette Pulverschicht auf 0,4–0,6·T_S (T_S: Schmelztemperatur in °C) [41] erwärmt, um einerseits eine gleichmäßige Temperatur im Bauraum und andererseits ein Versintern der Pulverpartikel sicherzustellen. Dies ist entscheidend, um das sog. Smoking während des Schmelzvorgangs zu minimieren. Unter dem Smoking wird das Herauslösen und Umherfliegen von Pulverpartikeln im Bauraum verstanden. Dies erfolgt typischerweise während des Auftreffens der Elektronen auf das Pulverbett. Grund dafür kann eine nicht vollständige Versinterung des Pulverbetts sein, was eine unzureichende elektrische Leitfähigkeit zur Folge hat. Beim Auftreffen der Elektronen kann es somit zu einer elektrostatischen Aufladung kommen, was zu einer Abstoßung negativ geladener Pulverpartikel führt. Das Smoking kann somit die Qualität der Pulverschicht maßgeblich beeinflussen und zur Ausbildung von Defekten oder dem kompletten Abbruch des Baujobs führen. Eine Reduzierung des Smokings wird durch die Vorwärmung und die Vakuumatmosphäre erreicht, sodass die Leitfähigkeit innerhalb des Pulverbetts sichergestellt ist. Typische Vorwärmtemperaturen liegen im Bereich von 300 °C für reines Cu und bis zu 1100 °C für Ni-Basis-Legierungen. Nach der Vorwärmung erfolgt das Verschmelzen der Partikel durch das Hatching und Contouring. Hierbei können Scangeschwindigkeiten von bis zu 10^2 m s^{-1} erreicht werden [33]. Entscheidend ist hierbei die Interaktion des Elektronenstrahls mit den Pulverpartikeln. Beim Auftreffen der Elektronen auf die Pulverpartikel wird die kinetische Energie in thermische Energie umgewandelt. Je nach Energieeintrag kann der Werkstoff versintern, aufschmelzen oder verdampfen. Der Wärmefluss findet durch die Wärmeleitung zwischen den Pulverpartikeln (physischer Kontakt vorausgesetzt), der Wärmestrahlung zwischen Pulver und Bauraum und der Konvektion zwischen Pulverbett und der Umgebung durch den Heliumfluss statt. Die Veränderung des Aggregatzustands während des Schmelzvorgangs und der Erstarrung (fest → flüssig → fest) erfolgt innerhalb von wenigen Millisekunden. [47]

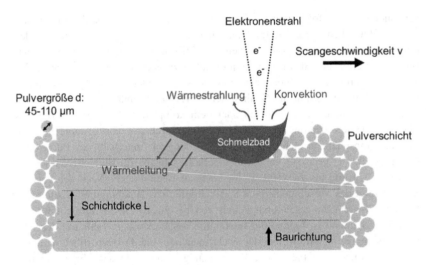

Abbildung 2.6 Schematische Darstellung des schichtweisen Aufbaus im PBF-EB/M-Prozess in Anlehnung an [48,49]

Eine schematische Darstellung des Elektronenstrahlschmelzvorgangs, inklusive der Elektronenstrahl-Pulver-Interaktionen, ist in Abbildung 2.6 zu finden. Nach Beendigung des Baujobs wird die Baukammer durch einströmendes Helium abgekühlt. Das nicht aufgeschmolzene Pulver wird nach Herausnahme der Bauplattform gesiebt und anschließend dem Prozess zurückgeführt. Durch die erhöhten Temperaturen und die niedrigeren Abkühlraten während des Herstellungsprozesses weisen PBF-EB/M-gefertigte Bauteile geringe Eigenspannungen auf. Allgemein ist die Anzahl und der Umfang von Stützstrukturen im Vergleich zum PBF-LB/M durch das vorgesinterte Pulverbett reduziert. Insgesamt können mittels PBF-EB/M größere Aufbauraten durch den hohen Energieeintrag und die schnellen Scangeschwindigkeiten realisiert werden [39], allerdings weisen die Bauteile eine schlechtere Oberflächenqualität auf, was auf die gröbere Pulverfraktion, die größeren Schichtdicken und den größeren Spotdurchmesser des Elektronenstrahls zurückzuführen ist. Weiterhin wirken die hohen Temperaturen im Bauraum wie eine nachgeschaltete Wärmebehandlung, sodass unterschiedliche Mikrostrukturen und mechanische Eigenschaften im Vergleich zum PBF-LB/M entstehen [39]. Die wesentlichen Unterschiede der beiden Verfahren sind in Tabelle 2.1 gelistet.

Tabelle 2.1 Charakteristische Eigenschaften der PBF-LB/M- und PBF-EB/M-Prozesse in Anlehnung an [10,41]

	PBF-LB/M	PBF-EB/M
Energiequelle	Laserstrahl	Elektronenstrahl
Umgebungsbedingungen	Inertgasatmosphäre (Argon oder Stickstoff)	Vakuum / Heliumentlüftung
Vorwärmung	Bauplattformheizung	Defokussierter Elektronenstrahl
Bauraumabmessungen [mm]	800 × 400 × 500	350 × 380 (Ø × H)
Auflösung [μm]	<30	100
Aufbauraten [cm^3/h]	20–35	80
Schichtdicke [μm]	20–100	50–150
Pulverfraktion [μm]	15–45	45–110

Mikrostruktur- und Defektausprägung im PBF-EB/M-Prozess

Mittels PBF-EB/M konnten bereits diverse Metalllegierungen auf Ti-, Ni-, Fe-, Al- und Co-Basis [39,50–53] verarbeitet werden. Allgemein sorgt der schichtweise Aufbau innerhalb des PBF-EB/M-Prozesses für eine charakteristische Mikrostruktur, die meist eine gerichtete Erstarrung in Baurichtung (parallel zur Z-Achse) aufweist. Die sich einstellende Mikrostruktur ähnelt dabei sehr der von geschweißten Bauteilen [42]. Weiterhin kann häufig ein epitaktisches Wachstum über mehrere Materialschichten beobachtet werden, was zur Folge hat, dass die Bauteile eine starke Textur mit oftmals anisotropen Materialeigenschaften aufweisen [46]. Einflussfaktoren für die Mikrostruktur können einerseits die zugrundeliegenden Bauteilgeometrien (Form und Größe) [16] und andererseits die verwendeten Prozessparameter [53] sein. So konnte in Untersuchungen von Lee et al. [54] gezeigt werden, dass durch den Einsatz unterschiedlicher Scanstrategien unterschiedliche Temperaturgradienten und Abkühlraten realisiert werden, die zu einer Veränderung der Mikrostruktur von kolumnar-orientiert zu globulitisch führen können. Neben diversen Scanstrategien können zusätzlich Parameter wie Baurichtung, Strahlstrom und -durchmesser sowie Hatchabstand die finale Mikrostruktur beeinflussen [33,48]. Nichtsdestotrotz können ebenfalls Inhomogenitäten in der Mikrostruktur durch nicht ideale Prozessparameter oder Umgebungsbedingungen in Form von Verunreinigungen, Korngrößenunterschiede oder kristallografischen Texturen auftreten [55]. Prozessinduzierte Eigenspannungen können, im Vergleich zum PBF-LB/M-Prozess, nahezu vernachlässigt werden, da die hohen Bauraumtemperaturen während der Herstellung über einen langen Zeitraum aufrechterhalten werden [39].

Wie bei jedem Herstellungsverfahren können auch im PBF-EB/M-Verfahren prozessinduzierte Defekte auftreten. Die Ausbildung solcher Defekte und deren Vermeidung soll nachfolgend näher betrachtet werden. Generell kann zwischen äußeren und inneren Defekten unterschieden werden. Im Hinblick auf die endkonturnahe Fertigung muss besonders die erhöhte Oberflächenrauheit im Ausgangszustand betrachtet werden. In Untersuchungen von Körner et al. [56] konnte deutlich gemacht werden, dass die Oberflächenrauheit im PBF-EB/M-Prozess wesentlich größer sein kann als der mittlere Pulverpartikeldurchmesser. Typische Rauheitswerte liegen im Bereich von $Ra = 25$–35 μm. Balachandramurthi et al. [57] konnten in ihren Arbeiten noch wesentlich höhere Oberflächenrauheiten im Bereich von $Ra = 50$ μm detektieren. Im Vergleich dazu können mittels PBF-LB/M geringe Rauheiten von $Ra = 11$ μm erreicht werden [46]. Als Gründe für die hohe Oberflächenrauheit werden in der Literatur nicht ideale Prozessparameter, die Temperaturhistorie sowie die größere Pulverfraktion und die größeren Schichtdicken im Vergleich zum PBF-LB/M benannt [46,56,58]. Resultierend aus dem Herstellungsprozess können zusätzliche Oberflächenbesonderheiten entstehen, die zu einer weiteren Zunahme der Oberflächenrauheit führen können. Eine wesentliche Oberflächenbesonderheit sind Stapelunregelmäßigkeiten (engl. „Plate-Pile" like Stacking Defects), d. h. nicht optimal aufeinander liegende Materialschichten, die aufgrund von leicht variierenden Schmelzbadformen entstehen und in meist zufälligen Schichttopografien und -dicken mit konkaver oder konvexer Form resultieren [56]. Stapelunregelmäßigkeiten können zur Ausbildung von kerbähnlichen Defekten an der Bauteiloberfläche und lokalen Spannungskonzentrationen führen. Eine weitere Oberflächenbesonderheit sind teilweise durch den Elektronenstrahl aufgeschmolzene Pulverpartikel, die an der Bauteiloberfläche anhaften [59] und im Herstellungsprozess quasi nicht vermieden werden können (vgl. Abbildung 2.7a). Durch eine chemische oder mechanische Nachbearbeitung kann die Oberflächenrauheit verringert und vorhandene Oberflächenbesonderheiten beseitigt werden. Zusätzlich kann die Oberflächenrauheit auch durch den relativen Winkel zur Bauplattform beeinflusst werden, was besonders für zellulare Strukturen entscheidend ist [60]. Aufrecht orientierte Geometrien (parallel zur Baurichtung) weisen dabei eine bessere Rauheit auf als horizontal oder im 45°-Winkel gefertigte Geometrien. Besonders auf der Oberflächenunterseite (engl. Down-skin Surface) werden die Strukturen lediglich durch das Pulverbett unterstützt, wodurch vermehrt teilweise aufgeschmolzene Pulverpartikel an der Oberfläche anhaften. Die angestrebte Bauteilgeometrie kann ebenfalls von der idealen Form abweichen [61]. So weisen bspw. kreisrunde Stege häufig eine eher elliptische Form auf.

Neben Oberflächendefekten können in PBF-EB/M-gefertigten Bauteilen auch innere Defekte wie Gasporen und Bindefehler (engl. Lack of Fusion) auftreten (vgl. Abbildung 2.7b, c). Die Defekte sind dabei vergleichbar mit Defekten, die in Schweißprozessen auftreten [32].

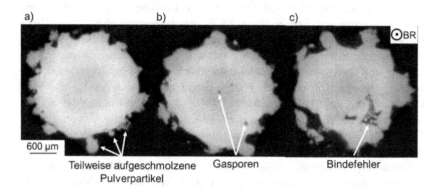

Abbildung 2.7 Zweidimensionale computertomografische Aufnahmen einer PBF-EB/M-gefertigten Probe aus der Ni-Basis-Legierung Inconel®718 senkrecht zur Baurichtung: a) Teilweise aufgeschmolzene Pulverpartikel; b) Bindefehler; c) Gasporen

Gasporen weisen typischerweise eine sphärische oder elliptische Form auf und besitzen einen Durchmesser von 1–100 μm (vgl. Abbildung 2.7b). Diese Art von Poren befindet sich zufällig im Bauteil und resultiert aus Gaseinschlüssen in Pulverpartikeln, die während der Schmelze nicht weichen konnten [33]. Eine Möglichkeit, Gasporen zu minimieren, ist die Herabsenkung der Scangeschwindigkeit und Erhöhung der Strahlleistung, allerdings können sie nicht vollständig vermieden werden [39]. Anbindungsfehler sind in ihrer Erscheinungsform größer und weisen eine unregelmäßige elongierte Form auf (vgl. Abbildung 2.7c). Sie resultieren aus einer fehlenden oder nicht ausreichenden Überlappung der Schmelzbäder, wodurch nicht alle Pulverpartikel aufgeschmolzen werden und befinden sich häufig zwischen zwei Materialschichten. Zurückzuführen sind diese Defekte auf nicht optimale Prozessparameter wie eine unzureichende Energieeinbringung oder Scanstrategien, sodass keine ausreichende Bindung zwischen den aufzuschmelzenden Materialschichten erreicht wird [62]. Erkennbar sind diese Defekte durch nicht aufgeschmolzene Pulverpartikel im Defektinneren. Gasporen und Bindefehler können unter zyklischer Belastung zur Ausbildung von Spannungskonzentrationen führen, die die Lebensdauer der Bauteile herabsetzen können. Besonders kritisch zu betrachten sind oberflächennahe oder offene Bindefehler, die in Kombination mit der vorhandenen Oberflächentopografie, resultierend aus Stapelunregelmäßigkeiten und teilweise aufgeschmolzenen Pulverpartikeln, zu einer Ausbildung von kritischen Kerbdefekten führen. Eine Abhilfemaßnahme zur Verringerung der Anzahl und Größe von Bindefehlern kann ein größerer Wärmeeintrag sein, d. h. eine Reduzierung der Scangeschwindigkeit oder eine Erhöhung der Leistung [63]. Weiterhin wird zur Verringerung von inneren Poren häufig das heißisostatische Pressen (HIP) durchgeführt [32]. Keyhole-Porositäten, wie sie aus dem PBF-LB/M-Verfahren bekannt sind, treten im PBF-EB/M-Verfahren nur selten auf, da die Strahlleistung und -geschwindigkeit automatisch durch die Systemsoftware angepasst werden, um einen übermäßigen Energieeintrag zu vermeiden [33]. Weiterhin kann auch das sog. Balling auftreten, wobei das geschmolzene Material als Kugel anstatt als Materialschicht erstarrt. Oberflächenspannungen sorgen für das Balling-Phänomen, wodurch eine unregelmäßige Materialschicht erzeugt wird, die auch das nachfolgende Aufbringen neuer Pulverschichten negativ beeinflussen kann [55]. Neben äußeren und inneren Defekten weisen PBF-EB/M-gefertigte Bauteile teilweise auch geometrische Defekte sowie Gestaltabweichungen auf, wobei sowohl positive als auch negative Gestaltabweichungen in der Literatur aufgeführt werden [55]. Hinsichtlich der Reduzierung fertigungsbedingter Defekte besteht ein großes Bestreben darin, in-situ Messverfahren zu entwickeln, die die Stabilität des Herstellungsprozesses bewerten und eine Rückkopplung an den Bediener ermöglichen. In-situ Daten können sowohl durch den Einsatz von Infrarotkameras oder Pyrometer als auch durch Rückstreuelektronendetektoren generiert werden [55,64].

2.2   Zellulare Strukturen

2.2.1   Einteilung zellularer Strukturen

Zellulare Strukturen bestehen aus vernetzten Platten und Stegen und können anhand ihrer relativen Dichte (z. B. Einheitszellengröße und Stegdicke), Anordnung und dem Grundmaterial definiert werden [65]. Weiterhin wird unterschieden zwischen offenen und geschlossenen Strukturen mit zufälliger oder periodischer Anordnung. In der Natur treten solche Strukturen in Form von Holz, Kork, Korallen, Naturschwämmen oder Spongiosa auf [66]. Auch im Lebensmittelbereich finden wir zellulare Strukturen in Brot, Keksen, Schokolade und weiteren Süßigkeiten wieder [67]. Aus technischer Sicht werden zellulare Strukturen in vielen Anwendungen eingesetzt. Dazu zählen Leichtbaukonstruktionen, Konstruktionen zur Schwingungs- und Schalldämpfung, Wärmetauscher sowie Implantate [68,69,70]. Zellulare Strukturen bieten den großen Vorteil, dass Material lediglich an den Stellen im 3D-Volumen eingebracht wird, wo es auch wirklich benötigt wird und Eigenschaften (mechanisch, physikalisch, thermisch) gezielt durch Anpassung des Werkstoffs, der Einheitszellengeometrie und der relativen Dichte eingestellt werden können [67]. In Arbeiten von Gibson und Ashby [66] wurden die Zusammenhänge zwischen Steifigkeit und mechanischen Eigenschaften durch Skalierungsgesetze für zellulare Strukturen grundlegend beschrieben. Generell zählen zu zellularen Strukturen Schäume, Waben- und Gitterstrukturen [71] (vgl. Abbildung 2.8). Schäume bestehen aus zufällig angeordneten Einheitszellen, wobei prinzipiell zwischen offen- und geschlossenzelligen Schäumen unterschieden wird [72]. Hinsichtlich möglicher Herstellungsverfahren, der zugrundeliegenden mechanischen Eigenschaften und Skalierungsansätze zur Auslegung wird auf [73] verwiesen. Typische Anwendungsgebiete für Schäume sind Filter, Wärmetauscher und Energieabsorber [74].

a)   b)   c)

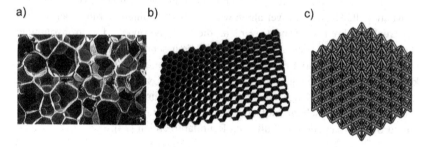

Abbildung 2.8 Arten von zellularen Strukturen: a) Schäume, b) Wabenstrukturen und c) Gitterstrukturen nach [66,74] (Pan, C.; Han, Y.; Lu, J. (2020), Design and optimization of lattice structures: A review, lizenziert unter CC BY 4.0, https://creativecommons.org/licenses/by/4.0, keine Änderung)

Wabenstrukturen hingegen haben eine reguläre Erscheinungsform und die Einheitszellen besitzen die gleichen Dimensionen (vgl. Abbildung 2.8b). Dabei werden prinzipiell verschiedene Arten von Wabenstrukturen wie Tetraeder, Dreiecks-, Viereckprismen und hexagonale Prismen verwendet. In aktuellen Arbeiten

[75,76,77] werden besonders auxetische Wabenstrukturen (negative Querkontraktionszahl) fokussiert, die sowohl die mechanischen Eigenschaften als auch den Anwendungsbereich erweitern sollen. Eingesetzt werden Wabenstrukturen vor allem in Implantaten, Filtern, Sensoren, Aktuatoren und Vibrationsdämpfern [74]. Gitterstrukturen bestehen aus einer Reihe von Einheitszellen im 3D-Raum, wobei die Form und Größe der Zellen gleichmäßig oder auch ungleichmäßig sein kann [74]. Innerhalb einer Einheitszelle finden sich geometrisch angeordnete Stege wieder, die in Knotenpunkten miteinander verbunden sind (vgl. Abbildung 2.8c). Es wird zwischen zufälligen und periodischen Gitterstrukturen unterschieden, wobei ferner zwischen periodischen und pseudoperiodischen Gitterstrukturen differenziert wird. Pseudoperiodische Gitterstrukturen weisen ebenfalls eine periodische Anordnung auf, Einheitszellen können aber unterschiedliche relative Dichten aufweisen [74]. Verglichen mit Schäumen und Wabenstrukturen zeichnen sich Gitterstrukturen durch bessere mechanische Eigenschaften aus, die lokal verändert werden können [78]. Jede Einheitszelle bildet somit eine Variable, die funktionell an die jeweiligen Bedingungen angepasst werden kann. Im Vergleich zum Vollmaterial weisen Gitterstrukturen häufig geringere mechanische Festigkeiten auf, können dennoch die an die Anwendung geforderten Eigenschaften bzw. Festigkeiten erfüllen, wodurch eine Material- und Gewichtseinsparung ermöglicht wird [79]. Zur Herstellung von Gitterstrukturen können konventionelle Herstellungsverfahren wie Feinguss, Drahterodierung oder Metallsiebdruckverfahren verwendet werden, die sich besonders für großvolumige Bauteile eignen. Allerdings sind diese Verfahren sehr zeitaufwendig und benötigen viel Energie und Ressourcen. Eine Herstellung von Gitterstrukturen mit konventionellen Fertigungsverfahren im Mikro- und Nanogrößenbereich ist nicht möglich. Die Anwendungsbereiche von Gitterstrukturen sind vielfältig und reichen von Wärmetauschern, biomedizinischen Implantaten, Turbinenschaufeln bis hin zu Strukturbauteilen im Luft- und Raumfahrtbereich [74].

2.2.2 Periodische Gitterstrukturen

Bei den in dieser Arbeit verwendeten Gitterstrukturen handelt es sich um offenporige Mesostrukturen mit periodischer Anordnung, deren Einheitszellen in einem Größenbereich von 0,1 bis 10 mm liegen. Nachfolgend werden diese Strukturen nur noch als Gitterstrukturen bezeichnet. Die wohl wichtigste Unterscheidungsform für Gitterstrukturen ist das Verformungsverhalten. Hierbei wird zwischen einem biege- (engl. Bending-Dominated) und dehnungsdominierten (engl. Stretch-Dominated) Verformungsverhalten unterschieden. Entsprechend quantifiziert wird es über das Maxwell-Kriterium für zwei- und dreidimensionale Strukturen [80]:

$$M = z - 2j + 3 \text{ (zweidimensional)} \qquad (2.2)$$

$$M = z - 3j + 6 \text{ (dreidimensional)} \qquad (2.3)$$

wobei z die Anzahl der Stege und j die Anzahl der reibungsfreien Knotenpunkte ist.

Bei Annahme, dass die Knotenpunkte fest miteinander verbunden sind, ist das System bei M < 0 statisch unbestimmt. Bei einer Belastung durch die Kraft F werden die Stege einer Biegebeanspruchung ausgesetzt und es handelt sich um eine biegedominierte Struktur (vgl. Abbildung 2.9a). Für M = 0 ist das System statisch bestimmt, wobei die Stege durch Aufbringen der Kraft F einer Druck- oder Zugbelastung ausgesetzt werden, wodurch von einer dehnungsdominierten Struktur gesprochen wird (vgl. Abbildung 2.9b). Bei Hinzunahme weiterer Stege (M > 0) wird das System statisch überbestimmt. Das dehnungsdominierte Verformungsverhalten bleibt jedoch erhalten.

Abbildung 2.9 a) Statisch unbestimmtes System mit biegedominiertem und b) statisch bestimmtes System mit dehnungsdominiertem Verformungsverhalten in Anlehnung an [67,81]

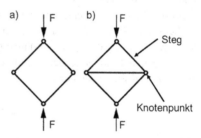

In der Literatur wurden bereits viele Gitterstrukturtypen untersucht, die in Anlehnung an die Kristallografie eingeteilt werden. In Abbildung 2.10 sind einige Gitterstrukturtypen dargestellt. Am häufigsten untersucht wurde in bisherigen Arbeiten der kubisch raumzentrierte Gittertyp, der sog. BCC-Gittertyp (engl. Body Centered Cubic) [68]. Eine Bewertung diverser Gitterstrukturtypen hinsichtlich Kriterien wie spezifische Festigkeit, Energieabsorption, Isotropie und Aufbauzeit wurde von Rehme durchgeführt [82], wobei der kubisch flächenzentrierte Gittertyp, der sog. F_2 CC_Z-Gittertyp (engl. Face Centered Cubic) die besten kombinierten Eigenschaften aufweist. Gittertypen, die mit dem Index Z versehen sind, besitzen vertikal angeordnete Stege (Abbildung 2.10), die meistens parallel zur Belastungsrichtung liegen. In Arbeiten von Maconachie et al. [83] konnte gezeigt werden, dass durch Hinzunahme der Stege in Z-Richtung, d. h. parallel zur Belastungsrichtung, das Verformungsverhalten von biege- zu dehnungsdominiert verändert werden konnte.

Abbildung 2.10
Einteilung der Gitterstrukturtypen in Anlehnung an die Kristallografie nach [68,82] (Rehme (2010), Cellular Design for Laser Freeform Fabrication, lizenziert unter CC BY 4.0, https://creativec ommons.org/licenses/ by/4.0, keine Änderung)

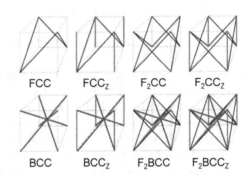

Parameter wie der Gittertyp, der Stegdurchmesser d_S bzw. die Stegbreite a_S und die Einheitszellengröße bzw. die relative Dichte sind für die mechanischen Eigenschaften der Gitterstruktur entscheidend [67]. In Abbildung 2.11 ist eine Einheitszelle für eine Gitterstruktur vom Typ F_2CC_Z dargestellt. Die Einheitszellenhöhe h_{Zelle}, -breite b_{Zelle} und -länge l_{Zelle} definieren das Einheitszellenvolumen V_{Zelle}. Durch Festlegung des Stegdurchmessers ergibt sich die relative Dichte ρ_{Zelle} anhand folgender Formel:

$$\rho_{Zelle} = \rho * / \rho_0 \qquad (2.4)$$

wobei $\rho*$ die Dichte der Gitterstruktur unter Berücksichtigung des Einheitszellenvolumens V_{Zelle} und ρ_0 die Dichte des Grundmaterials ist. Bis zu relativen Dichten $\leq 0,3$ wird von zellularen Strukturen gesprochen [84] Darüber hinaus werden solche Strukturen eher als poröses Vollmaterial bezeichnet. Die Porosität Φ ergibt sich dabei aus [66]:

$$\Phi = (1 - \rho * / \rho_0) \qquad (2.5)$$

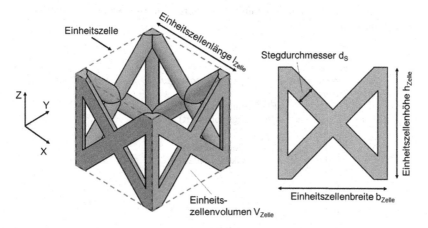

Abbildung 2.11 Schematische Darstellung einer F_2CC_Z-Einheitszelle

Mechanisches Verhalten

Wie zuvor erwähnt wird bei Gitterstrukturen zwischen einem biege- und dehnungsdominierten Verformungsverhalten unterschieden. Dies äußert sich in unterschiedlichen mechanischen Eigenschaften unter quasi-statischer Zug- und Druckbeanspruchung sowie unter zyklischer Beanspruchung. Exemplarische Spannungs-Stauchungs-Kurven sind in Abbildung 2.12 dargestellt. Zu Beginn kommt es zu einem initialen Setzen der Gitterstruktur, gefolgt von einer linear-elastischen Verformung, die durch einen steilen Anstieg gekennzeichnet ist [68]. Bei biegedominierten Strukturen kommt es beim Übergang in den plastischen Bereich zur Ausbildung einer Spannungsspitze. Nach dem ersten Versagen bildet sich ein Plateau aus, dass auf einem niedrigeren Niveau liegt als die maximale Spannung. Bei hinreichend großer Stauchung setzt eine Verdichtung ein, die ebenfalls durch einen steilen Anstieg gekennzeichnet ist [68]. Im Vergleich dazu wird für dehnungsdominierte Gitterstrukturen deutlich, dass nach Erreichen der Fließspannung diverse Spannungsabfälle in Folge eines sich wiederholenden lokalen Versagens auftreten. In Untersuchungen von Afshar et al. [85] konnte gezeigt werden, dass für dehnungsdominierte Gitterstrukturen unter quasistatischer Beanspruchung ein schichtweises Versagen beobachtet werden konnte. Im Gegenzug dazu bilden biegedominierte Gitterstrukturen beim Versagen Scherbänder im 45°-Winkel aus. Beide Versagensmechanismen wiesen eine gute Übereinstimmung mit computergestützten Simulationen auf. Nach hinreichend großer Schädigung tritt für dehnungsdominierte Gitterstrukturen ebenfalls eine Verdichtung auf.

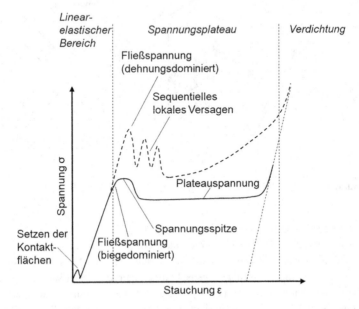

Abbildung 2.12 Biege- (durchgehende Linie) und dehnungsdominiertes (gestrichelte Linie) Verformungsverhalten unter einer quasistatischen Druckbeanspruchung in Form von Spannungs-Stauchungs-Kurven in Anlehnung an [60,68]

Auch unter Zugbeanspruchung äußert sich das Verformungsverhalten in unterschiedlichen Spannungs-Dehnungs-Diagrammen. Zu Beginn erfolgt, analog zur Druckbeanspruchung, ein linear-elastisches Wachstum. Der Übergang in den plastischen Bereich ist fließend und nach Erreichen der Maximalspannung erfolgen erste Brüche innerhalb einzelner Stege bis hin zu mehreren zusammenhängenden Einheitszellen, die zur Ausbildung starker Spannungsabfälle und letztendlich dem finalen Versagen der Gitterstruktur führen (vgl. Abbildung 2.13). Biegedominierte Strukturen zeigen prinzipiell ein eher duktiles und dehnungsdominierte Strukturen ein eher sprödes Materialverhalten unter Zugbeanspruchung, was auf die primäre Belastungsart der Stege zurückgeführt werden kann. Allgemein ist das dehnungsdominierte Verformungsverhalten in technischen Anwendungen zu bevorzugen, da die Stege in diesem Fall primär auf Zug und/oder Druck belastet werden und somit eine größere spezifische Steifigkeit, Festigkeit und Energieabsorption aufweisen [68]. Biegedominierte Strukturen sind hingegen nachgiebiger und weisen ein gutes Absorptionsvermögen auf [67].

Abbildung 2.13 Biege-(durchgehende Linie) und dehnungsdominiertes Verformungsverhalten (gestrichelte Linie) unter einer quasistatischen Zugbeanspruchung in Form von Spannungs-Dehnungs-Kurven in Anlehnung an [68]

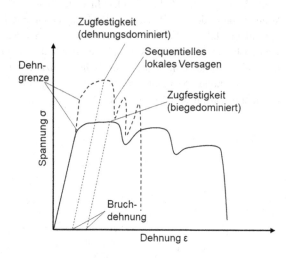

Während einer zyklischen Beanspruchung durchläuft die Gitterstruktur unabhängig ihres dominierenden Verformungsverhaltens drei charakteristische Phasen [86]. Die meisten Untersuchungen fokussierten sich im Hinblick auf einen Einsatz als Implantat auf die Beschreibung des Ermüdungsverhaltens unter einer Druckschwellbelastung. Eine vergleichbare Phaseneinteilung konnte jedoch auch für konventionell gefertigte Schäume [87] und für Vollmaterial unter einer Zugschwellbelastung [88] aufgezeigt werden. Das vergleichbare Schädigungsverhalten kann dadurch begründet werden, dass Stege in Schäumen oder Gitterstrukturen aufgrund ihrer Anordnung zur Belastungsrichtung, überwiegend einer Zugbelastung ausgesetzt sind. Es ist davon auszugehen, dass vergleichbare Phasen auch bei einer wechselnden Belastung durchlaufen werden, allerdings sind hierzu bisher noch keine wissenschaftlichen Arbeiten in der Literatur vorhanden. In Abbildung 2.14 sind die drei Phasen in Anlehnung an [60,89] schematisch dargestellt. In Phase I kommt es zu einer anfänglichen Zunahme der Dehnung, die auf das zyklische Kriechen, d. h. die fortschreitende Akkumulation der plastischen Dehnung, zurückzuführen ist [86]. In Phase II wird ein Plateaubereich mit einer nahezu konstanten Dehnung, die sog. Inkubationsregion, für eine große Anzahl von Lastspielen aufrechterhalten, in der die Rissinitiierung stattfindet [88]. Das zunehmende Risswachstum sorgt für eine steigende Dehnung. Im Übergang zu Phase III kommt es zu einem rapiden Anstieg der Dehnung, wobei zunächst ein lokales Versagen einzelner Stege und anschließend mehrerer zusammenhängender Einheitszellen beobachtet werden kann [88]. Diese Phase wird durch das finale Versagen der Probe beendet. In Untersuchungen von Sugimura et al. [90] konnten besonders in Phase III plötzliche Dehnungssprünge detektiert werden, die auf ein lokales Versagen innerhalb der untersuchten Struktur zurückgeführt werden konnten. Generell kann Phase III in Abhängigkeit des gewählten Spannungsniveaus bei einer unterschiedlichen Anzahl von Zyklen erreicht werden, wobei ein hohes Spannungsniveau zu einer geringeren Lastspielzahl bis zum Erreichen von Phase III führt [91].

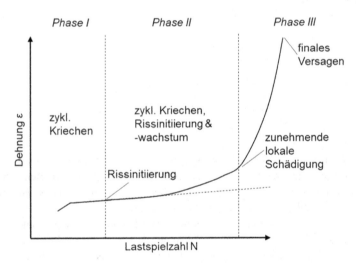

Abbildung 2.14 Charakteristische Phasen während einer zyklischen Druckschwellbelastung in Anlehnung an [60,89]

2.2.3 Additiv gefertigte Gitterstrukturen

Konventionelle Fertigungsverfahren sind zur Herstellung von filigranen und komplexen Gitterstrukturen nur bedingt geeignet. Besonders gradierte Strukturen können nur schwer umgesetzt werden [65,92]. Die Herstellung von Gitterstrukturen mittels AM-Verfahren bietet dabei signifikante Vorteile wie große Gestaltungsmöglichkeiten, die Verarbeitbarkeit verschiedener Werkstoffklassen sowie die Einsparung von Energie und Ressourcen [74]. Hierbei sind offenporige Gitterstrukturen zu bevorzugen, um die Entfernung des nicht aufgeschmolzenen Pulvers sicherzustellen [68]. Nachfolgend soll der Stand der Technik für solche Strukturen hinsichtlich der Herstellung mittels pulverbettbasiertem Schmelzen mit Elektronenstrahl und zugrundeliegender Einflussgrößen hervorgehoben werden, da diese im weiteren Verlauf der Arbeit im Fokus stehen. Die generelle Herstellbarkeit von Gitterstrukturen mittels PBF-LB/M und PBF-EB/M konnte bereits für diverse Werkstoffklassen gezeigt werden [93,94,95], wobei ein größerer Fokus auf dem PBF-LB/M-Prozess lag [83,96]. Bevorzugte Materialklassen zur Bestimmung möglicher Einflussgrößen waren insbesondere die Legierungen Ti6Al4V, X2CrNiMo17–12-2 und AlSi12. Dabei wurde vor allem der Einfluss der Prozessparameter [95], unterschiedlicher Aufbaurichtungen [94], sowie einer nachgelagerten Wärmebehandlung [97,98] auf die mechanischen Eigenschaften betrachtet. Die Charakterisierung erfolgte weitestgehend auf Basis quasistatischer Druckprüfungen. Das PBF-EB/M-Verfahren wurde ebenfalls für die Herstellung von Gitterstrukturen für verschiedene Anwendungen qualifiziert [99,100,101]. Hierbei wurde im Vergleich zum PBF-LB/M-Verfahren hauptsächlich die Ti6Al4V-Legierung zur Untersuchung von Einflussgrößen prozessiert. Die vorteilhaften Eigenschaften der PBF-EB/M-gefertigten Gitterstrukturen im Vergleich zu analog gefertigten stochastischen Schäumen wurde von Cheng et al. [93] dargestellt, wobei eine höhere spezifische Festigkeit bei vergleichbarer spezifischer Steifigkeit detektiert werden konnte. Mit dem Fokus auf medizintechnische Anwendungen konnte ebenfalls gezeigt werden, dass der Elastizitätsmodul und die Druckfestigkeit vergleichbar mit den Eigenschaften des trabekulären und kortikalen Knochens sind [102,103], wodurch Gitterstrukturen besonders zur Herabsetzung des sog. Stress-Shielding-Effekts [104] geeignet sind. Im Rahmen des PBF-EB/M-Prozesses konnten minimale Stegdurchmesser von 0,7 mm ohne Anpassung der Standardprozessparameter realisiert werden [105]. Analog zum PBF-LB/M-Prozess wurden auch hier Einflussgrößen wie unterschiedliche Gittertypen [106,107], variierende relative Dichten [108,109] und nachgeschaltete Wärmebehandlungen [110,111] auf die quasistatischen Eigenschaften untersucht. Besonders die relative Dichte hatte einen maßgeblichen Einfluss, wobei eine abnehmende relative Dichte sowohl zu einer Verringerung des Elastizitätsmoduls als auch der Druckfestigkeit führt.

Hinsichtlich der zyklischen Struktureigenschaften von PBF-LB/M- und PBF-EB/M-gefertigten Gitterstrukturen konnten besonders der Gittertyp, -größe bzw. die relative Dichte, sowie die mechanischen Eigenschaften des Grundmaterials als kritische Einflussgrößen identifiziert werden [83,97,110,112]. Li et al. [91] untersuchten das Ermüdungsverhalten im Druckschwellbereich, wobei Prüfkörper mit unterschiedlichen relative Dichten hergestellt wurden. Es konnte gezeigt werden, dass die Ermüdungsfestigkeit mit zunehmender relativer Dichte angehoben wird. In [113] wurde das Ermüdungsverhalten im Druckschwell-, Zugschwell- und bei wechselnder Belastung untersucht. Hierbei konnte der Einfluss der Mittelspannung aufgezeigt werden. Gitterstrukturen, die unter wechselnder Beanspruchung getestet wurden, wiesen im Vergleich die besten Ermüdungseigenschaften auf. Eine entscheidende Einflussgröße ist jedoch die prozessinduzierte Oberflächenrauheit bzw. die Größe und Anzahl von Kerbdefekten in Kombination mit weiteren Oberflächendefekten (z. B. Treppenstufeneffekt), die die Rissinitiierung und das Risswachstum beschleunigen. Spannungskonzentrationen treten bevorzugt in Knotenpunkten auf, die zu einem lokalen Versagen führen können [114]. Das zunehmende Versagen einzelner Stege innerhalb der Struktur führt dann zu einer Reduzierung des tragenden Querschnitts und einer Steifigkeitsabnahme bis hin zum finalen Versagen. Im Rahmen der Untersuchungen von Köhnen et al. [114] konnte deutlich gemacht werden, dass dehnungsdominierte Gitterstrukturen, stellvertretend repräsentiert durch den F_2CC_Z-Gittertyp, im Vergleich zu biegedominierten Gitterstrukturen bessere Ermüdungseigenschaften aufweisen. Allerdings entsprach die Ermüdungsfestigkeit bei 10^7 Lastspielen nur 7,5 % der initialen Streckgrenze. Mathematische Zusammenhänge zwischen Bruchlastspielzahl und Ermüdungsfestigkeit konnten durch Zargarian et al. [115] aufgezeigt werden.

Es wird deutlich, dass nahezu ausschließlich Gitterstrukturen untersucht wurden, die aus mehreren im 3D-Raum angeordneten Einheitszellen bestehen. Wie bereits beschrieben ist das Verformungs- und Schädigungsverhalten sehr komplex, was eine Bestimmung der Schädigungsakkumulation bzw. die Identifikation des primären Schädigungsmechanismus erschwert. Eine Betrachtung des Verformungs- und Schädigungsverhaltens einzelner Stege bzw. die damit verbundenen Wechselwirkungen multipler Stege mit fortschreitender Schädigung oder eine Betrachtung einer einzelnen Einheitszellenebene wurde in bisherigen Arbeiten nicht adressiert. Erste Ansätze wurden von Persenot et al. [61] verfolgt. Grundlage für die Untersuchungen waren kleinvolumige Rundproben, die vergleichbar mit Stegen innerhalb einer Gitterstruktur sind. Auf Basis der Ergebnisse konnte gezeigt werden, dass die mechanischen Eigenschaften des Stegs in Abhängigkeit des relativen Winkels zur Bauplattform variieren können. In Untersuchungen von Goodall et al. [106] wurde der Einfluss von fehlenden Stegen innerhalb der Gitterstruktur untersucht. Je mehr Stege innerhalb der Gitterstruktur fehlen, umso geringer ist die mechanische Festigkeit. Zusätzlich zeigten die Autoren auf, dass die Stege innerhalb der Gitterstruktur unterschiedlich stark belastet werden, was das Verformungs- und Schädigungsverhalten noch weiter beeinflussen kann. Es wird angenommen, dass fehlende Stege innerhalb einer Gitterstruktur auch zu einer Veränderung des dominanten Schädigungsmechanismus führen können [66].

An dieser Stelle kann festgehalten werden, dass diverse Einflussgrößen wie u. a. die Prozessparameter, die Gittermorphologie und die relative Dichte auf die mechanischen Eigenschaften von PBF-EB/M-gefertigten Gitterstrukturen bereits in zahlreichen Arbeiten untersucht wurden. Allerdings wurden hierzu fast ausschließlich quasistatische Druck- und Zugversuche genutzt. Die zugrundeliegenden Verformungs- und Schädigungsmechanismen von Gitterstrukturen unter zyklischer Beanspruchung sind aktuell nicht vollständig identifiziert. Vor allem die bisweilen hohe prozessinduzierte Oberflächenrauheit ist kritisch zu betrachten, da sie zur Ausbildung von Spannungskonzentrationen im oberflächennahen Bereich führt, was eine frühe Rissinitiierung und eine Herabsetzung der mechanischen Festigkeit zur Folge haben kann. Eine weitergehende mechanische Charakterisierung des zyklischen Strukturverhaltens ist zwingend erforderlich, um den zukünftigen Einsatzbereich von AM-Gitterstrukturen konsequent zu erweitern.

2.3 Zerstörungsfreie Charakterisierung mittels Computertomografie

2.3.1 Grundlagen der Computertomografie

Bei der Computertomografie (CT) handelt es sich im weitesten Sinne um ein elektromagnetisches Prüfverfahren, wobei Röntgenstrahlung einen Prüfkörper durchstrahlt, die Intensität des durchkommenden Signals detektiert und anschließend zu einem 3D-Volumen rekonstruiert wird. Dieses kann nachfolgend ausgewertet und interpretiert werden [116]. Mittlerweile ist die CT-Technologie in vielen technischen und medizinischen Anwendungen zu finden [117]. Zur Erzeugung der Röntgenstrahlung werden Elektronen in einer evakuierten Glas- oder Keramikröhre von der Kathode (negativ) durch Anlegen einer Hochspannung U_0 (20–250 kV) zur Anode (positiv) beschleunigt [117,118]. Der Anodengrundkörper besteht aus Kupfer und innerhalb des Grundkörpers befindet sich ein Wolframtarget. Die in das Target eindringenden Elektronen werden abgebremst, wobei von einer negativen Beschleunigung der Ladung gesprochen wird, die zur Aussendung elektromagnetischer Strahlung führt, der sog. Röntgenbremsstrahlung [117]. Entscheidende Parameter für die Röntgenbremsstrahlung sind der

Röhrenstrom und die angelegte Spannung. Durch Erhöhung beider Größen wird ebenfalls die Intensität der Strahlung erhöht [118].

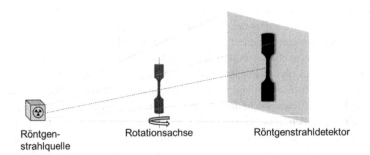

Röntgen-   Rotationsachse   Röntgenstrahldetektor
strahlquelle

Abbildung 2.15 Schematische Darstellung der Computertomografie mittels Röntgenstrahlung zur Abbildung des Prüfkörpers

Ein weiterer Einflussfaktor für die Effizienz der Röntgenröhre ist die Brennfleckgröße. Typische Brennfleckgrößen liegen im Bereich von 70–300 μm. Durch die Nutzung einer Mikrofokusröhre sind kleinere Brennfleckgrößen zwischen 5 und 300 μm möglich [118]. Ein weiterer entscheidender Punkt ist die Sicherstellung der Durchstrahlbarkeit des Prüfkörpers. Die Absorption der Röntgenstrahlung bei einer Materialdicke x wird dabei mathematisch durch das Schwächungsgesetz beschrieben [117]:

$$I_S = I_0 \times e^{-\mu x} \tag{2.6}$$

Wobei I_S die Strahlungsintensität, I_0 die initiale Strahlungsintensität (vor Materialdurchgang) und μ der Schwächungskoeffizient ist.

Die Computertomografie wird somit zur 3D-Visualisierung von Objekten eingesetzt, wobei eine definierte Anzahl von Röntgenaufnahmen (Anzahl der Projektionen) durch schrittweise Rotation des Prüfkörpers aufgenommen und vom Röntgenstrahldetektor erfasst werden (siehe Abbildung 2.15) [119]. Innerhalb des Detektors wird die Röntgenstrahlung in Grauwerte und mittels Photodioden in ein Bild umgewandelt [120]. Anschließend erfolgt die Rekonstruktion der zweidimensionalen (2D-)Einzelaufnahmen mit Hilfe eines Auswertealgorithmus in ein 3D-Volumen, das aus einer Matrix von kleinsten Volumenelementen, den sog. Voxeln, besteht. Zur besseren Veranschaulichung kann sich ein Voxel als Äquivalent zu einem Pixel in einem 2D-Bild vorgestellt werden [120]. Die maximal erreichbare Genauigkeit der Rekonstruktion hängt somit in erster Linie von der Voxelgröße ab, wodurch CT-Scans bevorzugt werden, die eine möglichst kleine Voxelgröße aufweisen, um alle Details bzw. Defekte im Bauteil sichtbar zu machen. Die entstehenden Ergebnisse können dann für verschiedene Anwendungen weiterverwendet werden. Dies umfasst u. a. die einfache Visualisierung, das Vermessen von Geometrien oder die Konvertierung in das STL-Format zur weiteren Verarbeitung, wie bspw. im Reverse-Engineering [119]. Für eine verbesserte Auflösung werden häufig CTs mit Mikro- bzw. Nanofokusröhre eingesetzt [120], da durch die Reduzierung der geometrischen Unschärfe, in Folge der kleinen Brennfleckgröße, auch sehr kleine Fehler sichtbar gemacht werden können. Spezielle Einsatzgebiete sind die Untersuchung von Lage, Form und Größe von prozessinduzierten Defekten auf die zyklischen Eigenschaften und die Kopplung mit Lebensdauervorhersagemodellen, die Detektion von feinsten Hohlräumen in Turbinenschaufeln sowie die Überprüfung von Einschweißungen in Rohrböden von Wärmetauschern [118,121].

Neben der Voxelgröße hängt die resultierende Bildqualität bzw. das Messergebnis von weiteren Einflussgrößen ab. Nachfolgend sind die wesentlichen Einflussfaktoren aufgeführt [122]:

• Auflösung und Vergrößerung
• Bauteilgröße und -komplexität
• Bildkontrast bzw. Hintergrundrauschen
• Anzahl der Projektionen
• Bauteilausrichtung
• Umweltbedingungen
• Grundwerkstoff

Entscheidende Einflussgrößen sind die Bauteilgröße und -komplexität, wobei ein großvolumiges Bauteil zu einer Verringerung der möglichen Auflösung bzw. Vergrößerung der einzelnen Voxel und somit zu einer Reduzierung der Bildqualität führt [119,123]. In Untersuchungen von Kim et al. [124] wurde der Einfluss unterschiedlicher Akquisitionsparameter auf die Bildqualität der aufgenommen CT-Bilder untersucht. Besonders der Bildkontrast bzw. das Hintergrundrauschen wird durch die Akquisitionsparameter beeinflusst und trägt somit zu einer schlechteren Sichtbarkeit der Defekte bei. Besonders Parameter wie die angelegte Spannung, der Röhrenstrom, die Vergrößerung, die Bildwiederholungsrate, die Anzahl der Bilder pro Projektion und der Auswertealgorithmus beeinflussen das Rauschen und haben somit Einfluss auf die Bildqualität. Die Autoren postulierten, dass das Rauschniveau auf einem niedrigen Level gehalten werden muss, um möglichst alle Defekte erfolgreich detektieren zu können. Die Durchstrahlung von Werkstoffen mit einer hohen Ordnungszahl, d. h. einer hohen relativen Dichte wie z. B. Co, Ni, Cu oder Sn ist ebenfalls mit einigen Herausforderungen verbunden, da diese im Gegensatz zu Leichtmetallen (z. B. Al und Mg) einen größeren Schwächungskoeffizienten aufweisen. Zusätzlich wird der Anteil der Strahlung, die bei hohen Materialdicken noch durchkommt, immer kurzwelliger, wobei hier häufig von der sog. Aufhärtung gesprochen wird, die die Fehlererkennbarkeit und den Kontrast beeinflussen.

Abbildung 2.16
Vergleich zwischen
zerstörungsfreien
Messverfahren in
Abhängigkeit der Lage und
der möglichen räumlichen
Auflösung der Defekte in
Anlehnung an [122]

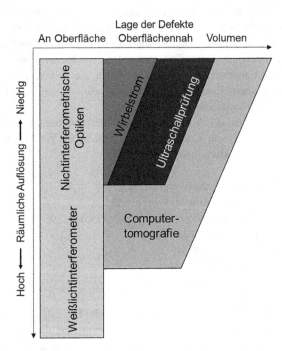

Zur Sicherstellung einer ausreichenden Durchstrahlungsenergie muss die Belichtungszeit erhöht werden. Als Abhilfemaßnahme werden deshalb häufig kleinere Referenzkörper, die unter gleichen Bedingungen hergestellt wurden, durchstrahlt. Dies hat den Nachteil, dass keine Informationen über das tatsächliche Bauteil auf Basis der CT-Scans vorliegen. [118] Wird die Computertomografie mit anderen zerstörungsfreien Messverfahren verglichen, so wird deutlich, dass optische Messverfahren häufig höhere Genauigkeiten ermöglichen, allerdings müssen die Defekte an der Oberfläche positioniert sein [122]. Wirbelstrom- und Ultraschallmessverfahren können Defekte im Volumen erfassen, jedoch dürfen diese nicht zu tief im Volumen liegen. Ein weiterer Nachteil ist die mangelnde räumliche Auflösung, wodurch nur relativ große Defekte im Millimeterbereich sichtbar gemacht werden können [122]. Das vielversprechendste zerstörungsfreie Messverfahren ist somit eindeutig die Computertomografie, die die Detektion und quantitative Vermessung von Defekten an der Oberfläche und im Volumen bei Auflösungen bis in den Mikrometerbereich ermöglicht (siehe Abbildung 2.16) [125]. Nachteil der CT-Technologie sind die in Abhängigkeit des Ausgangsmaterials erhöhten Messzeiten sowie die hohen Kosten für die Gerätebeschaffung und -nutzung. Weiterhin müssen viele Einflussgrößen, resultierend aus den zahlreichen Akquisitionsparametern, für einen erfolgreichen CT-Scan berücksichtigt werden. Eine der größten Herausforderungen liegt aktuell darin, dass für die Computertomografie als zerstörungsfreies Prüfverfahren noch keine einheitlichen Normen existieren, die das CT einerseits als messtechnisches Werkzeug qualifizieren und andererseits die Validierung und Rückverfolgbarkeit sicherstellen [119,126]. Hier besteht weiterer Forschungsbedarf, sodass ein weitreichender industrieller Einsatz ermöglicht wird [119].

2.3.2   Quantitative Bewertung PBF-gefertigter Bauteile mittels Computertomografie

Additiv gefertigte Bauteile können, wie bereits in Abschnitt 2.1.2 beschrieben, prozessinduzierte Defekte, Eigenspannungen und geometrische Gestaltabweichungen aufweisen. Diese Fehler können die mechanischen Eigenschaften der Bauteile herabsetzen und zu einem frühen Versagen führen. Hierbei spielen zerstörungsfreie Messverfahren eine entscheidende Rolle, wobei die Computertomografie immer häufiger eingesetzt wird, um die zuvor benannten prozessinduzierten Besonderheiten zu detektieren und zu quantifizieren. Typischerweise wird die Computertomografie zur Erfassung von Porositäten, Rissen und Pulverresten in AM-Bauteilen, sowie zur Bestimmung geometrischer Abweichungen zwischen dem initialen CAD-Modell und dem „as-built" Bauteil eingesetzt [122]. Weiterhin sind Arbeiten bekannt, die die Computertomografie als Werkzeug innerhalb des Reverse-Engineering bspw. in der Medizin oder Musik nutzen [119,127]. Beginnend in den 1990er-Jahren wurde die CT-Technologie als Werkzeug zur Rekonstruktion eines Schädels eingesetzt, der anschließend mittels AM nachgebildet wurde. Weiterhin wurde das CT als Werkzeug zur Überprüfung AM-gefertigter Bauteile hinsichtlich vorhandener Defekte eingesetzt. Berry et al. [128] sind hierbei zu nennen, die ihre Ergebnisse einer quantitativen Analyse mittels CT als einer der Ersten publizierten. Ab 2005 wurde das CT zunehmend zur

Detektion von inneren Defekten bzw. Poren eingesetzt. Hierbei wurde das Verhältnis zwischen Voxeln, die Poren repräsentieren, und Voxeln, die Vollmaterial darstellen, berechnet [120]. Auch die Osseointegration zwischen Knochen und Implantat wurde mittels CT überprüft. In Untersuchungen von Bibb et al. [129] wurden potentielle medizintechnisch relevante AM-Materialien mittels CT durchstrahlt und deren Erscheinungsbild im Scan untersucht und bewertet, sodass die Materialien bei einem potentiellen Einsatz vom medizinischen Gerät bzw. dem menschlichen Knochen unterschieden werden können.

In der Literatur ist hinreichend bekannt, dass das archimedische Prinzip zur genaueren Bestimmung der inneren Porosität im Vergleich zum CT geeignet ist. Insbesondere die Detektion von kleinen Defekten im Bereich der Auflösungsgrenze des CTs sorgt für Abweichungen in den Porositätswerten [119]. Allerdings können für AM-Bauteile mögliche Grenzen des archimedischen Prinzips festgestellt werden, was mitunter auf die unregelmäßige Oberflächenrauheit zurückgeführt werden kann. Weiterhin können mittels archimedischem Prinzip keine zusätzlichen Daten hinsichtlich der Morphologie und Lage der Poren innerhalb des Bauteils erhoben, wodurch das CT in aktuellen Untersuchungen zur Erfassung der Porosität sowie zur Untersuchung der Morphologie und Porenverteilung immer stärker in den Fokus rückt. In Untersuchungen von Tammas-Williams et al. [130] wurden neben den finalen AM Bauteilen auch die verwendeten Materialpulver hinsichtlich ihrer Porenverteilung untersucht. Aufbauend auf den vorhandenen CT-Scans können die Datensätze zusätzlich zur Untersuchung potentieller Spannungskonzentrationen an innenliegenden Defekten eingesetzt werden, was von Siddique et al. [131] gezeigt wurde. Zur Verringerung der prozessinduzierten Defektdichte werden, wie bereits beschrieben, häufig Wärmebehandlungsverfahren eingesetzt. Der Einfluss auf die innere Defektverteilung wurde von Maskery et al. [132] anhand von CT-Analysen überprüft. Nichtsdestotrotz werden zwecks Überprüfung und Validierung weiterhin auch zerstörende Prüfverfahren zur Ermittlung der Porosität eingesetzt [133].

Pyka et al. [134,135] waren die Ersten, die eine Methode präsentierten, mit der die CT-Daten zur Analyse der Oberflächentextur eingesetzt werden können. Im Einzelnen wurden 2D-Oberflächenprofile extrahiert und nachfolgend genutzt, um Oberflächenrauheitswerte zu bestimmen. In Arbeiten von Kerckhofs et al. [136] wurden optische, taktile und CT-basierte Messverfahren zur Bestimmung von Rauheitsprofilen miteinander verglichen. Die CT-basierten Methoden lieferten hier sehr präzise und wiederholgenaue Ergebnisse für Rauheiten bis in den Mikrometerbereich. Dies konnte in Arbeiten von Zanini et al. [123] bestätigt werden. Zusätzlich konnte herausgestellt werden, dass die Computertomografie auch die Möglichkeit bietet, Hinterschneidungen zu erfassen und zu vermessen, die mit konventionellen optischen und taktilen Messverfahren nicht bestimmt werden können. In [137] wurden Beschichtungen auf PBF-EB/M-gefertigten Ti6Al4V-Gitterstrukturen mittels CT charakterisiert. Auch wenn die Auflösung ein limitierender Faktor für die Bestimmung der Oberflächenrauheit ist, so sind die CT-Datensätze aktuell die einzige Möglichkeit, um zerstörungs-frei innenliegende Strukturen zu untersuchen, wodurch die Wichtigkeit des CTs als Prüfverfahren nochmals unterstrichen wird. Kruth et al. [138] verwendeten CT-Datensätze zur Überprüfung der Maßhaltigkeit und Toleranzen. Auch Gapin-ski et al. [120] fertigten diverse Geometrien mit unterschiedlichen Größen und Formen und überprüften deren Maßhaltigkeit mittels CT. Generell werden CT-Datensätze häufig als Ersatz für koordinatenbezogene Messverfahren eingesetzt, besonders in Fällen, in denen konventionelle Messverfahren nicht anwendbar sind [119,139]. Für komplexe Gitterstrukturen bilden vorhandene CT-Datensätze die einzige Möglichkeit, geometrische Abweichungen zu detektieren. Zur Bewertung der Effektivität des CTs im Vergleich zu koordinatenbasierten Messverfahren wurden in [123] Referenzkörper mit definierten geometrischen Abweichungen hergestellt und untersucht. Im Einzelnen konnten größere Abweichungen für die koordinatenbasierten Messverfahren festgestellt werden.

2.4 Grundlagen des elektrochemischen Polierens

Die Korrosion ist im einfachsten Sinne die messbare Veränderung eines Materi-als resultierend aus der Reaktion mit seiner Umgebung [140]. Prinzipiell können alle Materialien, wie bspw. Metalle, Polymere und Holz, unter Einwirkung der Umwelt korrodieren [141]. Die Metallkorrosion besteht im Einzelnen aus zwei chemischen Reaktionen, die in die anodische und kathodische Teilreaktion unterschieden werden können [142]:

$$Me \rightarrow Me^{n+} + ne^- \text{ (anodische Teilreaktion)} \tag{2.7}$$

$$\frac{1}{2}O_2 + H_2O + 2e^- \rightarrow 2OH^- \text{ (kathodische Teilreaktion)} \tag{2.8}$$

Bei der anodischen Teilreaktion oxidieren Metallatome zu Metallionen, wobei Elektronen erzeugt werden. Die freien Elektronen sorgen bei der kathodischen Teilreaktion zur Bildung von Hydroxid-Ionen. Zur Beschreibung der elektro-chemischen Prozesse, d. h. der anodischen und kathodischen Teilreaktionen, werden häufig potentiostatische und potentiodynamische Polarisationsmessungen durchgeführt, die über die Norm EN ISO 17475 [143] geregelt sind. Der typische Versuchsaufbau, bestehend aus drei Elektroden, die mit einem Potentiostat verbunden sind, ist in Abbildung 2.17 dargestellt.

Abbildung 2.17
Schematischer
Versuchsaufbau zur
Durchführung
potentiostatischer und
-dynamischer
Polarisationsmessungen in
Anlehnung an [144]

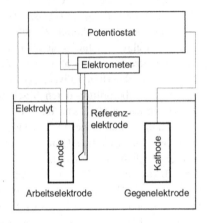

Das zu untersuchende Material ist im dargestellten schematischen Versuchsaufbau die Arbeitselektrode (Anode) und wird mit dem positiven Pol des Potentiostats verbunden. Der negative Pol wird mit der Gegenelektrode (Kathode) verbunden. Die Referenzelektrode dient zur Einhaltung eines konstanten Potentials relativ zur Arbeitselektrode [144]. Sowohl Referenz-, als auch Arbeits- und Gegenelektrode werden in ein elektrisch leitendes Medium, den sog. Elektrolyt, eingetaucht. Durch Anlegen einer Gleichspannung laufen an den Elektroden die elektrochemischen Reaktionen ab [145]. Grundlage für die meisten Korrosionsuntersuchungen bildet das freie Korrosionspotential E_{kor}. Hierbei wird das Potential zwischen dem Potentiostat und der Referenzelektrode ohne einem angelegten Strom gemessen [141]. Anschließend wird eine potentiodynamische Polarisationsmessung zur Erfassung der Stromdichte-Potential-Kurve durchgeführt. Dafür werden unterschiedliche Potentiale durch den Potentiostat abgefahren. Werden Werte oberhalb von E_{kor} gewählt, so wird der anodische Teil der Polarisationskurve aufgezeichnet. Ist der Wert unterhalb von E_{kor}, so wird der kathodische Teil der Polarisationskurve erfasst. In diesem Zusammenhang wird häufig auch von einem Tafeldiagramm gesprochen, wobei die Stromdichte für ein bestimmtes Metall in einem definierten Elektrolyt über dem Potential aufgetragen wird [144].

Abbildung 2.18
Schematischer
Kurvenverlauf der
Stromdichte über dem
Potential für die anodische
Teilreaktion in Anlehnung
an [146,147]

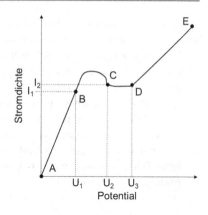

Durch Einstellung und Aufrechterhaltung eines bestimmten Potentials bzw. einer definierten Spannung kann der Korrosionsprozess in seiner Ausprägung und Geschwindigkeit kontrolliert werden. In der Vergangenheit wurde dies bereits von diversen Wissenschaftler*innen unter dem Begriff des elektrochemischen Polierens untersucht und zur Verbesserung der Oberflächenqualität eingesetzt [146,148]. Allgemein wird das elektrochemische Polieren (ECP) zur Reduzierung von Oberflächenrauheiten metallischer Bauteile eingesetzt, die mit mechanischen Verfahren wie bspw. Schleifen oder Sandstrahlen nicht ausreichend bearbeitet werden können [148]. Der elektrochemische Materialabtrag basiert in seinen Grundzügen auf der anodischen Metallauflösung [149]. Der Materialabtrag kann dabei auf diversen Skalen, wie z. B. auf der Makro- (100 μm) und auf der Mikroebene (10 μm) stattfinden [149]. Analog zur Untersuchung des Korrosionsverhaltens geht das zu bearbeitende bzw. abzutragende Metall durch die Abgabe von Elektronen in der Form von Metallionen in Lösung. Weiterhin bildet sich an der Anode Sauerstoff [150]. An der Kathode, die vorzugsweise aus Platin oder Graphit besteht, bildet sich Wasserstoff, ein Materialabtrag findet jedoch nicht statt [134]. Für das ECP ist also besonders der anodische Teil der Stromdichte-Potential-Kurve entscheidend. Ein exemplarischer schematischer Kurvenverlauf ist in Abbildung 2.18 dargestellt. Innerhalb des Bereiches A-B wird die Anodenoberfläche lediglich geätzt, allerdings findet noch kein Materialabtrag statt. Durch das steigende Potential bildet sich innerhalb des Bereichs B-C ein Oxidfilm auf der Bauteiloberfläche [146]. Das ECP kann, abhängig vom Material und Elektrolyt, bereits bei einer Stromdichte I_2 und einer Spannung zwischen $U_2 - U_3$ erfolgen (Bereich C-D). Bei bestimmten Metallen, d. h. Werkstoffen, die eine Passivierungsschicht ausbilden können, wird der Übergang der Metallionen in

den Elektrolyt durch jene Ausbildung behindert [145]. Bei hinreichend hoher
Stromdichte kann diese Passivschicht durchbrochen werden, wodurch ein Abtrag
erst bei Stromdichten $> I_2$ erreicht werden kann (Bereich D-E) [150]. Die Identifikation eines optimalen Parameterfensters erfolgt häufig jedoch nur anhand von
empirischen Versuchen [147].

Wie bereits beschrieben, ist der grundlegende Mechanismus für das ECP
der anodische Auflösungsprozess, resultierend aus elektrochemischen Reaktionen [146]. Das ECP eignet sich besonders zum Polieren von komplexen oder
gekrümmten Strukturen, da sich die Elektroden während des Poliervorgangs nicht
berühren. Der Übergangsbereich zwischen Anode und Elektrolyt ist schematisch
in Abbildung 2.19 dargestellt.

Abbildung 2.19
Schematische Darstellung
des Übergangsbereichs
zwischen Metalloberfläche
und Elektrolyt in
Anlehnung an [147]

Die initiale Oberfläche des abzutragenden Metalls besteht, resultierend aus der
Oberflächenrauheit, aus Hoch- und Tiefpunkten. Der Übergangsbereich ist durch
einen hohen elektrischen Widerstand gekennzeichnet. Aufgrund der ungleichmä-
ßigen Bauteildicke ist der Widerstand an der Stelle a_1 kleiner als an b_1. Da der
Prozess unter einer konstanten Spannung durchgeführt wird, ist die Stromdichte
umgekehrt proportional zum Widerstand, wodurch die Stromdichte an den Hoch-
punkten größer ist als an den Tiefpunkten. Dadurch erfolgt an der Position A
eine schnellere anodische Auflösung als an Position B [147]. Durch die primäre
Abtragung der Spitzen werden Hoch- und Tiefpunkte angenähert, wodurch die
Oberflächenrauheit reduziert wird. Dies äußert sich besonders in den Werten für
die maximale Rautiefe R_{max} und die gemittelte Rautiefe R_z. Bedingt durch den
Versuchsaufbau ergeben sich eine Vielzahl von Faktoren, die das Polierergebnis
beeinflussen können. Dies können bspw. der Elektrodenabstand, die Elektrolyt-
zusammensetzung und -temperatur sowie die Stromdichte sein. Auch die Art der
Gleichstromzuführung, d. h. kontinuierlich oder pulsiert, kann die Qualität des
Polierergebnisses verändern [149,150].

Das ECP ist ein vielversprechendes Werkzeug zur Verbesserung der Oberflächenrauheit in Industriebereichen wie der Luft- und Raumfahrtindustrie, der
Medizintechnik und der Nautik [150]. Besonderer Vorteil des ECPs ist das berührungslose Abtragen von Metallionen, wodurch die Elektrode nicht verschleißt.

Weiterhin entsteht durch den Abtragprozess keine Reibungswärme und es werden keinerlei Eigenspannungen in das Bauteil eingebracht [147]. Ein weiterer Vorteil ist die Möglichkeit, den Abtrag lokal zu steuern und auch in seiner Größe zu limitieren [151]. Die industrielle Nutzung des ECP-Verfahrens ist besonders in den letzten Jahren durch immer komplexer werdende Proben- und Bauteilgeometrien in den Fokus gerückt. Nichtsdestotrotz wird das ECP-Verfahren bisher nicht großflächig verwendet. Grund dafür sind oftmals sehr umfangreiche Optimierungsprozesse, um bspw. einen gleichbleibenden Spalt zwischen Anode und Kathode sicherzustellen. Weiterhin lohnt sich das ECP-Verfahren wirtschaftlich nur für Serienfertigungen oder bei Bauteilen, die mit konventionellen Verfahren nicht bearbeitet werden können [145]. Neben dem elektrochemischen Polieren wird in aktuellen Untersuchungen [59,152,153] auch das chemische Ätzen zur Verbesserung der Oberflächenrauheit eingesetzt. Dafür werden die Bauteile für eine definierte Zeit in ein Ätzmedium eingetaucht. Formanoir et al. [154] konnten in ihren Untersuchungen eine erhebliche und homogene Abnahme der Oberflächenrauheit detektieren. Zusätzlich werden Ansätze verfolgt, die eine Kombination aus dem chemischen Ätzen und dem ECP verwenden, um die Vorteile beider Verfahren zu vereinen [134].

2.5 Grundlagen der Materialermüdung

2.5.1 Definition

Die Materialermüdung bezeichnet im Allgemeinen den Vorgang der Schädigung, d. h. die Initiierung von Rissen bis hin zum vollständigen Versagen von Werkstoffen und Bauteilen, die einer häufig wiederholten Beanspruchung ausgesetzt sind [155]. Besonders hervorzuheben ist, dass prinzipiell alle Bauteile aufgrund häufig wiederholter Belastungen zyklisch versagen können. Eine Bauteilschädigung kann dabei von außen häufig nur schwer detektiert werden, da keine großen plastischen Verformungen, wie sie aus dem Zugversuch bekannt sind, den Schädigungsbeginn signalisieren [156]. Grund für ein Ermüdungsversagen können bspw. lokale Überbeanspruchungen in Folge von Spannungskonzentrationen sein. Diese sind häufig auf werkstoff- oder geometriebedingte Besonderheiten zurückzuführen, wobei die zugrundeliegende Last wesentlich kleiner sein kann, als die im Zugversuch bestimmte Streck- oder 0,2 %-Dehngrenze [157].

Der Begriff der Ermüdung umfasst dabei die komplette Werkstoffschädigung, beginnend bei der Rissentstehung, dem Rissfortschritt (stabil und instabil) und dem Restgewaltbruch [155]. Die zyklische Beanspruchung sorgt im Allgemeinen für eine stetige Bewegung von vorhandenen Versetzungen. Zu Beginn erfolgt dieser Prozess komplett reversibel, allerdings wird dieser durch die zunehmende Versetzungsbewegung reduziert und der Werkstoff kann ver- oder entfestigen. Nach einer hinreichend hohen Anzahl von Zyklen stellt sich dann eine Art „Sättigungszustand" ein. [157] Durch Erreichen des „Sättigungszustands" ist eine hohe Versetzungsdichte im Material vorhanden, die durch die Beanspruchung nicht weiter ausgebaut werden kann. Dies bedeutet, dass weitere plastische Verformungen durch die Versetzungsstruktur auf vorhandene Gleitbereiche übertragen werden. Die Oberfläche ist hierfür eine bevorzugte Stelle, da sie den Versetzungen keinen Austrittswiderstand entgegensetzt. Daraus resultierend entstehen Gleitbänder, die zur Ausbildung einer welligen Oberflächenstruktur führen. Im Zuge der weiteren mechanischen Beanspruchungen kommt es zu einer lokalen Ansammlung von plastischen Verformungen im Bereich der Gleitbänder, die zur Ausbildung von Gleitstufen führen. Gleitstufen können sich an der Oberfläche durch sog. Ex- und Intrusionen bemerkbar machen. Die vorhandenen Ex- und Intrusionen können bei der Lastumkehr häufig nicht vollständig abgebaut werden, wodurch kleine Kerben entstehen, die die Mikrorissbildung unterstützen [156]. Durch initial vorhandene Kerben, bspw. resultierend aus einer erhöhten prozessinduzierten Oberflächenrauheit, kann die Bildung von Gleitbändern beschleunigt werden. [157] Nachfolgend entstehen an der Oberfläche häufig zahlreiche Mikroanrisse, die in das Korninnere wachsen. Der Riss verläuft vorzugsweise durch Körner, die ein günstig orientiertes Gleitsystem mit einem 45°-Winkel zur Hauptspannung besitzen [156]. Weiterhin werden generell zwei Stadien in der Rissausbreitung unterschieden. Im Stadium I bilden sich Kurzrisse, die früher oder später auf Korngrenzen treffen. Hier wird dem Kurzriss ein Widerstand entgegengesetzt, der von zahlreichen Rissen nicht überwunden werden kann. Eine Rissöffnung bzw. ein weiteres Risswachstum findet dabei fast ausschließlich unter einer Zugbeanspruchung statt [155]. An der Rissspitze ändert sich der Spannungszustand von einer Schub- zu einer Normalbeanspruchung und dieser Prozess wird bei jedem Lastspiel wiederholt, wodurch der Mikroriss zu einem Makroriss (Risslänge: 50–2000 µm [156]) wächst. Der vorhandene Makroriss leitet dann das Stadium II ein. Andere Mikrorisse können im Vergleich zum Makroriss nicht schnell genug weiterwachsen, wodurch nur noch der Makroriss fortschreitet. Wie bereits bei der Rissbildung geschildert, können vorhandene Oberflächenkerben auch die Rissausbreitung negativ beeinflussen. Das Stadium I, d. h. die Ausbreitung der Mikrorisse, ist aufgrund dessen äußerst klein, wodurch die Rissausbreitung direkt im Stadium II beginnt. [157]

Während des Risswachstums im Stadium II orientiert sich der Makroriss senkrecht zur größten wirkenden Normalspannung. Vor der Rissspitze befindet sich ein Bereich starker plastischer Verformung. Unter Zugbeanspruchung wird der Riss geöffnet und bei Lastumkehr geschlossen, wodurch lokal Druckeigenspannungen eingebracht werden. Die aufzubringende Last für das weitere Risswachstum muss die vorhandenen Druckeigenspannungen überschreiten, um einen weiteren Rissfortschritt hervorzurufen. Dieser Vorgang wird auch als stabiles Risswachstum bezeichnet. Mit zunehmender Risslänge sinkt der verbleibende Probenquerschnitt bis die aufgebrachte Last nicht mehr ertragen werden kann. Das Resultat ist der Restgewaltbruch. [156] Bedingt durch die zuvor beschriebenen Vorgänge entsteht eine Bruchfläche mit einem charakteristischen Aussehen. Zumeist können drei verschiedenen Zonen mit unterschiedlichen Erscheinungsformen identifiziert werden [157]. Eine Ermüdungsschädigung entsteht dabei an einer kritischen Stelle, wo bspw. ein Defekt vorliegt. Dieser Bereich wird auch als Anrissstelle bezeichnet. Ausgehend davon wächst eine glatte Bruchfläche mit einer stabilen Rissausbreitungsgeschwindigkeit. Infolge der wachsenden Schädigung kann die Rissausbreitung zunehmend instabil sein, wodurch die Schädigung über mehrere Ebenen erfolgen kann [157]. Sobald der verbleibende Querschnitt die aufgebrachte Last nicht mehr ertragen kann, entsteht der Restgewaltbruch. Je nach Material kann ein spröder oder duktiler Restgewaltbruch auftreten.

2.5.2 Schwingfestigkeit

Der Grundstein für die heutige Ermüdungsfestigkeitsprüfung wurde durch August Wöhler gelegt, der im Rahmen von Schwingfestigkeitsversuchen polierte Proben mit einer periodisch wiederholten Beanspruchung mit sinusförmigem Verlauf belastete [155]. Die Belastung kann, je nach Anwendungsfall, einer Axial-, Biege- oder Torsionsbelastung bzw. einer Kombination aus mehreren Belastungen entsprechen [155]. In dieser Arbeit wird jedoch nur die Axialbelastung betrachtet. Zur Bestimmung der Ermüdungsfestigkeit werden in der Praxis sowohl Einstufen- als auch Mehrstufen- und Betriebsfestigkeitsversuche durchgeführt [155]. In einem Einstufenversuch (ESV) wird die Beanspruchungsamplitude bezogen auf den Prüfquerschnitt konstant gehalten, wohingegen die Beanspruchung in einem Mehrstufenversuch (MSV) variiert werden kann, wodurch die Charakterisierung der Ermüdungsgrenzen mit einer einzelnen Probe ermöglicht wird [158]. Generell dient ein MSV zur Bestimmung von Belastungsniveaus, die zu einer initialen Schädigung bzw. zum vollständigen Versagen führen können.

Die initial gewählte Spannungsamplitude $\sigma_{a,start}$ liegt auf einem schädigungsfreien Niveau und wird stufenweise um die Spannungsamplitudenänderung $\Delta\sigma_a$
alle ΔN Zyklen (häufig $\Delta N = 10^4$) bis zum finalen Versagen erhöht [159].
Während des Versuchs werden zusätzlich mechanische, thermometrische, akustische und elektrische Messverfahren eingesetzt, um Werkstoffreaktionsgrößen wie
bspw. die plastische Dehnungsamplitude $\varepsilon_{a,p}$, Temperatur- ΔT oder elektrische
Widerstandsänderungen ΔR zu detektieren. Die aufgezeichnete Schädigungsentwicklung innerhalb des MSVs dient dann als Grundlage für die Identifikation von
Belastungsgrenzen. Eine Dauer- bzw. Wechselfestigkeit kann im Übergang zwischen dem Null- bzw. dem Ausgangsniveau der Messgrößen und einem linearen
Anstieg abgeschätzt werden. Die Zeitfestigkeit bei ca. 10^4 Lastspielen entspricht
der Spannungsamplitude in der letzten Stufe des MSV. Nachfolgend werden die
ermittelten Spannungsamplituden mit wenigen ESV überprüft. Eine Kombination
aus MSV und ESV ermöglicht somit eine zeit- und kosteneffiziente Charakterisierung der Ermüdungseigenschaften [159]. Ein Betriebsfestigkeitsversuch
folgt häufig einem betriebsähnlichen Ablauf und gibt somit eine realitätsnähere
Abschätzung der Ermüdungsfestigkeit [155]. Allerdings sind solche Versuche,
die zumeist komplexe experimentelle Versuchsaufbauten erfordern, mit erhöhten
Kosten verbunden.

In der Norm DIN 50100 [160] sind die grundlegenden Begriffe zur Beschreibung der Ermüdungsfestigkeit definiert. Eine schematische Darstellung der
wesentlichen Kenngrößen ist Abbildung 2.20 zu entnehmen. Die zugehörigen
Formeln sind nachfolgend gelistet:

$$\text{Spannungsamplitude}: \sigma_a = (\sigma_o - \sigma_u)/2 \qquad (2.9)$$

$$\text{Mittelspannung}: \sigma_m = (\sigma_o + \sigma_u)/2 \qquad (2.10)$$

$$\text{Spannungsschwingbreite}: \Delta\sigma = 2 \times \sigma_a \qquad (2.11)$$

wobei σ_o die Oberspannung, d. h. die größte absolute Spannung [161], und σ_u
die Unterspannung ist.

Grundsätzlich kann in einem zyklischen Versuch zwischen einer Zugschwell-,
Druckschwell- oder Wechselbeanspruchung unterschieden werden. Bei einer
Wechselbeanspruchung haben Ober- und Unterspannung entgegengesetzte Vor-
zeichen. Bei einer Zugschwell- sind beide Vorzeichen positiv und bei einer
Druckschwellbelastung negativ [162]. Beschrieben wird die Art der Belastung
durch das Spannungsverhältnis R [155]:

$$R = \sigma_u / \sigma_o \qquad (2.12)$$

Abbildung 2.20
Schematische Darstellung
des
Spannungs-Zeit-Verlaufs im
Einstufenversuch in
Anlehnung an [160]

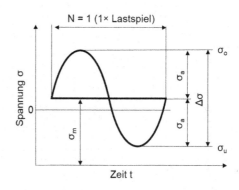

Lebensdauerorientierte Charakterisierung
Das Ergebnis eines Ermüdungsversuchs ist die bei Erfüllung des Versagenskriteriums erzielte Lastspielzahl. Häufig wird als Versagenskriterium der vollständige Probenbruch definiert, wodurch dann von der Bruchlastspielzahl N_B gesprochen wird [162]. Die für die Spannungsamplitude ermittelte Bruchlastspielzahl wird dann in einem Diagramm eingetragen. Die sich ergebenen Datenpunkte können miteinander in Verbindung gebracht werden und ergeben die Wöhler-Kurve [155]. Eine exemplarisches Wöhler-Schaubild ist in Abbildung 2.21 dargestellt. Je nach Bruchlastspielzahl werden unterschiedliche Ermüdungsfestigkeitsbereiche definiert. Als Kurzzeitfestigkeitsbereich (LCF, engl. Low Cycle Fatigue) wird der Bereich bis 10^4 Lastspiele bezeichnet. Der Zeitfestigkeitsbereich (HCF, engl. High Cycle Fatigue) beginnt bei etwa 10^4 Lastspielen und reicht, abhängig vom Werkstoff, bis 5×10^5 bzw. 10^7 Lastspielen. Weiterhin wird auch der Langzeitfestigkeitsbereich (LLF, engl. Long Life Fatigue) unterschieden, der bspw. für krz-Werkstoffe bei 5×10^6 und für kfz- und hcp-Werkstoffe bei 10^7 Lastspielen beginnt. [160]

Während im Kurzzeitfestigkeitsbereich vor allem plastische Dehnungen auftreten, überwiegen im Langzeitfestigkeitsbereich elastische Dehnungen [155]. Wird von der Probe bzw. dem Bauteil eine endliche Lastspielzahl ertragen, so wird die zugrundeliegende Beanspruchung als Zeitfestigkeit bezeichnet [155]. Für den Langzeitfestigkeitsbereich wird in der Praxis häufig eine Grenzlastspielzahl N_G definiert, die von einer Probe erreicht werden muss, um als Durchläufer bzw. dauerfest gewertet zu werden [160].

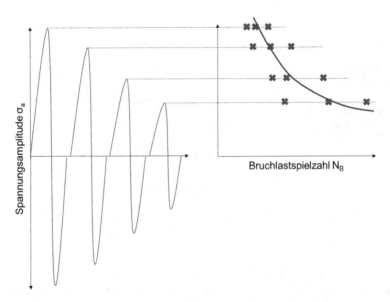

Abbildung 2.21   Exemplarisches Wöhler-Schaubild in Anlehnung an [157]

Das Spannungsniveau, auf dem eine Probe dauerfest ist, wird als Dauer- bzw.
Wechselfestigkeit bezeichnet [156]. Allerdings wird nur bei T < 0,4 T_S [°C]
von einer Dauerfestigkeit gesprochen, da oberhalb dieser Temperatur Kriechvor-
gänge auftreten können, die ein Versagen hervorrufen [161]. Im Hinblick auf
Wöhlerkurven für metallische Werkstoffe werden die Datenpunkte häufig in einer
doppellogarithmischen Form dargestellt. Für einen großen Lastspielzahlbereich
(10^4–10^6 Lastspiele) ergibt sich hierfür in doppellogarithmischer Darstellung eine
Gerade, die durch die Basquin-Gleichung beschrieben werden kann [156,163]:

$$\sigma_a = \sigma_f^{'\times}(N_B)^b \qquad\qquad (2.13)$$

wobei $\sigma_f^{'}$ der Schwingfestigkeitskoeffizient und b der Schwingfestigkeitsexponent
ist.

Die Ermüdungsfestigkeit kann von einer Vielzahl von Faktoren beeinflusst
werden, wodurch Streuungen in den Bruchlastspielzahlen auftreten können [155].
Besonders für sehr niedrige Beanspruchungsamplituden treten oftmals große
Streuungen auf, sodass eine Vielzahl von Versuchen durchgeführt werden müssen,

um verlässliche Ermüdungsfestigkeitskennwerte zu generieren [157]. Die wesentlichen Faktoren können nach Bürgel [161] in werkstoffbedingte, geometrische und konstruktive sowie beanspruchungsbedingte Einflussgrößen unterschieden werden:

- Werkstoffbedingte Einflussgrößen

  a. Statische Festigkeit
  b. Korngröße und innere Kerben bzw. Defekte
  c. Randzoneneigenschaften

- Geometrische und konstruktive Einflussgrößen

  a. Oberflächenrauheit
  b. Konstruktive bzw. geometriebedingte Kerben
  c. Bauteilabmessungen

- Beanspruchungsbedingte Einflussgrößen

  a. Belastung bzw. Spannungsverhältnis
  b. Prüffrequenz
  c. Umgebungsbedingungen (Temperatur, Medium)

Vorgangsorientierte Charakterisierung
Die vollständige zyklische Charakterisierung eines Werkstoffs ist, wie oben bereits beschrieben, mit einer Vielzahl von Versuchen gekoppelt, was häufig mit hohen Kosten und einem erheblichen zeitlichen Aufwand verbunden ist.

Abbildung 2.22
Schematische Darstellung
einer geschlossenen
Hystereseschleife in
Anlehnung an [164]

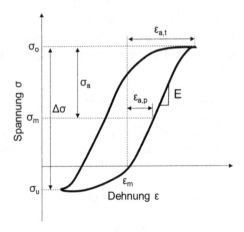

Die/der Versuchsingenieur*in erhält hierbei jedoch nur die Bruchlastspielzahl
für eine eingestellte Spannungsamplitude. Durch die Kombination aus MSV und
ESV kann die Versuchsanzahl bereits reduziert werden. Ergänzend dazu werden
während einer zyklischen Belastung häufig zusätzliche Messtechniken verwendet,
um die im Werkstoff ablaufenden Prozesse zu erfassen. Eine häufig verwendete
Messtechnik zur Beschreibung der zyklischen Verformungsvorgänge ist ein taktiler Dehnungsaufnehmer. Hiermit können Dehnungsänderungen innerhalb jedes
Lastspiels erfasst werden. Der aus der elastisch-plastischen Beanspruchung nicht-
lineare Zusammenhang zwischen Spannung und Dehnung äußert sich dabei in
Form einer Hystereseschleife [155], die schematisch in Abbildung 2.22 dargestellt
ist.

Hieraus können wichtige Kennwerte hinsichtlich der Verformungsvorgänge
ermittelt werden. In der Literatur wird zur Beschreibung des Verformungszustands häufig die plastische Dehnungsamplitude $\varepsilon_{a,p}$ verwendet [165]. Zyklische
Verformungen führen zu mikrostrukturellen Veränderungen, die auf zyklische
Ver- und Entfestigungsvorgänge, auf charakteristische Versetzungsstrukturen,
sowie auf Mikroriss- und Makrorisswachstum zurückgeführt werden können
[166]. Eine Zunahme der plastischen Dehnungsamplitude ist gleichbedeutend mit
einer zyklischen Entfestigung des Werkstoffs, während eine Abnahme der plastischen Dehnungsamplitude aus einer zyklischen Verfestigung resultiert [165].
Neben der plastischen Dehnungsamplitude $\varepsilon_{a,p}$ können weitere Informationen
durch die Betrachtung der totalen Mitteldehnung $\varepsilon_{m,t}$, der Totaldehnungsamplitude $\varepsilon_{a,t}$ sowie des dynamischen Elastizitätsmoduls E_{dyn} erhalten werden.
Neben mechanischen Messverfahren werden zunehmend auch thermometrische

und elektrische Messverfahren zur Bewertung des zyklischen Verformungsverhaltens verwendet [165]. Walther et al. [166] konnten in ihren Untersuchungen zeigen, dass alle zuvor benannten Messverfahren zur Beschreibung des vorhandenen Verformungszustands eingesetzt werden können, da alle Verfahren durch mikrostrukturelle Veränderungen beeinflusst werden. Aufgrund von Wechselwirkungen ist die kombinierte Verwendung mehrerer Messverfahren zu bevorzugen, um eine vollumfängliche Charakterisierung des zyklischen Verformungsverhaltens und Separierung der zugrundeliegenden Mechanismen sicherzustellen [166]. Besonders thermometrische und elektrische Messverfahren können einfach an vorhandene Proben- und Bauteilgeometrien, unabhängig vom Grad der Komplexität, appliziert werden, wodurch ebenfalls eine Anwendung im Bereich der Zustandsüberwachung ermöglicht wird [166]. Übergeordnet sollte festgehalten werden, dass das Verständnis unter zyklischer Beanspruchung ein Schlüsselfaktor für einen verlässlichen Einsatz schwingbelasteter Bauteile in sicherheitsrelevanten Applikationen ist [159].

2.5.3 Messverfahren zur Charakterisierung des zyklischen Verformungsverhaltens

Wie bereits im vorherigen Kapitel beschrieben, kann die in-situ Charakterisierung des Verformungs- und Schädigungsverhaltens unter zyklischer Last auf verschiedenen Ebenen erfolgen. Durch die Kombination multipler Messverfahren ergeben sich Synergieeffekte, die eine ganzheitliche Charakterisierung der Schädigungsakkumulation sowie des -verhaltens ermöglichen [167].

Optische Dehnungsmessverfahren
Im Hinblick auf komplexe Probengeometrien ist eine Applikation von taktilen Dehnungsaufnehmern herausfordernd. Deswegen werden oftmals optische und berührungslose Messverfahren zur Erfassung von Dehnungsänderungen eingesetzt. Die digitale Bildkorrelation (engl. Digital Image Correlation, DIC) ist hierbei ein vielversprechendes Messverfahren, das in den 1980er-Jahren an der Universität von South Carolina entwickelt wurde [168]. DIC-Systeme werden in aktuellen Forschungsarbeiten aufgrund ihrer Vielseitig- und Genauigkeit immer häufiger eingesetzt [167]. Grundlage für die DIC-Messung ist ein zufällig orientiertes Punktemuster auf dem zu untersuchenden Prüfkörper. In einem ersten Schritt werden die Proben mit schwarzer oder weißer Farbe grundiert und

anschließend wird ein feines Punktemuster mit einem hohen Kontrast aufgebracht. Während der Prüfkörper einer Zug- bzw. Druckbeanspruchung ausgesetzt ist, werden Aufnahmen erstellt, die nachfolgend, basierend auf Referenzbildern, miteinander verglichen werden. Ein Algorithmus erkennt hierbei die vorhandenen Punktemuster und verknüpft ihre Position mit entsprechenden Pixeln. Relative Längenänderungen können so sehr genau erfasst und mit dem unbelasteten Zustand verglichen werden [167]. Generell werden DIC-Systeme in eine 2D- oder 3D-Analyse unterteilt. Zusätzlich wird die digitale Volumenkorrelation (engl. Digital Volume Correlation, DVC) unterschieden, wobei hier innere Verformungen durch die Betrachtung der kompletten Volumenbewegung analysiert werden können [169]. Mittels DIC-Verfahren können Dehnungsveränderungen sowohl in einem sehr kleinen als auch sehr großen Maßstab erfasst werden. In Untersuchungen von Karlsson et al. [170] wurde das DIC zur Erfassung von Dehnungsveränderungen auf der Makro- und Mikroskala eingesetzt. Während auf der Makroebene eine homogene Dehnungsverteilung sichtbar wurde, konnten auf der Mikroebene zufällig vorkommende lokale Spannungserhöhungen sichtbar gemacht werden, die auf individuelle Poren bzw. Defekte zurückgeführt werden konnten. Für das 2D-DIC wird häufig eine einzige Kamera verwendet, die senkrecht zur zu betrachtenden Probenoberfläche positioniert wird [168]. Ein entscheidender Vorteil ist hierbei der vereinfachte Versuchsaufbau und die Präparation der Probekörper. Für die 3D-DIC-Analyse wird ein Verbund von mehreren Kameras verwendet, sodass auch abgerundete Probenoberflächen betrachtet werden können. Durch die Feinheit des Punktemusters und die Hinzunahme spezieller Optiken kann die Auflösungsgrenze erhöht werden, wodurch sowohl eine integrale als auch lokale Betrachtung von Dehnungsveränderungen stattfinden kann. In Untersuchungen von Radlof et al. [171] konnten poröse AM-Strukturen mittels DIC-System in quasistatischen und zyklischen Druckversuchen untersucht werden. Durch einen optimierten Versuchsaufbau konnten konkrete Versagensbereiche zur Beschreibung der Schädigungsevolution durch die bildgestützte Auswertung identifiziert werden. Entscheidend für den Erfolg der DIC-Messung ist neben dem Punktemuster auch eine ausreichende Helligkeit, die durch Weißlichtquellen oder natürliches Licht sichergestellt werden kann [168].

Thermometrische Messverfahren
Unter mechanischer Last können typischerweise Temperaturveränderungen innerhalb eines Materials identifiziert werden, die auf eine Ermüdungsschädigung resultierend aus plastischen Verformungen bzw. Rissbildung und -wachstum zurückgeführt werden können [172]. In der Literatur ist bekannt, dass i. d. R.

rund 90–95 % der plastischen Verformungsarbeit, d. h. die Fläche innerhalb der Hystereseschleife, in Wärme umgewandelt wird [165]. In diesem Zusammenhang wird häufig von dissipierter Energie gesprochen. In Untersuchungen von Fan et al. [173] konnten Methoden aufgezeigt werden, die die Temperaturentwicklung in Folge lokaler plastischer Verformungen auf der Mikroebene als Indikator für eine Ermüdungsschädigung annahmen. Diese Ergebnisse konnten im Anschluss mit der Dauerfestigkeit korreliert werden. In Untersuchungen von Wagner et al. [174] konnte ebenfalls eine Temperaturerhöhung mit beginnender Ermüdungsschädigung erfasst werden, wodurch die Lastspielzahl bei Rissinitiierung bestimmt wurde. Weiterhin konnte von den Autoren aufgezeigt werden, dass in Abhängigkeit der Spannungsamplitude unterschiedliche Temperaturerhöhungen auftreten können. Je höher die Spannungsamplitude gewählt wurde, desto größer war die Temperaturerhöhung und somit auch der Betrag der dissipierten Energie. Typischerweise kann zum Versuchsende hin ebenfalls ein starker Temperaturanstieg bis hin zum vollständigen Versagen festgestellt werden [174]. Die Autoren postulierten, dass die Erfassung der thermischen Dissipation ein vielversprechendes Messverfahren ist, um das Verständnis der auftretenden Schädigungs- und Versagensmechanismen zu verbessern [174]. Darauf aufbauend lieferten Douellou et al. [172] in ihren Arbeiten mathematische Ansätze, die zur Beschreibung der dissipierten Energie in Abhängigkeit der Beanspruchungsamplitude dienen. Wie zu erkennen ist, bildet die Detektion von Temperaturänderungen eine weitere Möglichkeit, das zyklische Verformungs- und Schädigungsverhalten zu charakterisieren, da die dissipierte Energie auf eine zunehmende Schädigung des Bauteils bzw. des Prüfkörpers in Folge der zunehmenden plastischen Verformung zurückgeführt werden kann.

Für die Erfassung während zyklischer Versuche werden bspw. berührende Messverfahren wie Thermoelemente oder berührungslose Messverfahren wie die Infrarot-Thermografie eingesetzt. Besonders die Infrarot-Thermografie wurde bereits in einer Vielzahl von Arbeiten [175] erfolgreich zur Bewertung der zyklischen Performance und zur Erfassung der Schädigungsevolution bis hin zu konkreten Versagensbereichen qualifiziert. Das Messprinzip beruht in seinen Grundzügen darauf, dass jeder Körper mit einer Temperatur über dem Nullpunkt eine thermisch angeregte elektromagnetische Strahlung aussendet [176]. Die Infrarot-Thermografie wird eingesetzt, um diese Energien mittels Sensoren zu erfassen. Basierend auf dem Stefan-Boltzmann-Gesetz kann durch die erfassten Energieniveaus auf die Körpertemperatur geschlossen werden [176]. Entscheidend für diese Gesetzmäßigkeit ist jedoch eine mattschwarze Grundierung des

Probekörpers, sodass ein nahezu idealer Emissionsgrad von 1 angenommen werden kann. Ein entscheidender Vorteil der Infrarot-Thermografie gegenüber Thermoelementen ist die berührungslose sowie die ortsaufgelöste Temperaturerfassung, wodurch besonders kritische Stellen betrachtet werden können und ausreichend Platz für weitere Messverfahren zur Verfügung steht [177].

Elektrische Messverfahren
Elektrische Messverfahren zählen zu den zerstörungsfreien Messverfahren, die vielfältige Informationen über das Verformungsverhalten liefern können. Besonders die elektrische Widerstandsmessung mittels Potentialsonde wird zur Charakterisierung des zyklischen Verformungsverhaltens eingesetzt, da auch kleine mikrostrukturelle Veränderungen, wie bspw. eine Änderung der Versetzungsdichte und -struktur, detektiert werden können [178].

Der Widerstand eines Materials hängt dabei neben der Geometrie in einem besonderen Maße vom spezifischen Widerstand ab, der durch die Defektdichte sowie durch die Rissausbreitung beeinflusst werden kann [178]. Nach Piotrowski et al. [165] eignet sich die Widerstandsmessung somit als integrale Messmethode, wobei sowohl die erhöhte Defektdichte als auch eine Abnahme des effektiven Querschnitts während der Rissausbreitung zu einer Widerstandsänderung führen kann. Generell können Widerstandsmessungen sowohl kontinuierlich als auch während belastungsfreier Zyklen, bspw. während einer Wartung, zur Bewertung der strukturellen Integrität appliziert werden und bieten somit auch die Möglichkeit einer Zustandsüberwachung [178]. In Untersuchungen von Sun et al. [179] konnten innerhalb des HCF-Bereichs von Metallen Widerstandsänderungen mit der Initiierung von Mikrorissen korreliert werden. Weiterhin konnte in den Ergebnissen aufgezeigt werden, dass die Komplexität eines Bauteils kein limitierender Faktor für die Widerstandsmessung ist. Basierend auf den Ergebnissen konnte von den Autoren ein Modell zur Schädigungsakkumulation im HCF-Bereich postuliert werden [179]. Im Hinblick auf eine vollumfängliche Charakterisierung sind Kombinationen aus mehreren Messverfahren zur Beschreibung des zyklischen Verformungsverhaltens zu bevorzugen [167]. Dies wurde bereits in Untersuchungen von Radlof et al. [180] auf Basis von AM-gefertigten Gitterstrukturen gezeigt, wobei der Verformungszustand mittels optischer, thermometrischer und elektrischer Messverfahren in-situ charakterisiert wurde. Im Einzelnen konnte ein lokales Versagen von einzelnen Stegen durch plötzliche Veränderungen im Widerstand identifiziert werden. Unterstützend dazu konnten die DIC-Aufnahmen die genaue Position des Versagens lokalisieren.

Zusammenfassend wurden sowohl Potentialsonde als auch DIC als vielversprechende Messverfahren zur Beschreibung des Schädigungsverhaltens komplexer AM-Strukturen identifiziert. Allerdings wiesen die Autoren darauf hin, dass nur Schädigungen erfasst werden konnten, die im Sichtbereich der optischen Messsysteme liegen. Limitierender Faktor ist hierbei die Tiefenschärfe der verwendeten Kameras, die eine Identifikation von Versagensorten im Inneren der Strukturen erschweren.

Nickelbasis Legierung Inconel® 718

3

In diesem Kapitel werden die Grundlagen der Erstarrung für Metalle mit typischer Dendritenmorphologie beschrieben. Anschließend wird das Legierungskonzept für die Ni-Basis Legierung Inconel® 718 vorgestellt. Hierbei sollen die Einflüsse verschiedener Legierungselemente auf die mikrostrukturelle Ausprägung und die mechanischen Eigenschaften dargestellt werden. Zuletzt werden die Ergebnisse bisheriger Untersuchungen für das PBF-EB/M-gefertigte IN718-Vollmaterial gelistet. Neben der mikrostrukturellen Ausprägung und der Defektausbildung stehen besonders die quasistatischen und zyklischen Eigenschaften sowie die Detektion von dominierenden Einflussgrößen in diesen Lastregimes im Fokus.

3.1 Grundlagen der Erstarrung

Erstarrungsprozesse können in einem Gleich- oder Ungleichgewicht stattfinden. Bei Betrachtung der Realität tritt jedoch meistens eine Ungleichgewichtserstarrung auf, da die ablaufenden Diffusionsprozesse zur Einstellung des Gleichgewichts sehr langsam ablaufen und häufig kein vollständiger Konzentrationsausgleich stattfindet [181]. Grundlegende Parameter für die Ausbildung der für Metalle typischen Dendritenmorphologie sind die Gravitation g, der Temperaturgradient G und die Erstarrungsgeschwindigkeit v_E. Eine weitere Einflussgröße ist die lokale chemische Zusammensetzung an der Phasengrenze fest/flüssig, die aus der begrenzten Löslichkeit von Legierungselementen im erstarrenden Festkörper resultiert. Die auftretenden Instabilitäten an der Phasengrenzfläche werden in der Literatur unter dem Begriff der konstitutionellen Unterkühlung definiert [182].

© Der/die Autor(en), exklusiv lizenziert an Springer Fachmedien Wiesbaden GmbH, ein Teil von Springer Nature 2023
D. Klemm, *Lokale Verformungsevolution von im Elektronenstrahlschmelzverfahren hergestellten IN718-Gitterstrukturen*, Werkstofftechnische Berichte | Reports of Materials Science and Engineering, https://doi.org/10.1007/978-3-658-42688-0_3

Veränderungen in der chemischen Zusammensetzung an der Phasengrenze fest/flüssig werden mithilfe des Verteilungskoeffizienten k beschrieben [182]:

$$k = \frac{c_S}{c_L} \tag{3.1}$$

wobei c_S die Konzentration des Elements c in der festen Phase (engl. Solid (S)) und c_L die Konzentration c des gleichen Elements in der flüssigen Phase (engl. Liquid (L)) ist.

In Abbildung 3.1 ist das Modell zur konstitutionellen Unterkühlung nach Kurz und Fischer [182] schematisch dargestellt. Wie zu erkennen ist, steigt die Anfangskonzentration c_0 auf den maximalen Wert c_0/k an der Phasengrenzfläche an. In Folge der Instabilität treten an der Phasengrenzfläche zufällige Ausbuchtungen auf, wobei sich Atome der Legierungselemente in der flüssigen Phase bevorzugt an den Seitenflächen der Ausbuchtungen anreichern [181].

Abbildung 3.1 Modell der konstitutionellen Unterkühlung in Legierungen in Anlehnung an [183]

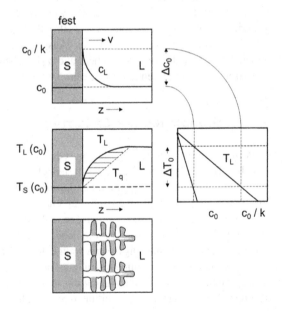

Durch die lokale chemische Veränderung sinkt die Liquidustemperatur T_L an der Spitze der Ausbuchtung ab. Sobald die reale Temperatur T_q unterhalb von T_L liegt, wird von einer unterkühlten Schmelze gesprochen, die in Abbildung 3.1 mit einer schraffierten Fläche dargestellt ist. Die entstehende Temperaturdifferenz ist somit der Auslöser für die Phasenumwandlung, wobei die Erstarrung zunächst an den Stellen erfolgt, an denen die Konzentration c_L geringer ist. Da die Konzentration c_L an der Spitze am geringsten ist, werden die vorhandenen Ausbuchtungen nicht abgebaut, sondern wachsen in Form von Dendriten oder zellularen Strukturen parallel zum Wärmeabfluss weiter in die Schmelze hinein [84,181]. Neben der Morphologie der erstarrenden Kristalle wird auch die Ausprägung der Mikrostruktur durch G und v beeinflusst.

Die unterschiedlichen Mikrostrukturen sind in Abhängigkeit der beiden Größen in Abbildung 3.2 dargestellt. Generell gilt, dass mit steigender Abkühlrate weniger Zeit für das Kristallwachstum zur Verfügung steht, wodurch ein eher feinkörniges Gefüge entsteht. In der additiven Fertigung, speziell beim pulverbettbasierten Schmelzen, wird für diverse Legierungen ebenfalls ein dendritisches Kristallwachstum beobachtet [30,184]. Allerdings werden durch die vergleichsweise kleinen Schmelzbäder größere Temperaturgradienten realisiert. Die durchschnittliche Korngröße ist dadurch im Vergleich zu konventionellen Fertigungsverfahren kleiner. Die auftretende Wärme wird fast ausschließlich an das darunterliegende Substrat (bspw. die Bauplattform) bzw. an zuvor aufgeschmolzene Materialschichten abgeführt, wodurch häufig eine gerichtete Erstarrung mit zellularer oder dendritischer Morphologie auftritt [49].

Abbildung 3.2
Entstehung
unterschiedlicher
Mikrostrukturen in
Abhängigkeit des
Temperaturgradienten G
und der
Erstarrungsgeschwindigkeit
v in Anlehnung an [183]

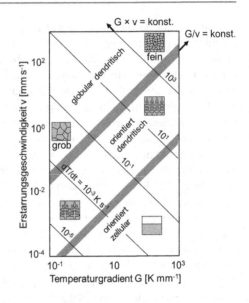

3.2   Legierungskonzept

Im Gasturbinenbau sowie in der Luft- und Raumfahrtindustrie werden zur Steigerung der Effizienz aus werkstoffwissenschaftlicher Sicht immer leistungsfähigere Werkstoffe benötigt. Aufgrund der Belastungen und Umgebungsbedingungen (Temperaturen von 0,6–0,8 T_S [°C]) tritt ein umfangreiches Beanspruchungskollektiv bestehend aus mechanischen, thermischen und korrosiven sowie überlagerten Belastungen auf. Neben Verformungsmechanismen wie dem Versetzungskriechen treten mit steigender Temperatur auch Diffusionskriechprozesse auf. Je nach Höhe der Temperatur erfolgt das Diffusionskriechen über die Korngrenzen oder auch im Korninneren [185]. Um dem entgegenzuwirken, werden Werkstoffe benötigt, die unter diesen extremen Bedingungen exzellente Materialeigenschaften besitzen. Ni-Basis-Superlegierungen sind seit Jahrzenten eine etablierte Werkstoffklasse, die eine hohe Warm- und Kriechfestigkeit sowie eine gute Oxidations- und Korrosionsbeständigkeit aufweisen [186]. Sie erschweren aufgrund der hohen Packungsdichte der γ-Matrix das Diffusionskriechen. Weiterhin ermöglichen die verschiedenen Legierungselemente eine Mischkristallverfestigung, wodurch das Versetzungskriechen erschwert wird. Als mischkristallhärtende Legierungselemente sind besonders Cr, Fe, Co und Mo zu nennen. Besonders hervorzuheben ist jedoch die Ausscheidungsverfestigung. Auf

diesen Mechanismus wird im weiteren Verlauf der Arbeit noch detaillierter eingegangen. Zusätzlich können auch Karbide, die auf den Korngrenzen liegen, das
Korngrenzengleiten erschweren, allerdings jedoch auch zu einer Erhöhung der
Sprödbruchneigung führen. Die Korngröße, die durch die Abkühlrate eingestellt
wird, beeinflusst ebenfalls die spätere Festigkeit, wobei kleine Körner sowohl die
Festigkeit als auch die Duktilität im Hochtemperaturbereich erhöhen. Für beson-
dere Anwendungen werden einkristalline Gefügezustände eingestellt, da sie als
besonders kriechfest gelten. [185]

Die Ni-Basis-Superlegierung Inconel®718 (IN718, Werkstoffnr. 2.4668) ist
dabei die am häufigsten verwendete Legierung im Gasturbinen- und Triebwerksbau [187]. Bauteile aus IN718, die in Düsentriebwerken verbaut sind, sind
u. a. Rollen, Wellen, Brennkammergehäuse und Turbinenscheiben [188]. Heutzutage finden sich rund 1,8 t an Ni-Basis-Superlegierungen in einem typischen
Düsentriebwerk wieder [186]. Zusätzlich wird die IN718-Legierung auch für
Hochdruckbehälter und -rohre verwendet [57,189]. IN718 zeichnet sich besonders durch eine gute Schweißbarkeit und exzellente mechanische Eigenschaften
bei Temperaturen von bis zu 650 °C aus [190,191]. Grundlegende Fertigungsverfahren zur Herstellung der IN718-Legierung sind Gieß- und Schmiedeprozesse.
Allerdings bergen die exzellenten physikalischen und mechanischen Eigenschaften auch einige Herausforderungen, da die Verarbeitung mit konventionellen
Bearbeitungsmethoden wie spangebenden Verfahren sehr zeit- und kostenintensiv
ist [186,192]. Durch die Endlichkeit der Materialressourcen und die anhaltend
hohen Rohstoffpreise steigt die Nachfrage nach alternativen Fertigungsverfahren zur Verarbeitung von Ni-Basis-Superlegierungen, wobei die endkonturnahe
Fertigung innerhalb der pulverbettbasierten Schmelzverfahren hier ein großes
Potential zur Zeit- und Kostensenkung bietet. Die Fa. GE Aviation konnte bereits
in einem kleinen Maßstab ein Düsentriebwerk fertigen, das ausschließlich mittels AM-Verfahren hergestellt wurde [186], wodurch das hohe Potential deutlich
wird.

Die Hauptbestandteile der IN718-Legierung (siehe Tabelle 3.1) sind die
Legierungselemente Ni, Fe und Cr, die gleichzeitig die austenitische γ-Matrix
bilden.

Tabelle 3.1 Chemische Zusammensetzung von IN718 in Gew.-% nach DIN 17744 [193]

Elemente	Ni	Cr	Ti	Nb	Mo	Al	Co	C	Fe
Minimum	50,0	17,0	0,6	4,7	2,8	0,3	0,0	0,02	Rest
Maximum	55,0	21,0	1,2	5,5	3,3	0,7	1,0	0,08	

Diese weist eine kubisch-flächenzentrierte (kfz) Kristallstruktur auf. Die hohe Korrosionsbeständigkeit wird durch die Cr_2O_3-Deckschicht sichergestellt. Besonderheit der Ni-Basis-Superlegierungen ist die hohe thermische Stabilität, da sich die kfz-Gitterstruktur bis zum Erreichen des Schmelzpunktes nicht verändert [164]. Die detaillierte chemische Zusammensetzung kann Tabelle 3.1 entnommen werden. Für mögliche Ausscheidungen werden Legierungselemente wie Al, Ti und Nb herangezogen, wobei Nb einen großen Beitrag zur hohen Festigkeit von IN718 liefert [190]. Wesentliche Phasen sind die intermetallischen γ'- und γ"-Phasen [49]. Die γ'-Phase ist eine kubisch-raumzentrierte (krz) Ordnungsphase mit der Stöchiometrie Ni_3(Ti, Al) und liegt kohärent in der Matrix vor. Aufgrund des erhöhten Nb-Gehalts ist der Volumenanteil der γ'-Phase auf 4,5 Vol.-% begrenzt und spielt für die Festigkeit von IN718 eine untergeordnete Rolle [49]. Einen größeren volumetrischen Anteil nimmt die γ"-Phase ein, eine tetragonal raumzentrierte Ordnungsphase mit der Stöchiometrie Ni_3Nb [190]. Die metastabile γ"-Phase bildet somit auch die wesentliche Phase, die zur hohen Festigkeit von IN718 beiträgt [194]. Eine weitere Phase ist die δ-Phase mit einer orthorhombischen Struktur und der Stöchiometrie Ni_3Nb. Die δ-Phase ist somit die stabile Variante der γ"-Phase und besitzt die gleiche chemische Zusammensetzung. Sie bildet sich entweder bei der Erstarrung aus der Schmelze (primäre δ-Phase) oder nach mehreren tausend Stunden unter Betriebsbedingungen bei 650 °C aus der γ"-Phase (sekundäre δ-Phase). Die primäre δ-Phase bildet sich vorrangig an den Korngrenzen aus, hemmt somit das Kornwachstum der γ-Matrix und verbessert die Kriecheigenschaften [194,195]. Die sekundäre δ-Phase hingegen befindet sich im Korninneren und sorgt für eine Absenkung der Duktilität [190]. Der erhöhte Nb-Gehalt führt zusätzlich auch zur Bildung der Laves-Phase mit der Stöchiometrie (Ni, Fe, Cr)$_2$ (Nb, Mo, Ti) und bindet die Legierungselemente, die zur Bildung der γ-Matrix notwendig sind. Die Laves-Phase sollte somit vermieden werden, da die Phase unter zyklischer Beanspruchung eine bevorzugte Rissinitiierungsstelle ist und die Zugfestigkeit sowie die Duktilität herabsetzen kann [194]. Neben den stabilen und metastabilen Phasen scheiden sich während der Erstarrung bei entsprechenden Kohlenstoff- und Stickstoffgehalten zusätzlich Karbide wie bspw. NbC und Nitride wie bspw. TiN aus. Allerdings ist der Einfluss der Ausscheidungen auf die Festigkeit vernachlässigbar, da diese nur in einem geringen Maß vorliegen [190]. In [194] konnte jedoch gezeigt werden, dass Korngrenzenkarbide das Bruchverhalten von transkristalliner zu interkristalliner Schädigung verändern können. Der Einfluss der wichtigsten Legierungselemente auf die Mikrostruktur und die mechanischen Eigenschaften von IN718 wurde in [164,190] zusammengefasst. Zur Homogenisierung der Mikrostruktur und der Verbesserung der mechanischen Eigenschaften der IN718-Legierung werden nach dem Fertigungsprozess häufig Wärmebehandlungen durchgeführt [196]. Hierbei werden besonders die Laves-Phase und Karbide aufgelöst, sodass die gebundenen Legierungselemente zur Bildung der γ'- und γ''-Phase zur Verfügung stehen [194].

3.3   PBF-EB/M-gefertigte IN718-Legierung

3.3.1   Mikrostruktur und Defektausprägung

Wie bereits beschrieben, ist die Verarbeitung von Ni-Basis-Superlegierungen, aufgrund ihrer exzellenten physikalischen und mechanischen Eigenschaften, mit einigen Herausforderungen verbunden. Der PBF-EB/M-Prozess bietet hier durch seinen schichtweisen Aufbau und die endkonturnahe Fertigung ein großes Potential. In der Vergangenheit konnte bereits in einer Vielzahl von Arbeiten die Verarbeitung von IN718 mittels PBF-EB/M demonstriert werden, wobei im Vergleich zu konventionell gefertigtem IN718 ähnliche mechanische Eigenschaften erreicht werden konnten [57,197,198].

Die generelle Erstarrung von IN718 im PBF-EB/M-Prozess erfolgt gerichtet und die Mikrostruktur besteht im Hatchbereich aus langen säulenförmigen γ-Körnern, die parallel zur Baurichtung orientiert sind [57,199]. Auf den Korngrenzen können oftmals nadelförmige δ-Phasen sowie Karbidketten identifiziert werden [57]. Neben dem Hatching, d. h. dem Füllen der Innenkontur, wird auch das Contouring während des PBF-EB/M-Prozesses durchgeführt, wodurch sich eine abweichende mikrostrukturelle Ausprägung im Außenbereich einstellt [200]. Generell kann jeder Prozessparameter, wie bspw. Strahlstrom, Scangeschwindigkeit, Fokus-Offset, Scanstrategien, Anzahl der Konturlinien und Schichtdicke, die mikrostrukturelle Ausprägung sowie die initiale Defektdichte und Oberflächenrauheit beeinflussen [201]. Während des PBF-EB/M-Prozesses treten dabei drei spezifische Phasen auf, die die Mikrostrukturausprägung beeinflussen können [50]:

- Schnelles Abkühlen von Schmelztemperatur auf PBF-EB/M-Prozesstemperatur
- Langes Halten auf PBF-EB/M-Prozesstemperatur
- Langsames Abkühlen auf Raumtemperatur

Durch Variation der Haltedauer und der Abkühlbedingungen können somit unterschiedliche Mikrostrukturen realisiert werden. Deng et al. [194] untersuchten den Einfluss unterschiedlicher Prozessparameter auf die Mikrostruktur und die mechanischen Eigenschaften, wobei unterschiedliche Mikrostrukturen im Hatch- und Contouringbereich detektiert werden konnten. Im Contouringbereich konnten neben gekrümmten säulenförmigen Körnern auch feine und grobe globulitische Körner beobachtet werden, was auf den Einsatz unterschiedlicher Scanstrategien zwischen Hatching und Contouring zurückgeführt werden konnte. Zusätzlich konnten Schrumpfungsporositäten zwischen dem Contouring- und Hatchbereich detektiert werden [57]. Körner et al. [202] nutzten ebenfalls unterschiedliche Prozessparameter, um die Mikrostruktur lokal anzupassen. Neben variierenden Ablenkgeschwindigkeiten wurden unterschiedliche Scanstrategien verwendet, wobei Mikrostrukturen mit gerichteten, groben bis hin zu feinen isotropen Körnern realisiert werden konnten [203]. In [204] wurde der Einfluss des Fokus-Offsets auf den Defektzustand, die Mikrostruktur und die mechanischen Eigenschaften untersucht. Der Fokus-Offset beeinflusst dabei maßgeblich das Schmelzbad. Bei Erhöhung des Fokus-Offset-Wertes wird die Form des Schmelzbads breiter und flacher, was dazu führen kann, dass nicht die komplette Pulverschicht aufgeschmolzen wird. Ein schmales und tiefes Schmelzbad hingegen kann die Anzahl der Defekte in Folge der engen Abstände der Brennflecke erhöhen. So konnte für einen geringen Fokus-Offset eine erhöhte Anzahl von Mikroporen und eine säulenförmige Kornstruktur parallel zur Baurichtung beobachtet werden. Probekörper, die mit einem größeren Fokus-Offset gefertigt wurden, wiesen nicht aufgeschmolzene Pulverpartikel und Makroporen im Größenbereich von bis zu 200 μm auf. Diese sorgten unter Belastung für eine geringere Duktilität. Weiterhin konnte durch eine Veränderung des Fokus-Offsets die Zugfestigkeit signifikant verbessert werden, allerdings nur bis zu einem gewissen Wert, ab dem die Zugfestigkeit wieder verringert wurde [204]. Bei gleichbleibenden Prozessparametern über die gesamte Bauhöhe können im Hinblick auf die Defektdichte, die Kornmorphologie, die Karbidausscheidung und die Verteilung der δ-Phase keine signifikanten Unterschiede in der mikrostrukturellen Ausprägung detektiert werden [57]. Für die Laves-Phase konnten jedoch variierende Volumenanteile mit steigender Bauhöhe festgestellt werden [205]. Wie in Abschnitt 2.1.2 beschrieben, weisen PBF-EB/M-gefertigte Bauteile nahezu keine Eigenspannungen auf. In Untersuchungen von Sochalski-Kolbus et al. [206] wurden die prozessinduzierten Eigenspannungen von PBF-LB/M- und PBF-EB/M-gefertigten Bauteilen aus IN718 untersucht. Hierbei konnte gezeigt werden, dass PBF-EB/M-gefertigtes IN718 sehr geringe Eigenspannungen aufweist, was auf die Vorwärmung der Pulverschicht und die Abkühlrate zurückgeführt werden konnte. Die sich einstellenden Defekte für IN718 weichen generell nicht von den Defekten anderer Legierungen ab, die mittels PBF-EB/M prozessiert werden. Typische Defekte sind Poren, Schrumpfungsporositäten und Anbindungsfehler, wobei diese fast ausschließlich auf die Prozessparameter zurückgeführt werden können [130]. Mithilfe entsprechender Anpassungen, d. h. der Bestimmung eines optimalen Prozessparameterfensters, konnten für die IN718-Legierung relative Dichten > 99,5 % im PBF-EB/M-Prozess realisiert werden [39,186]. Auch Untersuchungen von Helmer et al. [207] zeigten die Herstellung nahezu volldichter Proben für ein großes Prozessparameterfenster auf. Neben inneren Defekten beeinflusst besonders die Oberflächenrauheit, die aus teilweise aufgeschmolzenen Pulverpartikeln, Stapelunregelmäßigkeiten und der welligen Oberflächentopografie resultiert, die mechanischen Eigenschaften und limitiert somit den Anwendungsbereich [61]. Kritisch zu betrachten sind oberflächennahe Kerbdefekte, die zur Ausbildung von Spannungskonzentrationen führen und ein frühes Bauteilversagen hervorrufen können. In Arbeiten von Karimi et al. [201] wurden unterschiedliche Scanstrategien zur Veränderung des Contouringbereichs verwendet. Im Einzelnen konnte deutlich gemacht werden, dass sowohl die Oberflächenrauheit als auch die initiale Defektdichte durch eine lineare Scanstrategie und die Erzeugung zweier Konturlinien signifikant verbessert werden konnte. Nichtsdestotrotz werden für IN718 zur Verbesserung bzw. Homogenisierung der Mikrostruktur und zur Verringerung der Oberflächenrauheit häufig Nachbearbeitungsverfahren wie Wärmebehandlungen und eine maschinelle Bearbeitung oder Kombinationen dieser Verfahren durchgeführt [57]. Hinsichtlich der mikrostrukturellen Ausprägung und des Defektzustands PBF-EB/M-gefertigter Gitterstrukturen aus IN718 sind in der Literatur zum Zeitpunkt der Ausarbeitung keine Ergebnisse dokumentiert. Auch ein Vergleich zwischen den Mikrostrukturen in groß- und kleinvolumigen Bauteilen bzw. Probekörpern ist nicht vorhanden.

3.3.2 Quasistatische Werkstoffeigenschaften

Die quasistatischen Werkstoffeigenschaften von PBF-EB/M-gefertigtem IN718 sind von einer Vielzahl von Einflussfaktoren abhängig, die in diversen Arbeiten dokumentiert wurden. Der Einfluss der Oberflächenrauheit auf die quasistatischen Eigenschaften wurde in der Literatur bisher noch nicht untersucht. Die nachfolgend aufgeführten Ergebnisse beziehen sich auf PBF-EB/M-gefertigtes IN718 mit einer polierten Oberfläche. Primäre Einflussgrößen wie das Pulververdüsungsverfahren oder die Wiederverwendbarkeit von Materialpulver, die neben dem eigentlichen Schmelzprozess auftreten, wurden von Sanchez et al. [186] zusammengefasst. Es konnte aufgezeigt werden, dass bessere Zugfestigkeiten für Prüfkörper ermittelt werden konnten, die mittels Plasmaverdüsung hergestellt wurden. Der Einfluss von recyceltem und neuem Pulver wurde ebenfalls untersucht, allerdings konnte kein signifikanter Einfluss auf die mechanischen Eigenschaften bestimmt werden.

Aufgrund der gerichteten Erstarrung weist PBF-EB/M-gefertigtes IN718 anisotrope Zugeigenschaften auf [198]. In Untersuchungen von Deng et al. [194] wurde der Einfluss der Baurichtung auf die quasistatischen Eigenschaften untersucht. Probekörper, die parallel zur Baurichtung getestet wurden, wiesen eine höhere 0,2 %-Dehngrenze ($R_{p,0,2}$) und Zugfestigkeit (R_m) auf, was auf die starke Textur der Mikrostruktur und die resultierende Anordnung der prozessinduzierten Poren zurückgeführt werden konnte [48]. Die Duktilität und der Elastizitätsmodul waren jedoch im Vergleich zu den Proben, die senkrecht zur Baurichtung getestet wurden, geringer. Der Einfluss unterschiedlicher Prozessparameter sowie einer nachträglichen Wärmebehandlung auf die quasistatischen Werkstoffeigenschaften wurde von Al-Juboori et al. [198] untersucht. Generell wurde das mechanische Verhalten durch Veränderung der Prozessparameter nur leicht verändert. Als eine wichtige Einflussgröße wurde die verwendete Schichtdicke identifiziert. Dünnere Materialschichten führten zu besseren Zugfestigkeiten, da eine bessere Verbindung zwischen zuvor aufgeschmolzenen Materialschichten erzeugt wird [186]. Die Ausbildung prozessinduzierter Defekte, wie Anbindungsfehler und Gasporen führt allgemein zu einer Herabsetzung der mechanischen Eigenschaften, wobei besonders die Bruchdehnung reduziert werden kann. Nachfolgend sind bisher publizierte mechanische Kennwerte für PBF-EB/M-gefertigtes IN718 bei Raumtemperatur in Tabelle 3.2 zusammengefasst. Hierbei sind nur Literaturquellen aufgeführt, in denen Proben stehend gefertigt und parallel zur Baurichtung belastet bzw. getestet wurden. Als Referenzwert sind die mechanischen Kennwerte der IN718-Knetlegierung aufgeführt.

Tabelle 3.2 Mechanische Eigenschaften von PBF-EB/M-gefertigtem IN718 bei Raumtemperatur in Abhängigkeit vom Werkstoff- und Oberflächenzustand. Die Belastungsrichtung entspricht der Baurichtung

Werkstoffzustand	Oberflächenzustand	0,2 %-Dehngrenze $R_{p,0,2}$ [MPa]	Zugfestig-keit R_m [MPa]	Bruch-dehnung A [10^{-2}]
as-built [57]	poliert	920	1075	10,0
as-built [187]	poliert	925	1138	15,7
as-built [198]	poliert	980	1160	8,2
as-built [208]	poliert	580–898	845–1167	20,0–24,5
Wärmebe-handlung [57]	poliert	1096	1172	6,0
Wärmebe-handlung [198]	poliert	1180–1290	1350–1440	6,5–7,1
Wärmebe-handlung + HIP [57]	poliert	1100	1190	14,0
Wärmebe-handlung + HIP [187]	poliert	1061	1266	21,1
Knetle-gierung (AMS 5662) [208]	poliert	1034	1241	10,0

Für den as-built Materialzustand konnten in der Literatur bisher Dehn-grenzen im Bereich von 580–980 MPa und Zugfestigkeiten im Bereich von 845–1167 MPa dokumentiert werden. Die ermittelten Bruchdehnungen wichen dabei erheblich voneinander ab und reichten von 8,2–24,5 %. Eine nachträgliche Wärmebehandlung führte zu einer Erhöhung der Dehngrenze und Zugfestig-keit, die Bruchdehnung nahm jedoch im Vergleich leicht ab. In Arbeiten von Al-Juboori et al. [198] konnte eine maximale Dehngrenze von 1290 MPa und eine Zugfestigkeit von 1440 MPa nach einer Wärmebehandlung erfasst werden. Leicht niedrigere Kennwerte konnten in Untersuchungen von Balachandramur-thi et al. [57] dokumentiert werden, wobei auch hier die Wärmebehandlung zu einer Verbesserung der Dehngrenze und der Zugfestigkeit führte. Durch ein zusätzliches HIPpen konnte die Bruchdehnung erheblich verbessert werden, da innere Defekte geschlossen werden konnten [57]. Die Mikrostruktur wurde durch die nachträglichen Wärmebehandlungsverfahren nicht verändert [187]. Wie der Tabelle zu entnehmen ist, weist das PBF-EB/M-gefertigte IN718 nach der Wär-mebehandlung + HIP vergleichbare bzw. bessere mechanische Eigenschaften als die Knetlegierung auf, was das große Potential des PBF-EB/M-Prozesses auf-zeigt. Die Hochtemperatureigenschaften der Legierung wurden von Sun et al. [189] untersucht. Im Einzelnen wurde der Einfluss der Baurichtung auf die Hochtemperatureigenschaften bei 650 °C betrachtet. Generell sinkt die Dehn-grenze oberhalb von 650 °C stark ab, da einerseits eine schnelle Vergröberung der γ''-Phase stattfindet und andererseits die metastabile γ''-Phase in die stabile δ-Phase umwandelt [189]. Allerdings konnte auch hier analog zu den Raumtem-peraturversuchen gezeigt werden, dass aufrechtstehende Proben im Vergleich zur liegenden Fertigung die höchsten Dehngrenzen bei 650 °C aufwiesen.

Ähnlich wie bei der Mikrostruktur- und Defektausprägung sind auch bezüg-lich der quasistatischen Werkstoffeigenschaften PBF-EB/M-gefertigter IN718-Gitterstrukturen bisher kaum Quellen in der Literatur zu finden. Neben den für das Vollmaterial aufgeführten Einflussgrößen wie Prozessparameter, Baurich-tung und Nachbehandlungsverfahren ergeben sich bei Gitterstrukturen weitere Einflussgrößen wie die Gittermorphologie und die relative Dichte. Ein Ver-gleich der mechanischen Eigenschaften zwischen verschiedenen Arbeiten ist dadurch erschwert. Weiterhin werden für Gitterstrukturen fast ausschließlich quasistatische Druckversuche zur Überprüfung möglicher Einflussgrößen durch-geführt, was mitunter auch daran liegt, dass für AM-Gitterstrukturen bisher nur wenige Normen vorhanden sind. Mit der ISO 13314 [209] steht aktuell nur eine Norm für die Prüfung der quasistatischen Druckeigenschaften zur Verfügung. In Untersuchungen von List et al. [210] wurde der Einfluss unterschiedlicher Pro-zessparameter auf die mechanischen Eigenschaften von PBF-EB/M-gefertigten

IN625-Gitterstrukturen in quasistatischen Druckversuchen evaluiert. Durch Variation der Prozessparameter konnte der Elastizitätsmodul und die Stauchgrenze um den Faktor 10 variiert werden. Weiterhin wiesen die Gitterstrukturen eine anisotrope Mikrostruktur und anisotrope mechanische Eigenschaften auf, die auf den schichtweisen Aufbau zurückgeführt wurden. Untersuchungen hinsichtlich IN718-Gitterstrukturen wurden nur auf Basis des PBF-LB/M-Verfahrens durchgeführt. Huynh et al. [211] konnten im Vergleich zum Vollmaterial für Gitterstrukturen geringere Festigkeiten in quasistatischen Zugversuchen erfassen, was auf Spannungskonzentrationen und die Gittermorphologie zurückgeführt werden konnte. In Arbeiten von Wang et al. [212] wurde der Einfluss unterschiedlicher Gittertypen auf die quasistatischen Werkstoffeigenschaften von PBF-LB/M-gefertigtem IN718 untersucht. Hier konnten für die untersuchten Gittertypen unterschiedliche Versagensmechanismen analog zu den Ausführungen in Abschnitt 2.2.2 detektiert werden.

3.3.3 Zyklische Werkstoffeigenschaften

Wie zuvor erwähnt wurden in den meisten Arbeiten bisher vorrangig die quasistatischen Werkstoffeigenschaften untersucht. Balachandramurthi et al. [213] untersuchten den Einfluss der Baurichtung von PBF-EB/M-gefertigten IN718-Probekörpern auf das LCF-Verhalten. Generell lagen auch hier anisotrope Materialeigenschaften vor, die auf die gerichtete Mikrostruktur zurückgeführt werden konnten, wobei Proben, die parallel zur Baurichtung belastet wurden, bessere Ermüdungseigenschaften aufwiesen. Vervollständigend dazu betrachteten Kirka et al. [197] den Einfluss der Baurichtung auf das LCF-Verhalten bei 650 °C. Neben dem „as-built" Materialzustand wurden weitere Materialzustände, u. a. nach einer Wärmebehandlung und einem HIPpen, untersucht. Der Einfluss der Oberflächenrauheit wurde hier vernachlässigt, da alle Proben im polierten Zustand getestet wurden. Innerhalb der Ergebnisse konnte dargestellt werden, dass PBF-EB/M-hergestelltes IN718 vergleichbare bzw. bessere Ermüdungsfestigkeiten im Vergleich zu konventionell hergestelltem Material aufweist. Analog zu den quasistatischen Versuchen wiesen Proben, die parallel zur Baurichtung belastet wurden, verbesserte Ermüdungseigenschaften auf. Die Anisotropie im LCF-Bereich wurde von den Autoren auf die texturbedingte Anisotropie des E-Moduls zurückgeführt. Ergebnisse zur Beschreibung des Ermüdungsverhaltens im HCF- bzw. VHCF-Bereich sind in der Literatur bisher nicht zu finden. Der Einfluss einer Wärmebehandlung und eines HIPpen auf die zyklischen Werkstoffeigenschaften wurde zusätzlich in [57] untersucht. Proben, die mittels Wärmebehandlung und HIPpen nachbehandelt wurden, wiesen die besten Ermüdungseigenschaften auf. In den Untersuchungen konnte gezeigt werden, dass innere Porositäten, hier Schrumpfungsporen, geschlossen werden konnten, was einen hemmenden Effekt auf die Rissentstehung hatte. In [214,215] wurde der Einfluss des HIPpen auf die Hochtemperatureigenschaften von IN718 untersucht. Auch hier konnte eine Verbesserung der mechanischen Eigenschaften in Folge der HIP-Behandlung beobachtet werden.

Für Bauteile mit „as-built" Oberflächenrauheit gilt generell, dass die Bauteilorientierung, die zu einer schlechteren Oberflächenrauheit führt, auch gleichzeitig schlechtere Ermüdungseigenschaften hervorruft, da vorhandene Rauheitstäler und -spitzen zur Ausbildung von Spannungskonzentrationen führen, die als Ausgangspunkt für die Rissinitiierung dienen. Der Einfluss der Oberflächenrauheit auf das Ermüdungsverhalten wurde von Chan [216] bewertet. Innerhalb der Untersuchungen konnte gezeigt werden, dass die Ermüdungsfestigkeit durch auftretende oberflächennahe Spannungskonzentrationen um ca. 60–75 % reduziert wird. Zur Untersuchung des Einflusses der Oberflächenrauheit auf die zyklischen Materialeigenschaften von PBF-EB/M-gefertigtem IN718 führten Balachandramurthi et al. [217] Vierpunktbiegeversuche durch. Wie zu erwarten, sorgte die maschinelle Bearbeitung für eine Verbesserung der Lebensdauer, allerdings wurden für die polierten Proben größere Streuungen als für die Proben im as-built Oberflächenzustand detektiert. Die Autoren postulierten, dass die Ausbildung von Spannungskonzentrationen in Folge der unregelmäßigen Oberflächentopografie und die Vielzahl von Rissinitiierungsstellen die Zufälligkeit eines Ermüdungsversagens reduzieren, was zu einer geringeren Streuung führt. Ergebnisse für PBF-EB/M-gefertigte IN718-Gitterstrukturen sind in der Literatur bisher nur in einem begrenzten Umfang vorhanden. Huynh et al. [211] charakterisierten in ihren Untersuchungen das Ermüdungsverhalten von PBF-LB/M-hergestellten IN718-Gitterstrukturen. Die Schädigung unter zyklischer Beanspruchung erfolgte durch ein primäres Versagen der Gitterstruktur in einem Knotenpunkt. Zu beobachten war weiterhin, dass das Versagen im ersten Knotenpunkt zu einer Verlagerung der Belastungen und der Ausbildung neuer Spannungskonzentrationen in umliegenden Gitterzellen führt, was nachfolgend eine weitere Schädigung verursacht. Die Rissinitiierung konnte auf die hohe Oberflächenrauheit bzw. auf kerbähnliche Oberflächendefekte zurückgeführt werden.

Experimentelle Verfahren und Methodenentwicklung

4

Im Rahmen des Kapitels werden die experimentellen Verfahren und die durchgeführte Methodenentwicklung beschrieben. Zu Beginn wird das verwendete Materialpulver analysiert sowie die zugrundeliegenden Prozessparameter gelistet. Die zur Untersuchung der mechanischen Eigenschaften eingesetzten Proben werden nachfolgend dargestellt. Weiterhin werden die Verfahren zur Bestimmung der mikrostrukturellen Ausprägung, der Defektanalyse sowie der Querschnitts- und Oberflächenbestimmung beschrieben und erklärt. Der experimentelle Aufbau für die Versuche zum elektrochemischen Polieren als auch zur zyklischen Charakterisierung werden in 4.6 und 4.7 dargestellt. Zuletzt werden die einzelnen Schritte zur Adaption der Messverfahren beschrieben und vorhandene Erkenntnisse auf die weiteren Untersuchungen übertragen.

4.1 Materialpulver

Für die Herstellung der in dieser Arbeit untersuchten Probekörper wurde ein mittels Plasmaverdüsen hergestelltes Materialpulver aus der IN718-Legierung verwendet. Dieses wurde von der Fa. Arcam AB (Mölndal, Schweden) bereitgestellt. Die chemische Zusammensetzung des Pulvers wurde mittels energiedispersiver

---

Inhalte dieses Kapitels basieren zum Teil auf Vorveröffentlichungen [218–225] und den studentischen Arbeiten [226–230].

Röntgenspektroskopie (EDS) untersucht und die Ergebnisse der Untersuchung sind in Tabelle 4.1 gelistet.

Tabelle 4.1 Chemische Zusammensetzung des verwendeten IN718-Materialpulvers

Element	Ni	Cr	Fe	Nb	Mo	Co	Ti	Al
Gew. %	Bal.	18,3	17,9	4,95	2,91	0,05	0,95	0,47

Zur Beschreibung der morphologischen Eigenschaften wurden Pulverpartikel auf einem klebenden Untergrund in dunkler Farbe fixiert und anschließend mithilfe des Rasterelektronenmikroskops Mira 3 XMU der Fa. TESCAN (Brünn, Tschechien) untersucht. Eine exemplarische Übersichtsaufnahme mit einer Bildgröße von $1,9 \times 2,5$ mm^2 ist in Abbildung 4.1a dargestellt. Hierbei fällt auf, dass die meisten Pulverpartikel eine sphärische Form aufweisen und keine elongierten bzw. spratzigen Pulverpartikel detektiert werden können. Zur Bestimmung der Partikelgrößenverteilung wurden mehr als 800 Pulverpartikel betrachtet und mithilfe der Software ImageJ vermessen (siehe Abbildung 4.1b). Im Rahmen der Untersuchung konnten Pulverpartikel mit einem minimalen Durchmesser von 24,4 μm und einem maximalen Durchmesser von 117,7 μm detektiert werden. Der mittlere Pulverpartikeldurchmesser liegt bei 57 ± 16 μm.

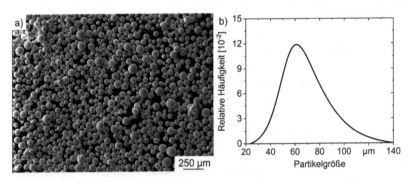

Abbildung 4.1 a) Rasterelektronenmikroskopische Aufnahme der IN718-Pulverpartikel und b) Partikelgrößenverteilung

Nichtsdestotrotz können einige Pulverpartikel mit unregelmäßiger Formgebung erkannt werden. Exemplarische Ergebnisse sind in Abbildung 4.2a–d dargestellt. In Abbildung 4.2a und b können bspw. Pulveragglomerationen, d. h. Anhäufungen mehrerer zusammenhängender Pulverpartikel, identifiziert werden.

Abbildung 4.2
Pulverpartikel mit
unregelmäßiger
Formgebung: a), b)
Pulveragglomerationen; c)
Pulverdeformation; d)
Satelliten

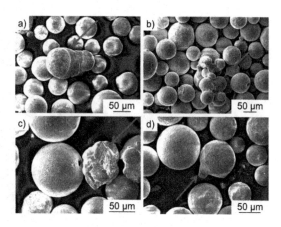

Weiterhin können kantige Pulverpartikel (vgl. Abbildung 4.2c) und Partikel mit anhaftenden Satelliten (vgl. Abbildung 4.2d) detektiert werden. Satelliten entstehen typischerweise während des Verdüsungsprozesses. Besonders kleinere Pulverpartikel erstarren meist zuerst, sinken jedoch aufgrund von vorhandenen Luftströmen langsamer zu Boden. Durch Kollisionen mit teilweise erstarrten größeren Pulverpartikeln kommt es zu einer Anhaftung der kleinen Pulverpartikel und somit zur Satellitenbildung. Nicht sphärische Pulverpartikel können einen negativen Einfluss auf die Fließeigenschaften des Pulvers und daraus resultierend auch auf den PBF-EB/M-Prozess haben. Durch Vergleich der erfassten Pulverpartikelgrößen mit den in Tabelle 2.1 aufgeführten geforderten Pulverfraktionen für den PBF-EB/M-Prozess [10] kann festgehalten werden, dass das untersuchte Materialpulver alle Anforderungen erfüllt und für den PBF-EB/M-Prozess eingesetzt werden kann.

4.2   Probenherstellung

Zum besseren Verständnis wird nachfolgend ein Koordinatensystem bzw. eine Anordnung der Achsen definiert, die innerhalb der Arbeit beibehalten wird, Abbildung 4.3. Die X-Achse verläuft hierbei parallel zur Maschinenvorderseite. In den Maschinenraum hinein verläuft die Y-Achse. Diese beiden Achsen geben somit Auskunft über die Position der Proben auf der Bauplattform. Die Z-Achse verläuft parallel zum Kolben, der die Bauplattform verfährt.

Abbildung 4.3 Definition des übergeordneten Koordinatensystems mit X-, Y- und Z-Achsen

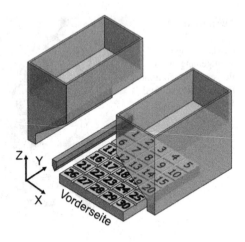

Alle Probekörper wurden am Institut für Werkstofftechnik der Universität Kassel mithilfe einer A2X der Fa. Arcam AB (Mölndal, Schweden) hergestellt. Alle untersuchten Proben wurden stehend (parallel zur Z-Achse) gefertigt und im as-built-Zustand ohne Einbindung einer zusätzlichen Wärmebehandlung untersucht und geprüft. Die verwendeten Prozessparameter für die Vollmaterialproben können Tabelle 4.2 entnommen werden.

Tabelle 4.2 PBF-EB/M-Prozessparameter für Vollmaterialproben

Schichtdicke	75 μm
Vorwärmung	
Temperatur	1025 °C
Fokus-Offset	400 mA
Strahlstrom	48 mA
Anzahl der Wiederholungen	7–20
Hatching	
Scanstrategie	Snake
Linien-Offset	0,1 mm
Scangeschwindigkeit	15.750 mm s^{-1}

(Fortsetzung)

Tabelle 4.2 (Fortsetzung)

Max. Strom	15 mA
Fokus-Offset	15 mA
Geschwindigkeitsfunktion	63
Contouring	
Scangeschwindigkeit	540 mm s^{-1}
Max. Strom	8 mA
Fokus-Offset	3 mA
Geschwindigkeitsfunktion	6

Wie bereits im Stand der Technik beschrieben, findet nach dem Auftragen der Pulverschicht eine Vorwärmung durch einen defokussierten Elektronenstrahl statt. Dadurch werden die Pulverpartikel versintert und sorgen somit für eine Reduzierung von eventuellen Smoking-Events. Die Vorwärmtemperatur wurde während des Herstellungsprozesses auf 1025 °C eingestellt. Anschließend wird die Pulverschicht entsprechend der Schichtinformation mittels Hatching und Contouring selektiv aufgeschmolzen. Für das Contouring wurde eine Scangeschwindigkeit von 540 mm s^{-1} und ein Strom von 8 mA gewählt. Zur Füllung der inneren Kontur wurde im Rahmen des Hatchings die Snake-Scanningstrategie verwendet. Der Wert für das Linien-Offset wurde auf 100 μm, die Scangeschwindigkeit auf 15.750 mm s^{-1} und der maximale Strom auf 15 mA gesetzt. Nach Fertigstellung der Schicht wird die Bauplattform um die Schichtdicke von 75 μm abgesenkt und eine neue Pulverschicht wird mittels Rakel aufgetragen.

Tabelle 4.3 PBF-EB/M-Prozessparameter für die dreidimensionalen Gitterstrukturen

Schichtdicke	75 μm
Vorwärmung	
Temperatur	1025 °C
Fokus-Offset	400 mA
Strahlstrom	48 mA
Anzahl der Wiederholungen	7–20
Contouring Gitter	
Scanstrategie	Nur Contouring (4 ×)
Contouring-Offset	160 μm

(Fortsetzung)

Tabelle 4.3 (Fortsetzung)

Scangeschwindigkeit	2.500 mm s^{-1}
Max. Strom	12,5 mA
Fokus-Offset	−3 mA
Geschwindigkeitsfunktion	Deaktiviert

Für die Gitterstrukturen wurden abweichende Prozessparameter verwendet. Diese sind in Tabelle 4.3 aufgelistet. Anders als für die Vollmaterialproben wurde während der Herstellung kein Hatching, sondern ausschließlich ein Contouring durchgeführt, wobei vier Konturlinien abgefahren wurden, um die Fläche zu füllen. Die Scangeschwindigkeit wurde auf 2.500 mm s^{-1} gesetzt und ein maximaler Strom von 12,5 mA gewählt.

4.3 Probendesign

In der internationalen Norm ISO 1099 [231] werden die Dimensionen bzw. die Abmessungen von Probekörpern für zyklische Untersuchungen geregelt. Diese bezieht sich jedoch ausschließlich auf Vollmaterialproben. Für Gitterstrukturen sind in der Literatur aktuell keine Normen zu finden, die Probengeometrien zur Untersuchung der zyklischen Materialeigenschaften definieren. Lediglich in der ISO 13314 [209] sind Probenformen für die quasistatische Druckprüfung von zellularen Strukturen gegeben. Auch im Hinblick auf mögliche Messverfahren zur vorgangsorientierten Charakterisierung komplexer Strukturen unter zyklischer Last sind in der Literatur nur wenige Quellen existent.

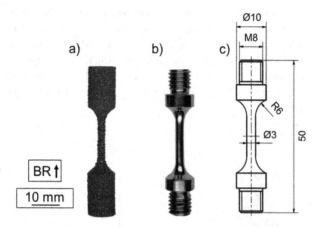

Abbildung 4.4 Vollmaterialproben im a) as-built und b) polierten Zustand, sowie in c) die technische Zeichnung (Maßangaben in mm)

Somit ergeben sich vielfältige Fragestellungen, die im Rahmen des Probendesigns adressiert werden müssen. Einerseits soll innerhalb dieses Kapitels eine Lösung aufgezeigt werden, wie im Vergleich zu konventionellen Probekörpern kleinere Geometrien unter Berücksichtigung der ISO 1099 für zyklische Versuche eingesetzt werden können. Zusätzlich werden Probengeometrien entwickelt, die ein zunehmend komplexeres Verformungs- und Schädigungsverhalten aufweisen, um die im Werkstoff ablaufenden Prozesse durch die eingesetzten Messverfahren korrekt zu erfassen und mit den aufgezeichneten Messsignalen korrelieren zu können. In Abbildung 4.4a und b sind die in dieser Arbeit verwendeten Vollmaterialproben im as-built und polierten Zustand dargestellt. Die entsprechende technische Zeichnung mit Maßangaben in Millimetern ist in Abbildung 4.4c zu finden. Mit Hinblick auf den Prüfdurchmesser, die Messlänge, sowie die Übergangsradien zur Einspannung wurden alle Empfehlungen der ISO 1099 berücksichtigt. Die Probe weist dabei eine minimale Länge von 50 mm auf. Umsetzbar ist dies durch die Außengewinde im unteren und oberen Teil der Probe, die in einen Adapter zur Probenverlängerung eingeschraubt werden. Der Zusammenbau aus Probe und Adapter wird dann in den Spannbacken des servohydraulischen Prüfsystems fixiert. Um sowohl eine Druck- als auch eine Zugbelastung, ohne ein Herauslösen der Probe, zu ermöglichen, wird die Probe durch einen innenliegenden Gewindestift gekontert und somit gegen ein Loslösen gesichert. Dieses Einspannprinzip wird ebenfalls für die späteren Gitterstrukturen bei Raum- und Hochtemperatur (650 °C) eingesetzt. Die in Abbildung 4.4 dargestellte Probe ermöglicht somit die Charakterisierung der zyklischen Materialeigenschaften des IN718-Grundmaterials. Sowohl der Einfluss der Oberflächenrauheit (as-built und poliert) als auch des Volumens (groß- und kleinvolumig) kann hierbei untersucht werden und dient als Grundlage für die spätere Einordnung der Ergebnisse für die PBF-EB/M-gefertigten IN718-Gitterstrukturen.

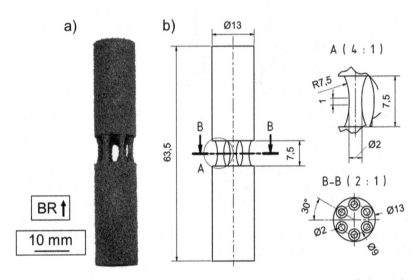

Abbildung 4.5 Stegstrukturen im a) as-built Zustand und b) die technische Zeichnung (Maßangaben in mm)

Ausgehend vom Stand der Technik in Abschnitt 2.2.3 ist hinreichend bekannt, dass komplexe Strukturen ein tiefgreifend komplexes Verformungs- und Schädigungsverhalten aufweisen können. Um dieses ganzheitlich untersuchen zu können sollen in dieser Arbeit diverse Messverfahren eingesetzt und zur Beschreibung der in der Struktur ablaufenden Prozesse im Sinne einer vorgangsorientierten Charakterisierung unter zyklischer Last qualifiziert werden. In einem primären Schritt wurde hierfür die in Abbildung 4.5a dargestellte Stegstruktur entwickelt. Wie zu erkennen ist, handelt es sich hierbei um eine stehend gefertigte Probengeometrie mit einer maximalen Probenlänge von 63,5 mm. Der kritische Probenbereich besteht dabei aus sechs radial angeordneten Stegen mit einem Prüfdurchmesser von jeweils 2 mm (vgl. Abbildung 4.5b). Dies ermöglicht einerseits die Untersuchung der mechanischen Eigenschaften von parallel zur Belastungsrichtung gefertigten filigranen Stegen und andererseits die Simulation eines komplexeren Schädigungsverhaltens.

Um mögliche Verformungs- und Schädigungsvorgänge noch realitätsnäher simulieren zu können, wurde die (dreidimensionale) Gitterstruktur nachfolgend durch Betrachtung einer Einheitszellenebene auf den 2D-Fall vereinfacht. Auf Basis des gewählten F_2CC_Z-Gittertyps ergibt sich die in Abbildung 4.6a dargestellte Flachprobengeometrie. Die dazugehörige technische Zeichnung ist in Abbildung 4.6b dargestellt. Die Proben wurden analog zu den bisherigen Probekörpern ebenfalls stehend gefertigt. Auf Basis der 2D-Gitterstruktur konnten die Verformungs- und Schädigungsvorgänge, vor allem jedoch der Schädigungsverlauf mit zunehmender Lastspielzahl, innerhalb einer Einheitszellenebene betrachtet werden.

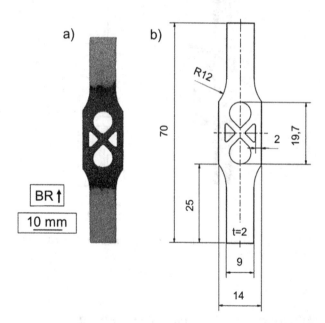

Abbildung 4.6 Zweidimensionale Gitterstruktur im a) as-built Zustand und b) die technische Zeichnung (Maßangaben in mm)

Die finale 3D-Gitterstruktur, bestehend aus mehreren zusammenhängenden Einheitszellen, ist in Abbildung 4.7a im as-built Zustand dargestellt. Insgesamt ergeben $3 \times 3 \times 3$ Einheitszellen die finale Geometrie. Analog zu den Vollmaterialproben werden im unteren und oberen Teil der Probe Außengewinde gefertigt, sodass die Proben in die Adapter zur Fixierung in der servohydraulischen Prüfmaschine eingeschraubt werden können. Der innenliegende Gewindestift verhindert dann ein Loslösen unter zyklischer Last. Unter Einbeziehung des gewählten Stegdurchmessers von 1,2 mm und der Einheitszellengröße von $7 \times 7 \times 7$ mm^3 (siehe Abbildung 4.7b) ergibt sich für die Gitterstruktur eine relative Dichte von $0,1263$.

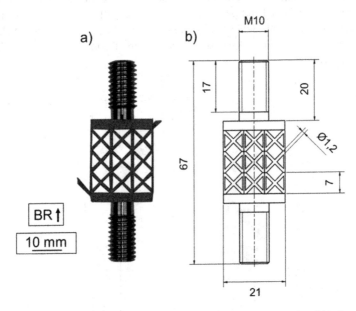

Abbildung 4.7 Dreidimensionale Gitterstruktur im a) as-built Zustand und b) die technische Zeichnung (Maßangaben in mm)

4.4   Mikrostrukturelle Charakterisierung

Zur Untersuchung der as-built Mikrostruktur wurden die Proben in einem ersten Schritt warm eingebettet. Zur Betrachtung des Einflusses der Baurichtung wurden für die Vollmaterialproben (groß- und kleinvolumig) Schliffbilder parallel und orthogonal zur Baurichtung erstellt. Die Mikrostruktur der Gitterstrukturen wurde parallel zur Baurichtung betrachtet.

Tabelle 4.4 Zusammensetzung des Elektrolyten für die elektrochemische Politur der IN718-Proben für rasterelektronenmikroskopische Aufnahmen

Komponente	
Destilliertes Wasser	85 ml
Salpetersäure (HNO_3)	10 ml
Essigsäure (CH_3COOH)	5 ml

Die Probenoberfläche wurde jeweils mit Schleifpapier aus Siliziumkarbid (SiC) mit Körnungen von 320–2500 μm mechanisch bearbeitet. Eine Politur erfolgte mit zwei Diamantsuspensionen (3 und 1 μm). Um die Mikrostruktur hervorzuheben, wurden die Proben mittels Beraha-II Lösung für 30 s bei 60 °C angeätzt. Lichtmikroskopische Aufnahmen wurden mithilfe des Axio Imager M1 der Fa. Carl Zeiss (Göttingen, Deutschland) erstellt. Für eine tiefergehende mikrostrukturelle Betrachtung wurde das REM Mira 3 XMU der Fa. TESCAN (Brünn, Tschechien) verwendet. Die Proben wurden hierfür elektrolytisch geätzt. Die chemische Zusammensetzung des Elektrolyten ist Tabelle 4.4 zu entnehmen. Die fraktografische Analyse nach den mechanischen Versuchen erfolgte ebenfalls mithilfe des REMs Mira 3 XMU.

4.5   Defektanalyse, Querschnittsbestimmung und Oberflächencharakterisierung

Die computertomografischen (CT) Untersuchungen stellen hinsichtlich der Defektanalyse, der nominellen Bestimmung des Probenquerschnitts und der Charakterisierung der Oberflächengüte einen wichtigen Pfeiler für die Charakterisierung des Ausgangszustands von Gitterstrukturen dar. Die Untersuchungen wurden an einem XT H 160 CT der Fa. Nikon (Tokio, Japan) durchgeführt. Das CT kann eine maximale Beschleunigungsspannung von 160 kV erzeugen und ist mit einer Mikrofokusröhre ausgestattet, die Auflösungen von bis zu 3 μm ermöglicht. Nachfolgend wird deshalb nur noch die Kurzform μCT verwendet. Maßgeblich entscheidend für die Qualität der μCT-Auswertungen sind die gewählten Akquisitionsparameter, die in Tabelle 4.5 gelistet sind. Für die Vollmaterialproben konnten, unter Berücksichtigung des kritischen Prüfbereichs minimale Auflösungen von 7 μm realisiert werden. Für die Gitterstrukturen konnten, bedingt durch die äußeren Abmessungen, Auflösungen von 31 μm realisiert werden. Zwecks Vergleichbarkeit wurde jeweils eine 8-fache Projektionsüberlagerung gewählt, sowie die gleichen Einstellungen für die Anzahl der Projektionen und die Belichtungszeit. Die aufgezeichneten Röntgenaufnahmen wurden anschließend durch die Software CT Pro 3D (Nikon) rekonstruiert. Basierend auf den rekonstruierten Volumen, wurde die Defektausprägung für Vollmaterialproben und Gitterstrukturen mithilfe der Software VGStudioMax 2.2 der Fa. Volume Graphics (Heidelberg, Deutschland) untersucht. Hierfür wurde der Algorithmus „VGDefX (2.2)" verwendet. Zur Betrachtung des Einflusses der Position auf der Bauplattform auf die vorhandene Defektausprägung der Vollmaterialproben wurde zur Zeitersparnis eine 2D-Porenanalyse durchgeführt. Entlang des Prüfbereichs wurden mind. 100 Querschnittsaufnahmen exportiert und mithilfe der Software ImageJ ausgewertet. Weiterhin wurden diese Querschnittsaufnahmen zur Bestimmung von geometrischen Abweichungen im Vergleich zum CAD-Modell und zur Erfassung des nominellen Probenquerschnitts für die nachfolgenden mechanischen Versuche verwendet.

Tabelle 4.5
Akquisitionsparameter für die computertomografischen Untersuchungen

Probenart	Vollmaterial	Gitterstrukturen
Röhrenspannung [kV]	149	140
Röhrenstrom [μA]	60	66
Röhrenleistung [W]	8,94	9,20
Voxelauflösung [μm]	7	31
Projektionen	1.583	1.583
Belichtungszeit [ms]	354	354

Für Gitterstrukturen werden in bisherigen Untersuchungen nur selten Spannungswerte angegeben, wodurch eine Einordnung der Ergebnisse erschwert wird, da im Vergleich zum Vollmaterial viel mehr Einflussfaktoren die mechanischen Eigenschaften von Gitterstrukturen beeinflussen können.

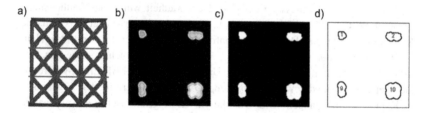

Abbildung 4.8 a) Schnittebenen für die Bestimmung des nominellen Probenquerschnitts der F_2CC_Z-Gitterstruktur; b) originales Schnittebenenbild; c) Binarisierung zu einem Schwarz-Weiß-Bild; d) Vermessung der Querschnittsflächen

Um dies zu adressieren wurde eine Methodik entwickelt, mit der der nominelle Probenquerschnitt von Gitterstrukturen auf Basis von μCT-Aufnahmen bestimmt werden kann. In Abbildung 4.8 sind die einzelnen Prozessschritte detailliert dargestellt. In einem ersten Schritt werden Querschnittsebenen definiert, die einen minimalen Querschnitt aufweisen (vgl. Abbildung 4.8a). Diese Querschnittsaufnahmen werden in die Software ImageJ importiert und ein Maßstab wird festgelegt (vgl. Abbildung 4.8b). Anschließend werden die importierten Aufnahmen, abhängig von einem festgelegten Schwellwert, in Schwarz-Weiß-Bilder umgewandelt (vgl. Abbildung 4.8c). Hierbei wird auch von einer Binarisierung gesprochen. Der nominelle Probenquerschnitt kann dann bestimmt werden (vgl. Abbildung 4.8d). Um eine ausreichend große Anzahl von Bildern zu generieren, wurden pro Baujob mindestens drei Proben untersucht. Neben der Untersuchung der Defektausprägung ist besonders die Bestimmung der as-built Oberflächenrauheit für PBF-EB/M-gefertigte Bauteile entscheidend. Hierfür wurden sowohl taktile als auch optische Messverfahren verwendet.

Abbildung 4.9
Schematische Darstellung des Exports der einzelnen Schnittebenen zur Bestimmung der Oberflächenrauheit auf Basis der μCT-Datensätze in Anlehnung an [58]

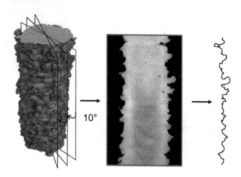

Für die taktile Vermessung der Oberflächenrauheit wurde das Rauheitsmess-
gerät M300 C der Fa. Mahr (Göttingen, Deutschland) verwendet. Als optisches
Messgerät wurde das Duo Vario Konfokalmikroskop der Fa. Confovis (Jena,
Deutschland) genutzt. An dieser Stelle sollte jedoch festgehalten werden, dass
diese Messverfahren nur bedingt zur Untersuchung der PBF-EB/M-gefertigten
Geometrien verwendet werden konnten, worauf detailliert in den Ergebnissen
in Kapitel 5 eingegangen wird. Vor diesem Hintergrund wurde ein alternatives
Verfahren entwickelt, um die as-built Oberflächenrauheit auf Basis der µCT-
Datensätze zu bestimmen. Entsprechend den Ergebnissen von Suard et al. [58]
wurden Schnittebenen im Abstand von 10° erstellt (vgl. Abbildung 4.9) und
anschließend in ein Auswerteprogramm importiert. In Abbildung 4.10 sind die
einzelnen Verfahrensschritte des Auswerteprogramms, das mit der Software MAT-
LAB der Fa. MathWorks (Natick, USA) erstellt wurde, dargestellt. Wie bereits
erwähnt, bilden die exportierten Schnittebenen der rekonstruierten Volumen die
Grundlage für die Auswertung. Nach dem Import wird der zu untersuchende
Bereich (engl. Region of Interest) definiert. Innerhalb der Bildvorbereitung erfol-
gen alle Programmschritte, die notwendig sind, um die relevanten Daten des
Oberflächenprofils entnehmen zu können. Dies umfasst u. a. die Festlegung
eines Maßstabs und die Auswahl eines Kontrastfilters bzw. die Definition eines
Schwellwerts, der als Grundlage für die Unterscheidung zwischen Material und
Hintergrund dient.

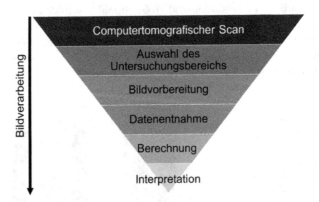

Abbildung 4.10 Programmschritte zur Charakterisierung der Oberflächenrauheit von
PBF-EB/M-gefertigten Bauteilen

Auf dieser Grundlage wird jede Pixelebene durch das Auswerteprogramm abgetastet. Bei Erfüllung des Schwellwerts werden die Pixelkoordinaten gespeichert und ergeben Ebene-für-Ebene das Oberflächenprofil (vgl. Abbildung 4.11).

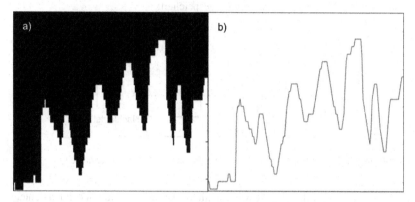

Abbildung 4.11 Bestimmung des Oberflächenprofils auf Basis der μCT-Datensätze

Das extrahierte Oberflächenprofil wird nachfolgend ausgewertet, um Oberflächenkennwerte wie den Mittenrauwert Ra und die gemittelte Rautiefe Rz zu berechnen. In der DIN EN ISO 4287 [232] sind die Berechnungsformeln für diese Kennwerte definiert:

$$Ra = \frac{1}{l_r} \int_0^l |z(x)|\,dx \qquad (4.1)$$

wobei l_r die Einzelmessstrecke für die Rauheit und $z(x)$ die Höhe des gemessenen Profils an der Stelle x ist.

$$Rz = \frac{1}{n} \sum (Rz_1 + Rz_2 + \ldots + Rz_n) \qquad (4.2)$$

wobei n die Anzahl der Einzelmessstrecken und Rz_x der Betrag aus der Höhe der größten Profilspitze und der Tiefe des größten Profiltales für eine Einzelmessstrecke ist [232].

Zum besseren Verständnis sind die Begrifflichkeiten zur Vermessung der Oberflächenrauheit in Abbildung 4.12 schematisch dargestellt. Der Vollständigkeit halber ist auch die maximale Rautiefe Rmax eingetragen, die sich aus dem Betrag der Maxima und Minima innerhalb aller erfassten Einzelmessstrecken ergibt. Dieser Wert wird im weiteren Verlauf der Arbeit jedoch nicht weiter berücksichtigt. Die Berechnung der Oberflächenkennwerte Ra und Rz wird für jede Schnittebene durchgeführt und die Ergebnisse werden im Anschluss in einem offenen Dateiformat zur weiteren Verarbeitung gespeichert.

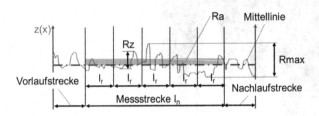

Abbildung 4.12 Begrifflichkeiten für die Vermessung der Oberflächenrauheit

Die zuvor beschriebene Auswertemethode konnte zur hinreichenden Untersuchung der Vollmaterialproben eingesetzt werden. Für die quantitative Bestimmung der Oberflächenrauheit der Gitterstrukturen mussten jedoch weitere Modifikationen vorgenommen werden. Ziel des Auswerteprogramms ist die Auswertung der Oberflächenrauheit unterschiedlich orientierter Stege innerhalb eines definierten Untersuchungsbereichs, d. h. sowohl am Rand als auch im Inneren der Gitterstruktur. Grundlage für das Auswerteprogramm ist erneut die Software MATLAB. Analog zur vorherigen Auswertung wird zunächst der Maßstab und der Schwellwert zur Unterscheidung zwischen Material und Hintergrund definiert. Anschließend erfolgt die Umwandlung in ein binäres Bild, das unter Berücksichtigung des Schwellwertes abgefahren wird, um das Oberflächenprofil zu erstellen. Zur weiteren Verarbeitung erfolgt eine Unterteilung der Gesamtaufnahme in Einzelzellen (siehe Abbildung 4.13). Innerhalb jeder Einzelzelle werden sowohl senkrecht als auch schräg orientierte Oberflächenprofile ausgewertet. Für schräg orientierte Profile wird ferner zwischen einer Ober- und Unterseite unterschieden. Nach Unterscheidung der einzelnen Bereiche erfolgt die Abtastung und die Berechnung der Oberflächenkennwerte Ra und Rz. Sollte ein Oberflächenprofil nicht oder nur unzureichend durch die Software erfasst werden können, so wird dieses von der weiteren Auswertung ausgeschlossen, was die Anzahl möglicher Artefaktmessungen reduziert und damit die Reproduzierbarkeit erhöht. Neben den Ergebnissen werden alle dazugehörigen Metadaten in einem offenen Dateiformat gespeichert. Zur besseren Visualisierung werden alle berechneten Oberflächenkennwerte an die zugehörigen Stellen innerhalb der Übersichtsaufnahme eingefügt und der/dem Nutzer*in dargestellt.

Abbildung 4.13
Unterteilung des erstellten Oberflächenprofils in einzelne Einheitszellen zur weiteren Auswertung

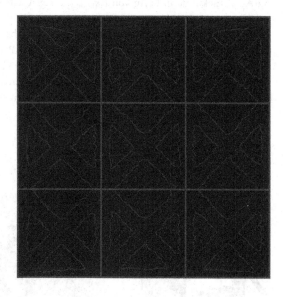

4.6   Elektrochemisches Polieren

Das ECP basiert in seinen Grundzügen auf der anodischen Metallauflösung. Der prinzipielle Versuchsaufbau besteht aus drei Elektroden, d. h. Anode, Kathode und Referenzelektrode, sowie einer Stromquelle und dem Elektrolyten. Der für das ECP verwendete experimentelle Versuchsaufbau, sowie die detaillierte Anordnung der Elektroden sind in Abbildung 4.14 dargestellt. Die Anode ist hierbei der zu bearbeitende Werkstoff. Dafür werden Stabproben in quadratischer und runder Form aus der PBF-EB/M-gefertigten IN718-Legierung verwendet. Die quadratische Stabprobe hat dabei eine Kantenlänge von 3,5 mm und die runde einen Durchmesser von 3,6 mm. Vor Versuchsbeginn werden die Proben gründlich in einem mit Ethanol gefüllten Ultraschallbad gereinigt und anschließend getrocknet, sodass anhaftende Verunreinigungen entfernt werden. Während der Versuche werden die Proben 18 mm tief in den Elektrolyten eingetaucht. Als Referenzelektrode wird eine Silber-Silberchlorid-Elektrode (Ag/AgCl-Elektrode) in gesättigter

KCl-Lösung eingesetzt, die sich in einer mit dem Elektrolyten gefüllten Haber-Luggin-Kapillare befindet. Die Angabe des Anodenpotentials erfolgt gegen die Ag/AgCl-Elektrode in Form von E_{Anode} vs. Ag/AgCl. Als Kathode wird ein Platinkäfig verwendet, der ein feines engmaschiges Netz mit einer Oberfläche von ca. 4800 mm^2 aufweist. Der verwendete Elektrolyt besteht aus zwei Komponenten, wobei es sich um die Komponenten A2-I und A2-II der Fa. Struers (Willich, Deutschland) handelt. Das Mischungsverhältnis sind 920 ml A2-I und 78 ml A2-II. Wesentlicher Bestandteil des Elektrolyten ist Perchlorsäure, die sich für das elektrochemische Polieren von Ni-Basis-Legierungen eignet.

Abbildung 4.14 Versuchsstand und Anordnung der Komponenten für das elektrochemische Polieren

Die Regelung der Elektrolyttemperatur erfolgt mittels Kälte-Umwälzthermostat FP50-HE der Fa. Julabo (Seelbach, Deutschland), wobei ein Pt100 Widerstandsfühler die Temperatur des Elektrolytbads erfasst. Der Widerstandsfühler ist beständig gegenüber den Elektrolyten und wird nicht durch elektrische Ströme beeinflusst [233]. Für die Versuche wird ein Potentiostat Iviumstat.XRi der Fa. Ivium Technologies (Eindhoven, Niederlande) verwendet, der Potentiale von ± 10 V und Ströme von ± 10 A ermöglicht. Der Potentiostat wird mithilfe der Software IviumSoft gesteuert. Entsprechend einer elektrischen

Polarisationsschaltung mit Potentiostat nach DIN 50918 [234] werden alle Elektroden mit dem Potentiostat verbunden. Während der Versuche werden die Stabproben (quadratische und runde Form) im Elektrolyten mittels Schrittmotor rotiert. Die Rotationsgeschwindigkeit wird auf 20 min^{-1} eingestellt. Der Schrittmotor wird jeweils 1,5-mal im und gegen den Uhrzeigersinn rotiert. Zu Beginn wird das Ruhepotential bzw. das freie Korrosionspotential zwischen Anode und Referenzelektrode gemessen. Anschließend wird die Stromdichte-Potential-Kurve aufgezeichnet, wobei das angelegte Potential variiert wird, um innerhalb der anodischen Teilreaktion den aktiven, passiven und transpassiven Bereich zu identifizieren. In Voruntersuchungen wurden potentielle Einflussfaktoren auf das elektrochemische Polierergebnis überprüft. Als wesentliche Einflussgrößen wurden die Stromstärke, die Zeit, die Temperatur und die Geometrie identifiziert. Diese werden mithilfe einer statistischen Versuchsplanung (engl. Design of Experiments) untersucht. Statistische Versuchspläne dienen der Bestimmung von Einflüssen einzelner oder multipler Faktoren auf Qualitätsmerkmale [235]. Entscheidend ist jedoch, dass sich die potentiellen Einflussparameter innerhalb möglicher Systemgrenzen befinden, wodurch sie dann als Faktoren bezeichnet werden.

Tabelle 4.6 Gewählter statistischer vollfaktorieller Versuchsplan

Versuch	Stromstärke	Zeit	Temperatur	Geometrie
1	–	–	–	–
2	+	–	–	–
3	–	+	–	–
4	+	+	–	–
5	–	–	+	–
6	+	–	+	–
7	–	+	+	–
8	+	+	+	–
9	–	–	–	+
10	+	–	–	+
11	–	+	–	+
12	+	+	–	+
13	–	–	+	+

(Fortsetzung)

Tabelle 4.6 (Fortsetzung)

Versuch	Stromstärke	Zeit	Temperatur	Geometrie
14	+	−	+	+
15	−	+	+	+
16	+	+	+	+

Innerhalb eines Faktors werden sinnvolle Stufen definiert, wobei ein Minimum von zwei Stufen gewählt wird [236]. Unter Berücksichtigung der Faktoren und Stufen ergibt sich ein vollfaktorieller Versuchsplan. Innerhalb der Untersuchungen werden vier Faktoren auf zwei Stufen überprüft, woraus sich eine Gesamtzahl von 16 Versuchen ergibt. Der detaillierte statistische vollfaktorielle Versuchsplan ist in Tabelle 4.6 gelistet. Weitere Informationen bezüglich der statistischen Versuchsplanung können [235,236] entnommen werden. Jedem Faktor werden zwei Stufen (dargestellt durch + und −) zugeteilt. Die den Stufen zugeteilten Werte, die innerhalb der Voruntersuchungen definiert wurden, sind detailliert in Tabelle 4.7 dargestellt. Für den Faktor Stromstärke werden für die + Stufe die Spannung bei maximaler und 0,8-facher max. Stromstärke eingestellt. Der − Stufe wird die Spannung bei 0,8-facher und 0,6-facher max. Stromstärke zugeordnet. Als weiterer Faktor wurde die Zeit identifiziert. Der + Stufe wird eine Versuchszeit von jeweils 300 s und der − Stufe von jeweils 150 s zugeordnet. Beim nächsten Faktor wird bei der + Stufe eine Temperatur von 5 °C und der − Stufe eine Temperatur von 20 °C eingestellt. Zuletzt wird beim Faktor Geometrie die quadratische (+ Stufe) und runde (− Stufe) Probenform unterschieden.

Tabelle 4.7 Gewählte Werte der einzelnen Stufen für den vollfaktoriellen Versuchsplan

Faktor	Stufe	Wert
Stromstärke	+	$1 \times I_{max}$ u. $0,8 \times I_{max}$
	−	$0,8 \times I_{max}$ u. $0,6 \times I_{max}$
Zeit	+	Jeweils 300 s
	−	Jeweils 150 s
Temperatur	+	5 °C
	−	20 °C
Geometrie	+	Quadratisch
	−	Rund

4.7 Prüfsysteme und –strategien

Für die quasistatischen und zyklischen Versuche der Vollmaterialproben wurde das servohydraulische Prüfsystem Schenck PSB100 der Fa. Instron (Norwood, USA) verwendet. Dieses ist mit einer Kraftmessdose von 100 kN ausgestattet und die Regelung erfolgt mit einem Instron 8800 Controller. Zur Beschreibung der quasistatischen Zugeigenschaften wurden mindestens zwei Proben für jeden Zustand (as-built und poliert) getestet. Zur Dehnungserfassung wurde für die polierten Proben mit einer Messlänge von 10 mm ein taktiler Dehnungsaufnehmer der Fa. Instron genutzt. Für die as-built Proben wurde ein System zur digitalen Bildkorrelation (DIC) der Fa. Limess (Krefeld, Deutschland) verwendet. Alle Versuche wurden weggeregelt durchgeführt und die Traversengeschwindigkeit wurde in Anlehnung an DIN 6892 [237] ausgewählt, wobei für die Vollmaterialproben eine Geschwindigkeit von $v_c = 0{,}15$ mm min^{-1} eingestellt wurde. Zur Untersuchung der zyklischen Materialeigenschaften der PBF-EB/M-gefertigten IN718-Legierung im as-built und polierten Zustand wurden ESV für eine lebensdauerorientierte Charakterisierung durchgeführt. Die Prüffrequenz beträgt f = 10 Hz und das Spannungsverhältnis wurde auf R = -1 gesetzt, was einer reinen Wechselbeanspruchung entspricht. Für jede gewählte Spannungsamplitude wurden mindestens zwei Proben untersucht. Für die polierten Proben wurden Spannungsamplituden zwischen 280 und 600 MPa gewählt. Der nominelle Probenquerschnitt für die Proben im as-built Oberflächenzustand wurde auf Basis der µCT-Datensätze berechnet und die Spannungsamplituden wurden entsprechend niedriger im Bereich von 130–260 MPa definiert. Die zyklischen Versuche wurden bis zum Versagen oder bis zum Erreichen der Grenzlastspielzahl von 2×10^6 durchgeführt. Proben, die die Grenzlastspielzahl erreicht haben, werden in den Ergebnisschaubildern als Durchläufer gekennzeichnet.

Da für die Gitterstrukturen aufgrund der feinen Stege geringere Spannungen erwartet werden, wird für die quasistatischen und zyklischen Versuche ein servohydraulisches Prüfsystem der Fa. Instron mit einer kleineren Kraftmessdose von 45 kN gewählt. Die Regelung erfolgt auch hier über einen Instron 8800 Controller. Für die quasistatischen Zugversuche wurde eine Traversengeschwindigkeit von $v_c = 1{,}5$ mm min^{-1} gewählt und Dehnungsänderungen wurden mithilfe eines DIC-Systems (Imager M-Lite Kamera) der Fa. LaVision (Göttingen, Deutschland) erfasst. Vor der Prüfung wurden die Gitterstrukturen mit schwarzer Farbe grundiert und ein feines zufälliges Punktemuster wurde in weißer Farbe zur Einstellung eines hohen Kontrastes aufgebracht.

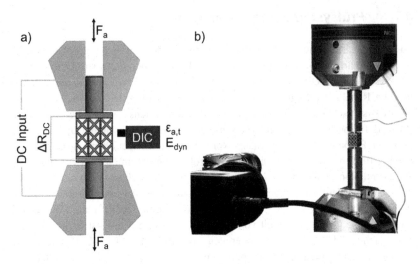

Abbildung 4.15 a) Schematischer und b) experimenteller Versuchsaufbau für die zyklischen Versuche bei Raumtemperatur

Die nachfolgende Auswertung zur Erstellung der Spannungs-Dehnungs-Diagramme erfolgt mit der Software DaVis der Fa. LaVision. Zur Charakterisierung der zyklischen Materialeigenschaften wurde im Sinne einer zeit- und kosteneffizienten Versuchsdurchführung eine Kombination aus MSV und ESV gewählt. Alle Versuche wurden dabei bei einer Prüffrequenz von $f = 5$ Hz und einem Spannungsverhältnis von $R = -1$ durchgeführt. Für den MSV wurde zu Beginn eine Spannungsamplitude von $\sigma_a = 5$ MPa definiert, die schrittweise alle $\Delta N = 10^4$ Zyklen um $\Delta \sigma_a = 5$ MPa bis zum Versagen erhöht wurde. Auftretende Materialreaktionen werden unter Zuhilfenahme applikationsorientierter Messtechniken erfasst. Der schematische und experimentelle Versuchsaufbau ist in Abbildung 4.15a und b dargestellt. Eine Gleichstrompotentialsonde der Fa. Ametek (Berwyn, USA) wird zur Erfassung von Widerstandsänderungen eingesetzt. Die Stromeinleitung erfolgt über die Spannbacken und die Widerstandsänderung wurde möglichst nah an der Gitterstruktur gemessen. Analog zu den quasistatischen Zugversuchen wird das DIC-System der Fa. LaVision verwendet, um sowohl lokale als auch integrale Dehnungsänderungen zu detektieren. Basierend auf den Messergebnissen können Kennwerte wie die Totaldehnungsamplitude $\varepsilon_{a,t}$ sowie der dynamische Elastizitätsmodul E_{dyn} bestimmt werden, wobei E_{dyn} durch die Steigung zwischen den beiden Umkehrpunkten innerhalb der Hystereseschleife angenähert werden kann.

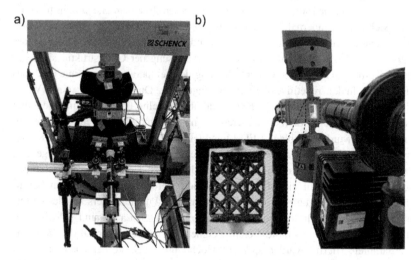

Abbildung 4.16 Experimenteller Versuchsaufbau für die quasistatischen und zyklischen Versuche bei Hochtemperatur (650 °C) in der a) Drauf- und b) Seitenansicht

Aufgrund einer erhöhten Versuchsdauer ist davon auszugehen, dass eine große Datenmenge während der zyklischen Versuche erzeugt wird. Um dem entgegenzuwirken wird die Bildaufnahme getriggert, d. h. bei Erfüllung eines definierten Kriteriums wird ein Signal ausgesendet, dass die Bildaufnahme im DIC-System startet. Zu einem Triggerzeitpunkt werden mehrere Zyklen aufgezeichnet und anschließend in Form der Hystereseschleife überlagernd dargestellt. Der Abstand zwischen zwei Triggerpunkten wurde in Abhängigkeit der zu erwartenden Lebensdauer bzw. Bruchlastspielzahl variiert. Innerhalb eines Spannungsniveaus wurde der Triggerabstand nicht verändert. Somit konnten ausreichend Versuchsdaten generiert werden, um die Verformungs- und Schädigungsmechanismen zu untersuchen.

Zur Charakterisierung der quasistatischen und zyklischen Hochtemperatureigenschaften bei einer Temperatur von T = 650 °C wurde der zuvor beschriebene Versuchsaufbau um einen Hochtemperaturofen (HT-Ofen) der Fa. Severn Thermal Solutions (Dursley, Großbritannien) erweitert. Ein innenliegendes Thermoelement überwacht die Temperatur während der gesamten Versuchsdauer. Die wesentlichen Versuchsparameter wurden analog zu den Versuchen bei Raumtemperatur beibehalten. Der experimentelle Versuchsaufbau ist in Abbildung 4.16a und b jeweils in der Drauf- und Seitenansicht dargestellt. Um lokale und integrale Dehnungsänderungen aufzuzeichnen, mussten mehrere Anpassungen am experimentellen Versuchsaufbau vorgenommen werden. In einem ersten Schritt wurde ein Sichtfenster innerhalb der Ausmauerungssteine des HT-Ofens erzeugt. Dieser Sichtbereich wurde durch entsprechende Optiken so weit vergrößert, dass durch das DIC-System eine ausreichende Auflösung der Gitterstruktur sichergestellt werden konnte. Zur Aufrechterhaltung des Temperaturniveaus innerhalb des HT-Ofens finden repetitive Aufheizvorgänge statt. Durch Nutzung einer Weißlichtquelle würde das aufgezeichnete Bild abwechselnd über- oder unterbelichtet sein, wodurch keine reproduzierbaren Aufnahmen möglich wären. Um dies zu adressieren wurde eine blaue LED-Lichtquelle in Kombination mit einem Kamerafilter verwendet, der ausschließlich blaues Licht mit einer Wellenlänge von 450 nm durchlässt. Dadurch konnten die durch den Heizvorgang entstehenden Überbelichtungen auf ein Minimum reduziert werden. In einem letzten Schritt musste die Aufbringung der Grundierung und des Punktemusters auf der Gitterstruktur sichergestellt werden. Die zuvor verwendeten Lacke sind jedoch nicht für den erhöhten Temperaturbereich geeignet und würden während des Versuchs verdampfen. Hierfür wurden spezielle Hochtemperaturlacke der Fa. ULFALUX (Wilhermsdorf, Deutschland) in schwarzer und weißer Farbe verwendet, die bis Temperaturen von 1200 °C einsetzbar sind. Zuletzt wurden die Außengewinde der Gitterstrukturen sowie die Adapter mithilfe einer hochtemperaturresistenten keramischen Paste der Fa. Liqui Moly (Ulm, Deutschland) benetzt, sodass die Probe nach Beendigung des Versuchs wieder gelöst werden kann.

4.8   Adaption der Messverfahren zur zyklischen Charakterisierung komplexer Strukturen

In diesem Kapitel sollen die sukzessiven Schritte zur Adaption potentieller Messverfahren zur Charakterisierung der Verformungs- und Schädigungsmechanismen additiv gefertigter Strukturen mit steigender Komplexität unter zyklischer Last beschrieben werden. In Abbildung 4.17a ist die zugrundeliegende F_2CC_z-Einheitszelle dargestellt. Obwohl die finale Gitterstruktur lediglich aus einer Aneinanderreihung von Einheitszellen besteht, wird in der Literatur von einem komplexeren Verformungs- und Schädigungsverhalten ausgegangen [87]. Um hier eine Grundlage zu schaffen, wird die Komplexität der Gitterstruktur in einem ersten Schritt auf senkrecht orientierte Stege (parallel zur Baurichtung) in erhöhter Anzahl reduziert (vgl. Abbildung 4.17a).

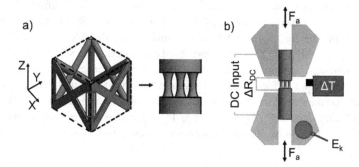

Abbildung 4.17 a) Untersuchung von Stegen parallel zur Baurichtung mittels Stegstruktur, b) schematischer Versuchsaufbau zur Charakterisierung des zyklischen Werkstoffverhaltens unter Zuhilfenahme von Gleichstrompotentialsonde, Thermografie und Hochfrequenzimpulsmessung

Zur Erhöhung der Informationsdichte über die Verformungs- und Schädigungsvorgänge während der zyklischen Belastung wurden relevante Messverfahren auf Grundlage der in Abschnitt 2.5.3 aufgeführten Literaturquellen identifiziert. Hierbei wurde darauf geachtet, dass mehrere Messverfahren gleichzeitig eingesetzt werden können, um auftretende Wechselwirkungen besser zu identifizieren. Im Einzelnen wurde eine Infrarotkamera der Fa. Micro-Epsilon (Ortenburg, Deutschland) verwendet, um verformungsinduzierte Temperaturänderungen während des Versuchs zu identifizieren. Zur Einstellung eines hohen Emissionsgrades wurden die Proben schwarz grundiert. Zusätzlich wurde eine Gleichstrompotentialsonde der Fa. Ametek (Berwyn, USA) appliziert, um Widerstandsänderungen zu messen. Zuletzt wurde ein Optimizer4D-Sensor der Fa. Qass (Wetter, Deutschland) zur Detektion von akustischen Emissionen an den Spannbacken befestigt. Der vollständige Versuchsaufbau ist schematisch in Abbildung 4.17b dargestellt. Zur weiteren Auswertung der akustischen Emissionen musste aufgrund des Rauschens des servohydraulischen Prüfsystems ein Grenzwert definiert werden. Sobald akustische Emissionen oberhalb dieses Wertes detektiert werden, werden diese vom System erfasst und akkumuliert. Im Umkehrschluss bedeutet dies, dass das finale Probenversagen mit der Summe aller detektierter akustischer Emissionen gleichgesetzt werden kann. Zur besseren Übersicht wurden die Messwerte auf Grundlage der maximalen Summe normiert. Nachfolgend wird der Begriff der normierten akkumulierten akustischen Emission E_k verwendet. Die in Abbildung 4.18 dargestellten Messgrößen wurden während eines MSV für eine Stegstruktur aus der PBF-EB/M-gefertigten IN718-Legierung mit einem nominellen Stegdurchmesser von 2 mm erfasst. Die Prüffrequenz f = 10 Hz und das Spannungsverhältnis R = −1 wurden gewählt. Die initiale Spannungsamplitude $\Delta\sigma_{a,\,start}$ = 5 MPa wurde stufenweise alle $\Delta N = 10^4$ Lastspiele um $\Delta\sigma_a$ = 5 MPa bis zum Probenbruch erhöht. Innerhalb des Diagramms sind die Spannungsamplituden σ_a in schwarzer, Temperaturänderungen ΔT in grüner (Strich-Linie), Widerstandsänderungen ΔR_{DC} in orangener (Kompakt-Linie) und die normierte akkumulierte akustische Emission E_k in grauer Farbe (Strich-Punkt-Linie) dargestellt. Weiterführende Informationen zu den aufgezeichneten akustischen Emissionen folgen im weiteren Verlauf des Textes.

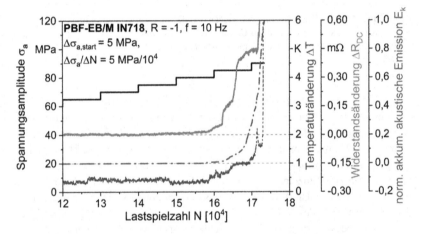

Abbildung 4.18 Lastspielzahlabhängige Darstellung der Temperaturänderung, der Widerstandsänderung und der normierten akkumulierten akustischen Emission zur Beschreibung der Verformungs- und Schädigungsprozesse einer Stegstruktur im Mehrstufenversuch

Wie zu erkennen ist, wurde eine maximale Spannungsamplitude von σ_a = 90 MPa bei einer Bruchlastspielzahl N_B = 173.323 erreicht. Bezugnehmend auf die detektierten Messgrößen kann eine erste Veränderung in Form eines linearen Anstiegs durch alle Messtechniken bei einer Spannungsamplitude von σ_a = 80 MPa detektiert werden. Zuvor weisen alle Messtechniken einen nahezu horizontalen Verlauf auf. Mit zunehmender Lastspielzahl geht der lineare Anstieg in einen exponentiellen Anstieg über und resultiert im finalen Probenversagen. Basierend auf diesen Ergebnissen wurde das Intervall zwischen erster Materialreaktion und dem finalen Versagen näher betrachtet. Die Ergebnisse sind in Abbildung 4.19 zusammengefasst. In Abbildung 4.19a sind die Zusammenhänge zwischen den stufenweise erhöhten Spannungsamplitude sowie der Temperatur- und Widerstandsänderung dargestellt. Zur weiteren Untersuchung wurden auf Basis der Thermografieaufnahmen die Temperaturentwicklungen einzelner Stege separiert und in Abbildung 4.19b über der Lastspielzahl aufgetragen. Abbildung 4.19c sind die Ergebnisse der normierten akkumulierten akustischen Emission E_k aufgetragen. Weiterhin ist in Abbildung 4.19d die resultierende Spannungsamplitude σ_r, d. h. die Neuberechnung der Spannungsamplitude für die verbleibenden Stege, dargestellt. Innerhalb der ersten Materialreaktion und dem finalen Versagen können vier Zeitpunkte identifiziert werden, die mit einem spezifischen Stegversagen in Verbindung gebracht werden können. Diese Zeitpunkte werden nachfolgend mit A–D gekennzeichnet. Zusätzlich dazu sind die Thermografieaufnahmen für die Zeitpunkte A–D in Abbildung 4.20a–d dargestellt, wobei der jeweils versagende Steg durch einen weißen Pfeil hervorgehoben wird.

Wie bereits erwähnt, konnte die erste Materialreaktion durch alle Messverfahren erfolgreich detektiert werden. Zum Zeitpunkt A kann ein erstes Stegversagen auf Basis der thermografischen Aufnahmen festgestellt werden (vgl. Abbildung 4.20a). Nahezu zeitgleich konnte dieses Versagen durch signifikante Anstiege in den Werten der Temperatur- und Widerstandsänderung detektiert werden (vgl. Abbildung 4.19a und b). Das Einzelstegversagen sorgt zusätzlich für eine Zunahme der resultierenden Spannungsamplitude auf den Wert $\sigma_r =$ 102 MPa (Zeitpunkt A). Ein zweites Stegversagen kann zum Zeitpunkt B identifiziert werden (vgl. Abbildung 4.20b). In den Messwerten von E_k kann hier nur ein leichter Anstieg festgestellt werden, während für ΔR_{DC} ein erneuter Anstieg detektiert werden kann. Nachfolgend steigt die resultierende Spannungsamplitude auf $\sigma_r =$ 127,5 MPa (Zeitpunkt B). Zum Zeitpunkt C kann das gleichzeitige Versagen von zwei Stegen beobachtet werden (vgl. Abbildung 4.20c), was zu signifikanten Veränderungen in den Messwerten von ΔR_{DC} und E_k führt. Weiterhin wird σ_r auf den Wert von 270 MPa (Zeitpunkt C) erhöht. Basierend auf den Ergebnissen für E_k kann ein Anstieg zwischen den Zeitpunkten B und C festgestellt werden, der jedoch nicht auf ein Stegversagen zurückgeführt werden kann. Zum Zeitpunkt D versagen die beiden verbliebenen Stege im kurzen Abstand hintereinander, was durch alle Messtechniken erfolgreich detektiert werden konnte. Basierend auf den zuvor beschriebenen Ergebnissen können Spannungsamplituden für die nachfolgenden ESV definiert werden, wodurch die Charakterisierung der zyklischen Eigenschaften zeit- und kosteneffizient durchgeführt werden kann [159].

Typischerweise werden Werkstoffreaktionen mithilfe der Spannungs-Dehnungs-Hysterese bzw. auf Grundlage klassischer Kennwerte wie z. B.

Abbildung 4.19
Lastspielzahlabhängige
Darstellung a) der
Temperatur- und
Widerstandsänderungen, b)
der spezifischen
Temperaturänderung
einzelner Stege, c) der
normierten akkumulierten
akustischen Emission und
d) der Entwicklung der
resultierenden
Spannungsamplitude für die
verbleibenden Stege zur
Beschreibung der
Verformungs- und
Schädigungsprozesse einer
Stegstruktur im
Mehrstufenversuch

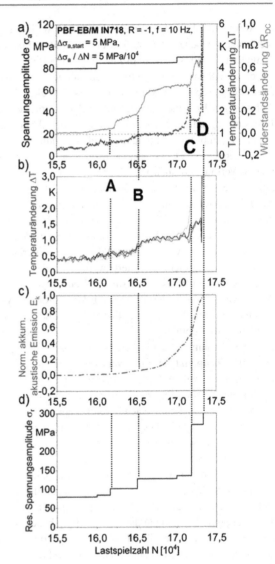

der plastischen Dehnungsamplitude und dem dynamischen Elastizitätsmodul beschrieben. Allerdings konnte in [165,172,173] gezeigt werden, dass zusätzliche Informationen zum zyklischen Materialverhalten aus Temperatur- und Widerstandsmessungen generiert werden können. Temperaturänderungen können dabei fast ausnahmslos auf dissipierte Energien in Folge der plastischen Verformung zurückgeführt werden [166,172]. Die aufgezeichneten Widerstandsänderungen sind in ihrer Deutung komplexer, da der Widerstand neben der Geometrie vor allem vom spezifischen Widerstand abhängt. In [165,166] konnte gezeigt werden, dass dieser besonders durch die vorherrschende Defektdichte und den effektiven tragenden Querschnitt, d. h. Rissbildung und -wachstum, beeinflusst wird.

Abbildung 4.20
Thermografieaufnahmen zum Zeitpunkt des Versagens einzelner Stege: a) Steg I, b) Steg II, c) Steg III und IV, d) Steg V und VI

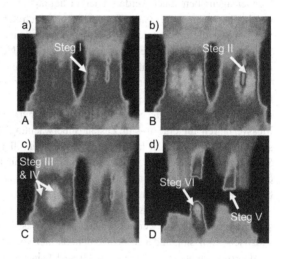

Somit korreliert neben den klassischen Dehnungskennwerten auch die Temperatur- und Widerstandsänderung mit dem Schädigungsverlauf und gibt Auskunft über den tatsächlichen Materialzustand unter zyklischer Last. In der Literatur [158,166] wurden die spezifischen Vorteile der gleichzeitigen Applikation mehrerer Messverfahren bereits umfangreich beschrieben und zur vollumfänglichen Betrachtung des zyklischen Materialverhaltens von diversen Stahl- und Leichtmetalllegierungen eingesetzt. Mit Hilfe der Stegstruktur wurde im Vergleich zum Vollmaterial ein komplexeres Schädigungsverhalten simuliert und diverse applikationsspezifische Messtechniken zur Erfassung von Materialreaktionen im MSV eingesetzt. Basierend auf den aufgezeichneten Messwerten konnte der vollständige Schädigungsvorgang bzw. -akkumulation untersucht werden, wobei besonders der Bereich zwischen erster Materialreaktion und finalem

Versagen im Detail betrachtet wurde. Trotz der komplexeren Struktur konnten Parallelen zum Vollmaterial erkannt werden. Der übergeordnete Verlauf der Messgrößen verläuft zunächst linear und geht mit steigender Lastspielzahl in ein exponentielles Wachstum über, was durch das finale Probenversagen beendet wird. Zum besseren Verständnis wurde die Temperaturentwicklung einzelner Stege separiert und einzeln betrachtet. Eine lokale Temperaturzunahme konnte hierbei mit dem Versagen einzelner Stege korreliert werden. Der Temperaturanstieg konnte dabei auf dissipierte Energie in Folge der plastischen Verformung zurückgeführt werden. Weiterhin konnte die resultierende Spannungsamplitude für die verbleibenden Stege durch die exakte Bestimmung eines Stegversagens berechnet werden. Hierbei fiel auf, dass das finale Versagen nicht unmittelbar nach dem ersten Stegversagen aufgetreten ist. In Folge der zunehmenden Schädigung konnte eine deutlich höhere Spannung von den verbliebenen Stegen bis zum finalen Versagen ertragen werden. Neben signifikanten Temperaturanstiegen konnten während eines Stegversagens ebenfalls charakteristische Widerstandsänderungen detektiert werden, die auf die Verringerung des tragenden Probenquerschnitts zurückgeführt werden können. Aufgrund der charakteristischen Änderung der Messgrößen, eignen sich thermometrische und elektrische Messverfahren für eine in-situ Zustandsüberwachung bzw. zur Überprüfung der strukturellen Integrität in lastfreien Wartungsintervallen. Das Versagen einzelner Stege konnte im Verlauf von E_k nicht eindeutig identifiziert werden. Nichtsdestotrotz konnten charakteristische Phasen innerhalb des zyklischen Versuchs bestimmt werden, die auch von Huang et al. [238] postuliert wurden. Die Autoren zeigten auf, dass drei charakteristische Phasen während der zyklischen Beanspruchung durchlaufen werden. Innerhalb der Phase I und II können nur wenige akustische Emissionen detektiert werden, da hier vor allem die Rissentstehung im Vordergrund steht. Entscheidend ist Phase III, in der akustische Emissionen mit Risswachstum und -ausbreitung korreliert werden können. Innerhalb des MSV konnten vergleichbare Phasen identifiziert werden, wobei besonders der Übergang von Phase II zu III charakteristisch ist. Dieser Übergang könnte im Rahmen einer Zustandsüberwachung zur Bestimmung von zyklischer Schädigung in einem frühen Stadium genutzt werden [239]. Basierend auf den Ergebnissen wurde die Infrarot-Thermografie und die Widerstandsmessung als vielversprechende Messverfahren zur Beschreibung des Verformungs- und Schädigungsverhaltens von 3D-Gitterstrukturen identifiziert.

In darauf aufbauenden Untersuchungen wurde versucht, Messverfahren zur Beschreibung von Dehnungsänderungen zu qualifizieren. Die F_2CC_Z-Einheitszelle wurde auf eine 2D-Einheitszellenebene vereinfacht (vgl. Abbildung 4.21a), wodurch die Komplexität der untersuchten Struktur erhöht wurde.

Zur Dehnungserfassung wurde, anstatt eines taktilen Dehnungsaufnehmers ein DIC-System verwendet, da somit sowohl integrale als auch lokale Dehnungs-änderungen detektiert werden können. Neben dem DIC-System wurde analog zu den Stegstrukturen eine Infrarotkamera zur Erfassung von Temperaturän-derungen eingesetzt. Der schematische Versuchsaufbau ist in Abbildung 4.21b dargestellt. Zur besseren Veranschaulichung wurde die Perspektive der Proben-geometrie bewusst angepasst. Die beiden optischen Systeme betrachten jeweils eine Seite der 2D-Gitterstruktur, da für die Infrarot-Thermografie eine schwarz grundierte und für das DIC-System eine schwarz grundierte Oberfläche mit feinem Punktemuster in weißer Farbe benötigt wird. Die zyklische Charak-terisierung umfasste ESV, die mit einer Prüffrequenz f = 5 Hz und einem Spannungsverhältnis von R = −1 durchgeführt wurden. Durch die kontinu-ierliche versuchsbegleitende Bildaufnahme des DIC-Systems entstehen große Datenmengen, die nachfolgend nur schwer mit Auswerteprogrammen analysiert werden können. Aufgrund dessen wurde eine getriggerte Bildaufzeichnung aus-geführt. In den nachfolgenden Ergebnissen wurden alle N = 250 Lastspiele DIC-Bilder aufgenommen. Zur Generierung der Dehnungswerte wird ein vir-tueller Dehnungsaufnehmer in die 2D-Gitterstruktur eingefügt. Die Berechnung erfolgt auf Basis der DaVis Software der Fa. LaVision (Göttingen, Deutschland). Um die aufgezeichneten Dehnungen mit den Spannungswerten zu verbinden, wurde das Kraftsignal der servohydraulischen Prüfmaschine durch eine Sinus-funktion approximiert, wodurch jedem Dehnungswert ein konkreter Kraftwert zugeordnet werden kann. Das Bestimmtheitsmaß für die Sinuskurve im Vergleich zum Kraftsignal des Prüfsystems betrug hierbei $R^2 = 0,9991$.

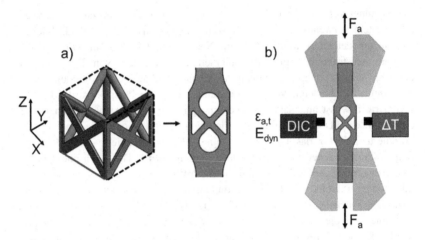

Abbildung 4.21 a) Untersuchung einer Einheitszellenebene mittels 2D-Gitterstruktur, b) schematischer Versuchsaufbau zur Charakterisierung des zyklischen Werkstoffverhaltens unter Zuhilfenahme von digitaler Bildkorrelation und Thermografie (Zur besseren Veranschaulichung wurde die Perspektive der Probengeometrie bewusst angepasst.)

Unter Zuhilfenahme des nominellen Probenquerschnitts, basierend auf den µCT-Datensätzen, können dann Spannungs-Dehnungs-Hysteresekurven generiert werden. Auf Grundlage dieser Hysteresekurven wurde die Totaldehnungsamplitude $\varepsilon_{a,t}$ und der dynamische Elastizitätsmodul E_{dyn} im Zug- und Druckbereich bestimmt. E_{dyn} kann hierbei jeweils durch die Steigung zwischen den Umkehrpunkten (Zug- und Druckbereich) und dem Nullpunkt approximiert werden. Die zugehörigen Formeln (4.3) und (4.4) sind nachfolgend aufgeführt:

$$E_{dyn,Druck} = (0 - \sigma_{min}) \times (0 - \varepsilon_{min})^{-1} \tag{4.3}$$

$$E_{dyn,Zug} = (\sigma_{max} - 0) \times (\varepsilon_{max} - 0)^{-1} \tag{4.4}$$

Im Folgenden werden die Ergebnisse eines exemplarischen ESV einer 2D-Gitterstruktur vom Typ F_2CC_Z aus der PBF-EB/M-gefertigten Ti6Al4V-Legierung detailliert betrachtet. Die Ti6Al4V-Legierung ist ein weit etablierter Referenzwerkstoff und wurde im Rahmen der Voruntersuchungen zur Adaption der Messverfahren für die 2D- und 3D-Gitterstrukturen eingesetzt. Hiermit wurde

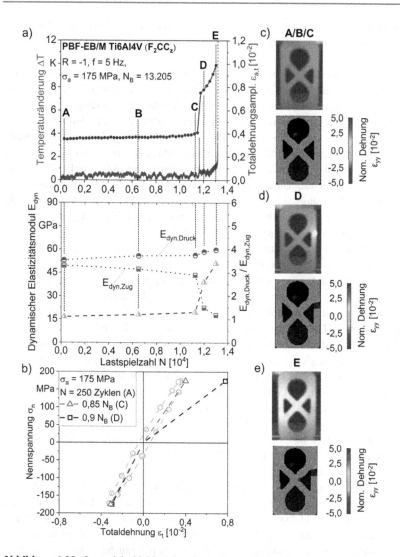

Abbildung 4.22 Lastspielzahlabhängige Darstellung a) der Temperaturänderung, der Totaldehnungsamplitude und des dynamischen Elastizitätsmoduls zur Bestimmung des Verformungs- und Schädigungsverhaltens innerhalb eines Einstufenversuchs für eine 2D-Gitterstruktur; b) Spannungs-Dehnungs-Hysteresekurven; c) – e) Visualisierung des Schädigungsverhaltens anhand von thermografischen Bildern und Aufnahmen der digitalen Bildkorrelation

zusätzlich eine Übertragbarkeit sowie ein Vergleich der Messmethoden ange-
strebt. Die Probe wurde bei einer Spannungsamplitude $\sigma_a = 175$ MPa ($N_B =$
13.205) getestet.

In Abbildung 4.22a sind die aufgezeichneten Messgrößen über der Lastspielzahl aufgetragen, wobei Temperaturänderungen ΔT in grün (Strich-Linie) und
die Totaldehnungsamplitude $\varepsilon_{a,t}$ in braun (gefüllte Kreise) dargestellt sind. In
einem weiteren Diagramm sind die Ergebnisse für $E_{dyn, Druck}$ (dunkelrot, Kreis)
und $E_{dyn, Zug}$ (rot, Quadrate) sowie das Verhältnis beider Größen (hellrot, Dreiecke) für den gleichen Versuchszeitraum abgebildet. Innerhalb des ESV konnten
erneut Zeitpunkte identifiziert werden, bei denen charakteristische Werkstoffreaktionen auftreten. Diese Zeitpunkte werden mit A–E gekennzeichnet. Die
Spannungs-Dehnungs-Hysteresekurve bei N = 250 Zyklen (Zeitpunkt A) ist in
Abbildung 4.22b dargestellt. Zur besseren Übersicht sind für die Hysteresekurven
zum Zeitpunkt C (0,85 N_B) und D (0,90 N_B) nur die Spitzenwerte aufgetragen
(vgl. Abbildung 4.22b). Die zugehörigen DIC- und Thermografieaufnahmen können Abbildung 4.22c bis e entnommen werden. Zum Zeitpunkt A/B/C sind die
Messgrößen durch einen nahezu konstanten und horizontalen Verlauf gekennzeichnet. Eine erste Reaktion kann zum Zeitpunkt D in Form eines plötzlichen
Anstiegs in den Werten für ΔT und $\varepsilon_{a,t}$ erkannt werden. Bei Betrachtung der
dazugehörigen DIC- und Thermografieaufnahme kann das teilweise Versagen an
einem senkrechten Steg (parallel zur Belastungsrichtung) detektiert werden. Der
plötzliche Anstieg in ΔT ereignet sich lokal an der Versagensstelle und kann
auf dissipierte Energie in Folge der plastischen Verformung zurückgeführt werden [166]. Resultierend aus dem teilweisen Versagen innerhalb der Gitterebene
können zwei weitere Spannungskonzentrationen zum Zeitpunkt E, d. h. kurz vor
dem finalen Versagen, detektiert werden. Werden die Ergebnisse des dynamischen
Elastizitätsmoduls betrachtet, so können ähnliche Verläufe detektiert werden.
Während für $E_{dyn, Druck}$ keine signifikante Veränderung über den gesamten Versuchszeitraum festgestellt werden kann, kommt es zu einem Steifigkeitsabfall
im Zugbereich (Abnahme $E_{dyn, Zug}$) sowie zu einem Anstieg des Verhältnisses
beider Kenngrößen zum Zeitpunkt D. Erkennbar ist der Steifigkeitsabfall auch
in den Spannungs-Dehnungs-Hysteresekurven, wobei das teilweise Versagen der
2D-Gitterstruktur zu einem Abknicken der Hysteresekurve im Zugbereich führt
(vgl. Abbildung 4.22b). Diese Tendenzen werden mit zunehmender Lastspielzahl
bis hin zum finalen Versagen weiter verstärkt. Dieses Verhalten wird bereits in
der Literatur von Radaj und Vormwald [155] beschrieben. Es ist bekannt, dass
das Risswachstum bzw. der Schädigungsprozess unter Druckbeanspruchung bzw.

bei Rissschließung nicht fortschreitet. Resultierend aus der Rissöffnung im Zugbereich kommt es zu Steifigkeitsveränderungen, die sich durch ein Abknicken der
Hysteresekurve bemerkbar machen.

Wie anhand der Untersuchungen deutlich wird, konnte das DIC-System für die
optische Untersuchung des integralen und lokalen Dehnungsverhaltens von 2D-
Gitterstrukturen qualifiziert werden. Weiterhin wurden Dehnungs- und zugehörige
Spannungswerte gekoppelt, wodurch die Erstellung von Spannungs-Dehnungs-
Hysteresekurven ermöglicht und klassische Kennwerte wie die Totaldehnungsam-
plitude und der dynamische Elastizitätsmodul bestimmt werden. Die Erkenntnisse
aus den zyklischen Untersuchungen für die Stegstrukturen konnten anhand der
2D-Gitterstrukturen bestätigt werden, da erneut lokale Temperaturänderungen in
Folge der plastischen Verformung bzw. der zunehmenden Schädigung auftreten.
Für die Untersuchung des zyklischen Verformungsverhaltens von Gitterstrukturen stehen somit elektrische, thermometrische und optische Messverfahren zur
Verfügung, um die komplexen Wechselwirkungen zu erfassen und zu korrelieren.

Der nächste konsequente Schritt umfasst die Applikation der zuvor qualifizierten Messverfahren in einem experimentellen Versuchsaufbau, wie er in
Abbildung 4.23 dargestellt ist. Wie zu erkennen ist, ist das DIC-System frontal
und die Infrarotkamera seitlich zur Gitterstruktur angeordnet. Analog zu den Versuchen für die Stegstrukturen wurde die Gleichstrompotentialsonde verwendet,
wobei der Strom über die Spannbacken eingeleitet und die Widerstandsänderung
möglichst nah an der Gitterstruktur gemessen wird. Eine weitere Optimierung
umfasste die Übertragung des Kraftsignals direkt in die DaVis Auswertesoft-
ware, wodurch das Kraftsignal nicht mehr durch eine Sinusfunktion angenähert
werden muss. Die Kopplung der Dehnungs- und Spannungswerte erfolgt unmittelbar in der Software. Als Probekörper wurden hier Gitterstrukturen mit BCC-
und F_2CC_Z-Einheitszelle aus der PBF-EB/M-gefertigten Ti6Al4V-Legierung verwendet. Die Prüffrequenzen variierten für die einzelnen Versuche zwischen f =
3 und 5 Hz, um eine optimale Bildaufnahmefrequenz für das DIC-System zu
bestimmen. Das Spannungsverhältnis liegt unverändert bei R = −1.

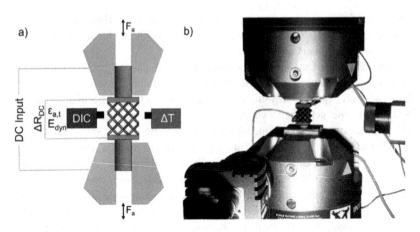

Abbildung 4.23 a) Schematischer und b) experimenteller Versuchsaufbau für die zyklische Charakterisierung der Gitterstrukturen unter Zuhilfenahme von Gleichstrompotentialsonde, Thermografie und digitaler Bildkorrelation

Zur ganzheitlichen Charakterisierung wurde eine Kombination aus MSV und ESV durchgeführt. Die Ergebnisse des MSV sind in Abbildung 4.24 dargestellt. In dem Diagramm sind die Spannungsamplituden σ_a erneut in schwarz, Widerstandsänderungen ΔR_{DC} in orange und die Totaldehnungsamplitude $\varepsilon_{a,\,t}$ in braun dargestellt. Für die BCC-Probe wurde eine maximale Spannungsamplitude $\sigma_a = 40$ MPa bei einer Bruchlastspielzahl $N_B = 77.323$ erreicht. Vergleichend dazu wurde eine deutlich höhere Spannungsamplitude $\sigma_a = 75$ MPa ($N_B = 147.425$) für die F_2CC_Z-Probe detektiert. Eine erste Veränderung der Messgrößen, die sich in Form eines linearen Anstiegs von ΔR_{DC} und $\varepsilon_{a,\,t}$ äußert, kann für die BCC-Probe bei $\sigma_a = 25$ MPa erfasst werden. Mit zunehmender Lastspielzahl geht der lineare Verlauf beider Messgrößen in einen exponentiellen Verlauf über und endet mit dem finalen Probenversagen, wie es zuvor auch für die Steg- und 2D-Gitterstruktur detektiert werden konnte. Ein ähnliches Verhalten kann für die F_2CC_Z-Probe besonders in den Ergebnissen für ΔR_{DC} erkannt werden. Zusätzlich zeigen sich plötzliche Anstiege in ΔR_{DC}, die auf ein lokales Versagen innerhalb der Gitterstruktur zurückgeführt werden können. Für die nachfolgenden ESV wurden die zu prüfenden Spannungsniveaus anhand der ersten Werkstoffreaktion und dem finalen Versagen ausgewählt. Zur Beschreibung des Schädigungsfortschritts sind die Werkstoffreaktionen für einen exemplarischen ESV ($\sigma_a = 35$ MPa, $N_B = 28.123$) einer BCC-Probe in Abbildung 4.25 dargestellt. Analog zu den vorherigen Ergebnissen wurde die Farbgebung für die einzelnen Messgrößen beibehalten.

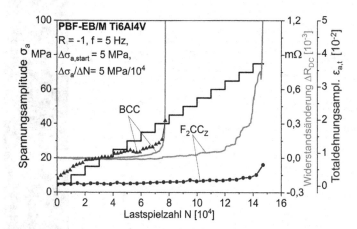

Abbildung 4.24 Lastspielzahlabhängige Darstellung der Widerstandsänderung und der Totaldehnungsamplitude zur Beschreibung der Verformungs- und Schädigungsprozesse einer BCC- und F_2CC_Z-Gitterstruktur im Mehrstufenversuch

Der dynamische Elastizitätsmodul E_{dyn} wurde hier nicht mehr in den Zug- und Druckbereich aufgeteilt. E_{dyn} ergibt sich somit aus der Steigung der beiden Umkehrpunkte und kann durch folgende Formel (4.5) beschrieben werden:

$$E_{dyn} = (\sigma_{max} - \sigma_{min}) \times (\varepsilon_{max} - \varepsilon_{min})^{-1} \qquad (4.5)$$

Basierend auf den Ergebnissen können erneut vier Zeitpunkte mit charakteristischen Werkstoffreaktionen identifiziert werden. Diese sind mit A–D gekennzeichnet und dazugehörige DIC-Aufnahmen sind in Abbildung 4.25a–d zu finden. Zum Zeitpunkt A ist die BCC-Probe im schädigungsfreien Zustand dargestellt. Bis zu einer Lastspielzahl von $1{,}25 \times 10^4$ können keine signifikanten Änderungen in den Messgrößen detektiert werden. Kurz nach Überschreiten kann ein erster linearer Anstieg in ΔR_{DC} und $\varepsilon_{a,\,t}$ festgestellt werden, der aus der zunehmenden Schädigung resultiert. Zum Zeitpunkt B kann anhand der DIC-Aufnahme (vgl. Abbildung 4.25b) ein erstes Teilversagen innerhalb der BCC-Probe an der unteren rechten Seite erkannt werden, was zu einem Anstieg in ΔR_{DC} führt.

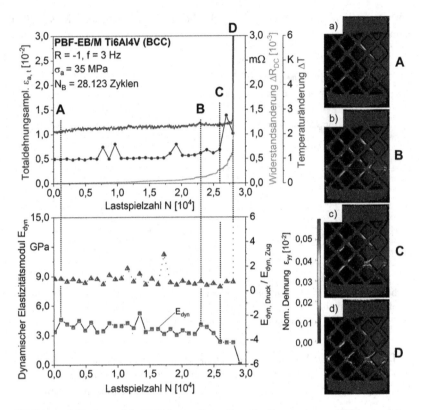

Abbildung 4.25 Lastspielzahlabhängige Darstellung der Temperatur- und Widerstandsänderung, der Totaldehnungsamplitude sowie des dynamischen Elastizitätsmoduls zur Bestimmung des Verformungs- und Schädigungsverhaltens einer BCC-Gitterstruktur ($\sigma_a = 35$ MPa, $N_B = 28.123$); a)–d) Aufnahmen der digitalen Bildkorrelation zu verschiedenen Zeitpunkten (A–D)

Weiterhin kann ein Steifigkeitsabfall, d. h. eine Abnahme von E_{dyn} detektiert werden, der aus der zunehmenden Schädigung innerhalb der Gitterstruktur resultiert. Mit zunehmender Lastspielzahl und Grad der Schädigung nimmt der Steifigkeitsabfall ebenfalls zu. Resultierend aus dem Teilversagen der Gitterstruktur bilden sich Spannungskonzentrationen in unmittelbarer Umgebung, die der Ursprung für das weitere Versagen sind (siehe Zeitpunkt C und D in Abbildung 4.25 c und d). Sowohl zum Zeitpunkt C als auch D können plötzliche

Anstiege in ΔR_{DC} detektiert werden, die auf den sinkenden nominellen Proben-querschnitt zurückgeführt werden können. Das finale Probenversagen ereignete sich kurz nach Zeitpunkt D. Das Verhältnis von $E_{dyn, Druck}$ und $E_{dyn, Zug}$ blieb über die komplette Versuchsdauer nahezu konstant, was darauf hindeutet, dass kein Abknicken der Hystereseschleife stattgefunden hat, da die strukturelle Integrität der Gitterstruktur durch den Verbund so stark war, dass die Schädigung im Zugbereich kompensiert werden konnte. Werden die Temperaturänderungen über den gesamten Versuchszeitraum betrachtet, so können hier nahezu keine Veränderungen festgestellt werden. Lediglich das finale Probenversagen kann analog zu den anderen Messgrößen erfasst werden. Dies könnte damit erklärt werden, dass ein lokales Stegversagen im Inneren der Gitterstruktur, d. h. nicht auf der äußeren Einheitszellebene, oder auf abgewandten Seiten stattgefunden hat, was aufgrund der geringen Tiefenschärfe der Infrarotkamera nicht abgebildet werden kann. Somit kann festgehalten werden, dass der tatsächliche Materialzustand von Gitterstrukturen unter zyklischer Beanspruchung durch optische und elektrische Messverfahren beschrieben werden kann. In [86] konnte dargestellt werden, dass Gitterstrukturen während einer zyklischen Beanspruchung drei Phasen durchlaufen. Innerhalb von Phase I sind die Proben durch zyklisches Kriechen, d. h. die fortschreitende Akkumulation plastischer Dehnungen, geprägt. Innerhalb von Phase II dominieren Rissinitiierung und -ausbreitung, die in Phase III zu einem multiplen Versagen einzelner Stege oder von Knotenpunkten und letztendlich zum finalen Versagen führen [60]. Besonders Phase II und III können durch die digitale Bildkorrelation und Gleichstrompotentialsonde im Detail betrachtet und reproduzierbar detektiert werden. Im Einzelnen kann aufgezeigt werden, dass ein stetiger Anstieg in ΔR_{DC} und $\varepsilon_{a, t}$ bzw. eine stetige Abnahme von E_{dyn} mit der Rissinitiierung und -ausbreitung in Verbindung gebracht werden kann. Weiterhin konnten plötzliche Anstiege in ΔT und ΔR_{DC} mit dem Versagen einzelner Stege oder Knotenpunkte korreliert werden. Allerdings können plötzliche Temperaturänderungen innerhalb der (dreidimensionalen) Gitterstruktur, aufgrund mangelnder Tiefenschärfe, nur schwer detektiert werden. Zur optischen Erfassung von Schädigungsmechanismen wird deswegen das DIC-System favorisiert [97,98]. Mit steigender Lastspielzahl geht der lineare Anstieg der Messgrößen in ein exponentielles Wachstum über, was eindeutig den Übergang in Phase III, d. h. das multiple Versagen innerhalb der Gitterstruktur, kennzeichnet.

Gitterstrukturen zeigen im Vergleich zum Vollmaterial ein tiefgreifend komplexeres Schädigungsverhalten, wodurch zusätzliche physikalische Messverfahren zur Detektion von Werkstoffreaktionen qualifiziert werden müssen. Dafür wurden umfangreiche Versuchsreihen durchgeführt, wobei die wesentlichen Erkenntnisse der verwendeten Messverfahren zur Charakterisierung der zyklischen

Eigenschaften noch einmal zusammengefasst werden sollen. In ersten Untersuchungen wurde eine Infrarotkamera zur Erfassung von Temperaturänderungen, eine Gleichstrompotentialsonde zur Erfassung von Widerstandsänderungen und ein Optimizer4D-Sensor zur Erfassung von akustischen Emissionen am Beispiel additiv gefertigter Stegstrukturen eingesetzt (vgl. Abbildung 4.26). Generell konnten alle Messverfahren die erste Werkstoffreaktion, d. h. den Schädigungsbeginn, und das finale Versagen in gleicher Qualität detektieren. Für die gezielte Versagensdetektion konnten besonders die Ergebnisse der Temperatur- und Widerstandsänderungen genutzt werden. Erkennbar war dies durch plötzliche Anstiege für beide Messgrößen. Im Hinblick auf eine mögliche Lebensdauerabschätzung sind in der Literatur Ansätze vorhanden, die die Lebensdauer auf Grundlage von Temperatur- und Widerstandsänderungen abschätzen können [172,179]. In einem Großteil der Arbeiten werden hierfür jedoch klassische Dehnungskennwerte wie die plastische Dehnungs-, die Totaldehnungsamplitude oder der dynamische Elastizitätsmodul benötigt. Durch die Implementierung eines DIC-Systems wurde ein weiteres Messverfahren zur Beschreibung der Verformungs- und Schädigungsmechanismen komplexer Strukturen qualifiziert und am Beispiel von 2D-Gitterstrukturen validiert (vgl. Abbildung 4.26). Für eine zeiteffiziente Auswertung wurden Bildaufnahmen in definierten Zyklenabständen aufgenommen und nachfolgend zu Spannungs-Dehnungs-Hysteresekurven zusammengefasst. Generell konnte in den Ergebnissen nach einer hinreichend hohen Lastspielzahl ein linearer Anstieg in der Totaldehnungsamplitude und eine lineare Abnahme in dem dynamischen Elastizitätsmodul detektiert werden, die mit dem Schädigungsbeginn in Verbindung gebracht werden können. Mit zunehmender Lastspielzahl geht der lineare Anstieg in ein exponentielles Wachstum über und endet mit dem Probenbruch. Für die zu betrachtenden 3D-Gitterstrukturen wurden die qualifizierten Messverfahren in einem experimentellen Versuchsaufbau vereint (vgl. Abbildung 4.26). Auf Basis der Ergebnisse des MSV konnten Spannungsniveaus innerhalb des Intervalls zwischen erster Werkstoffreaktion und dem finalen Versagen für die nachfolgenden ESV definiert werden. Das Versagen einzelner Stege bzw. Knotenpunkte konnte anhand der DIC-Aufnahmen mit den Werkstoffreaktionsgrößen, vor allem mit den Widerstandsänderungen, korreliert werden. Die verwendete Infrarotkamera konnte die Schädigungsvorgänge innerhalb der Gitterstruktur nicht ausreichend darstellen, was auf die geringe Tiefenschärfe zurückgeführt werden kann. Zusammenfassend ergeben sich daraus zwei Messverfahren, die für die vorgangsorientierte Charakterisierung der PBF-EB/M-gefertigten IN718-Gitterstrukturen unter zyklischer Last bei Raum- und Hochtemperatur eingesetzt werden können.

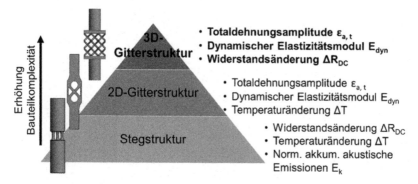

Abbildung 4.26 Qualifikation der physikalischen Messverfahren in Abhängigkeit der Bauteilkomplexität

Ergebnisse und Diskussion 5

In diesem Kapitel werden die generierten Ergebnisse beschrieben und diskutiert. Die einzelnen Kapitel sind so aufgebaut, dass zuerst die Ergebnisse für das Vollmaterial im polierten und as-built Zustand und anschließend die Ergebnisse für die Gitterstrukturen beschrieben werden. Somit keine leichtere Einordnung der Ergebnisse erfolgen. Zu Beginn werden sowohl die Mikrostruktur als auch vorhandene Defekte charakterisiert und Besonderheiten hervorgehoben. Weiterhin wird die Oberflächenrauheit für die as-built Proben detektiert und anhand des elektrochemischen Polierens überprüft, inwieweit die vorhandene Rauheit reduziert werden kann. Im Fokus steht die Entwicklung eines Prüfstands zum reproduzierbaren elektrochemischen Polieren von Gitterstrukturen. Nachfolgend werden die Ergebnisse für die quasistatischen und zyklischen Versuche bei Raum- und Hochtemperatur vorgestellt. Neben klassischen Mehr- und Einstufenversuchen werden zusätzlich intermittierende zyklische Versuche durchgeführt, um die dreidimensionale Schädigungsentwicklung zu untersuchen.

Inhalte dieses Kapitels basieren zum Teil auf Vorveröffentlichungen [218,222,240] und studentischen Arbeiten [226,229,230,241]

D. Klemm, *Lokale Verformungsevolution von im Elektronenstrahlschmelzverfahren hergestellten IN718-Gitterstrukturen*, Werkstofftechnische Berichte | Reports of Materials Science and Engineering, https://doi.org/10.1007/978-3-658-42688-0_5

5.1   Mikrostruktur und Defektcharakterisierung

5.1.1   Vollmaterial

Im Stand der Technik konnte gezeigt werden, dass die IN718-Legierung bereits in einer Vielzahl von Arbeiten mithilfe des PBF-EB/M-Prozesses verarbeitet wurde [57,197,198]. Zu Beginn der Untersuchungen wurde die mikrostrukturelle Ausprägung nach dem Herstellungsprozess, d. h. im as-built Zustand, am Beispiel stehend gefertigter Zylinder (Ø 12 mm, Länge: 110 mm) betrachtet. Die Zylinder wurden später für die Herstellung der polierten Probekörper verwendet. In Abbildung 5.1a-c sind lichtmikroskopische Aufnahmen parallel und senkrecht zur Baurichtung dargestellt. Bei der generellen Betrachtung können im Probenzentrum, d. h. innerhalb des Hatchingbereichs, die typischen elongierten γ-Körner parallel zur Baurichtung erkannt werden [57,199]. Weiterhin können keine einzelnen Materialschichten erkannt werden, was auf ein epitaktisches Wachstum hindeutet. Im Übergang zwischen Innen- und Außenbereich können abweichende Wachstumsrichtungen der Körner detektiert werden, wobei vor allem im Außenbereich globulitische Körner auftreten.

In Untersuchungen von Deng et al. [194] konnte bereits gezeigt werden, dass die Mikrostruktur der IN718-Legierung im Hatch- und Contouringbereich stark abweichen kann. Grund hierfür sind die unterschiedlichen Scanstrategien [57,194]. Zusätzlich ist die raue as-built Oberfläche der Zylinder sichtbar, wobei teilweise aufgeschmolzene Pulverpartikel und Hinterschneidungen vorhanden sind. Zur weiteren mikroskopischen Untersuchung wurden REM-Aufnahmen erstellt und die Ergebnisse sind in Abbildung 5.2a-c dargestellt. Analog zu den lichtmikroskopischen Aufnahmen können auch hier die gerichteten Körner im Hatchingbereich detektiert werden. Auf den Korngrenzen können nadelförmige δ-Phasen und gerichtete Karbidketten beobachtet werden [57]. In Abbildung 5.2b ist der Übergangsbereich zwischen Hatch- und Contouring dargestellt. In den interdendritischen Bereichen der gerichteten und schräg wachsenden Körner können Schrumpfungsporositäten festgestellt werden, die auf einen unzureichenden Energieeintrag in Folge nicht optimaler Belichtungslinien zurückgeführt werden können [57]. Weiterhin können vereinzelt Gasporen erkannt werden, die aus dem Pulververdüsungsprozess resultieren, wie von Tillmann et al. [242] beschrieben wurde.

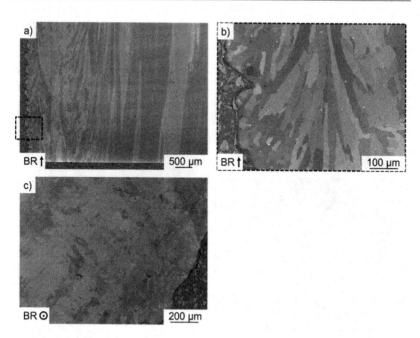

Abbildung 5.1 Lichtmikroskopische Aufnahmen der großvolumigen PBF-EB/M-gefertigten IN718-Zylinder; a), b) parallel und c) senkrecht zur Baurichtung

In Abbildung 5.3 sind die lichtmikroskopischen Aufnahmen parallel (vgl. Abbildung 5.3a und b) und senkrecht zur Baurichtung (vgl. Abbildung 5.3c) für die endkonturnahen PBF-EB/M-gefertigten IN718-Probekörper dargestellt. Im Vergleich zu den großvolumigen Zylindern kann eine vergleichbare Mikrostruktur im Hatchingbereich beobachtet werden, da auch hier parallel zur Baurichtung gerichtet erstarrte Körner auftreten. Insbesondere bei der Betrachtung von Abbildung 5.3b fällt auf, dass eine erhöhte Defektdichte, sowohl im Rand- als auch im Innenbereich vorliegt. Innerhalb des Volumens können neben Gasporen auch Anbindungsfehler detektiert werden, die aus einem unzureichenden Energieeintrag resultieren. Somit wird keine ausreichende Bindung zwischen den aufzuschmelzenden Materialschichten erreicht und es können unaufgeschmolzene Pulverpartikel im Inneren des Defekts verbleiben [62]. Das Vorkommen von Hinterschneidungen an der Oberfläche ist ebenfalls signifikanter, da diese tief ins

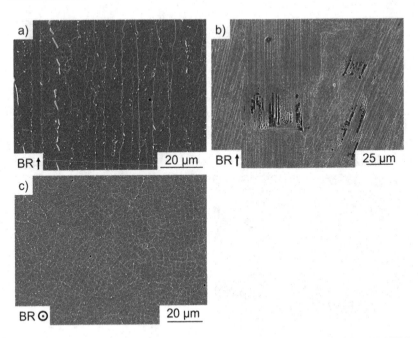

Abbildung 5.2 Rasterelektronenmikroskopische Aufnahmen der großvolumigen PBF-EB/ M-gefertigten IN718-Zylinder; a), b) parallel und c) senkrecht zur Baurichtung

Volumen hereinreichen und den tragenden Querschnitt reduzieren können. Weiterhin können eine Vielzahl von teilweise aufgeschmolzenen Pulverpartikeln an der Oberfläche ausgemacht werden.

In Abbildung 5.4a-d, sind die REM-Aufnahmen für die endkonturnahen PBF-EB/M-gefertigten IN718-Probekörper dargestellt. Abbildung 5.4a zeigt die starke Texturierung der γ-Körner parallel zur Baurichtung. In Abbildung 5.4b können die abweichenden Wachstumsrichtungen der Körner im Übergangsbereich zwischen Hatching und Contouring erfasst werden. Hier kann im Einzelnen sichtbar gemacht werden, dass die Körner fast senkrecht zur Baurichtung verlaufen. Vergleichsweise große globulitische Körner sind innerhalb der teilweise aufgeschmolzenen Pulverpartikel im Randbereich vorhanden. Allerdings kann der Übergangsbereich zwischen Hatching und Contouring für die endkonturnahen Probekörper nicht konsequent über die gesamte Bauhöhe bestimmt werden. In Abbildung 5.4c und d können prozessinduzierte Volumendefekte wie Anbindungsfehler und Schrumpfungsporositäten erkannt werden. In Anbetracht des

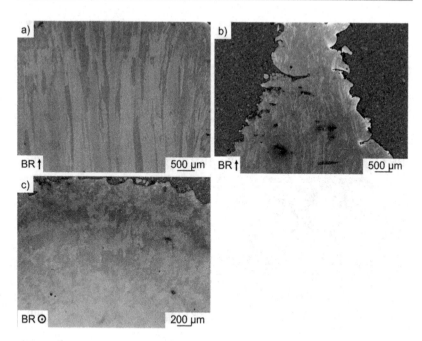

Abbildung 5.3 Lichtmikroskopische Aufnahmen der endkonturnahen PBF-EB/M-gefertigten IN718-Probekörper; a), b) parallel und c) senkrecht zur Baurichtung

vorhandenen Volumens weisen die endkonturnahen Probekörper im Vergleich zu den Zylindern eine erhöhte Defektdichte auf. Die generelle Ausbildung von Defekten kann dabei fast ausnahmslos auf die verwendeten Prozessparameter (vgl. Tabelle 4.2) zurückgeführt werden [130,217].

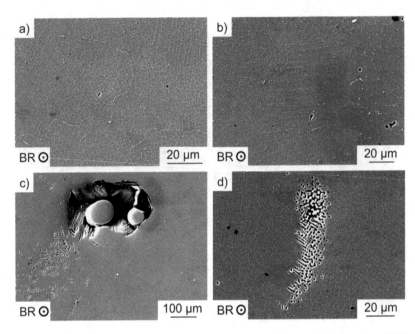

Abbildung 5.4 Rasterelektronenmikroskopische Aufnahmen der endkonturnahen PBF-EB/M-gefertigten IN718-Probekörper; a), b) parallel und c) senkrecht zur Baurichtung

Die vorliegende Mikrostruktur für die groß- und kleinvolumigen IN718-Probekörper deckt sich mit den Ergebnissen, die bereits in der Literatur beschrieben wurde [243,244,245]. Wie von Helmer et al. [246] gezeigt werden konnte, kann sowohl der Temperaturgradient als auch die Erstarrungsgeschwindigkeit und somit die sich einstellende Mikrostruktur maßgeblich durch die verwendeten Prozessparameter beeinflusst werden. Wie in Abbildung 5.1 und Abbildung 5.3 gezeigt werden konnte, tritt hier jedoch die typisch anisotrope Mikrostruktur mit elongierten Körnern auf. Nichtsdestotrotz können abweichende Kornwachstumsrichtungen in den Außenbereichen detektiert werden, die bereits in den Arbeiten von Deng et al. [194] beschrieben wurden. Entscheidend für die IN718-Legierung ist jedoch die Ausbildung der festigkeitssteigernden Ausscheidungen, wobei in Untersuchungen von Kirka et al. [247] gezeigt werden konnte, dass die initiale Mikrostruktur sowie die dazugehörigen mechanischen Eigenschaften in einem besonderen Maße von der Temperaturhistorie abhängig sind. Typischerweise besteht die IN718-Legierung aus einer γ-Matrix und eingebetteten Phasen wie γ'-, γ''-, δ- und Laves-Phase sowie NbC und TiN. Einen großen Teil zur Festigkeit der IN718-Legierung trägt die metastabile γ''-Phase bei. Die Ausbildung der γ''-Phase kann jedoch durch die δ-Phase verringert werden, da diese Nb aus der Matrix bindet [194]. Wie bereits beschrieben ist die δ-Phase die stabile Variante der γ''-Phase und bildet sich bei der Erstarrung aus der Schmelze, wobei dann von der primären δ-Phase gesprochen wird. Zu vermeiden ist besonders die sekundäre δ-Phase, die sich bspw. während Betriebsbedingungen bildet und zu einer Herabsetzung der Duktilität führen kann [190]. Aufgrund des erhöhten Nb-Gehalts kann sich während der Erstarrung auch die Laves-Phase bilden [50]. Generell sollte die Bildung der Laves-Phase unterbunden werden, da sie unter zyklischer Beanspruchung häufig rissauslösend ist und die mechanischen Eigenschaften herabsetzen kann. Weitergehende Untersuchungen befassten sich mit dem Einfluss der Position auf der Bauplattform auf die mikrostrukturelle Ausprägung der endkonturnahen IN718-Probekörper. Hier konnte jedoch gezeigt werden, dass die Mikrostruktur für Proben mit unterschiedlicher Position auf der Bauplattform nahezu identisch ist und kein signifikanter Einfluss auf die mikrostrukturelle Ausprägung vorhanden ist.

Im Vergleich zu den großvolumigen Zylindern konnte eine erhöhte Defektdichte für die endkonturnahen IN718-Probekörper bestimmt werden, die nachfolgend in μCT-Untersuchungen betrachtet werden sollen. Da die großvolumigen Zylinder nicht vollständig durchstrahlt werden können, wurde ein dünnes Plättchen aus dem Zylinder getrennt. Für die Vollmaterialproben konnte hierbei eine minimale Auflösung von 7 μm realisiert werden. Die Ergebnisse der Defektuntersuchung sind in Abbildung 5.5a dargestellt.

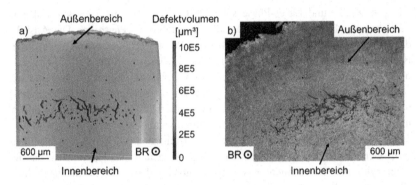

Abbildung 5.5 a) Dreidimensionale Defektuntersuchung eines extrahierten Plättchens der IN718-Zylinder und b) lichtmikroskopische Aufnahme des Übergangsbereichs zwischen Hatch- und Contouring

Wie zu erkennen ist, können Schrumpfungsporositäten bzw. Risse im Übergangsbereich zwischen Hatching und Contouring auftreten. Ergänzend dazu ist eine lichtmikroskopische Aufnahme des Übergangsbereichs zwischen Hatch- und Contouring für den gleichen Zylinder an einer weiteren Stelle im Volumen in Abbildung 5.5b abgebildet. Anbindungsfehler können innerhalb des Volumens nicht detektiert werden. Zusätzlich kann nur eine geringe Anzahl von Gasporen erkannt werden, die zufällig im Volumen verteilt vorliegen.

Für die mechanischen Versuche spielen die Schrumpfungsporositäten eine untergeordnete Rolle, da die Probekörper aus dem Probenzentrum, d. h. nur innerhalb des Hatchingbereiches, extrahiert werden.

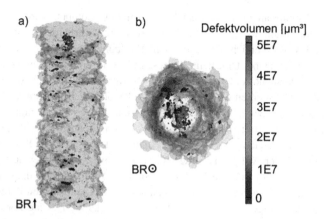

Abbildung 5.6 Rekonstruiertes Volumen eines endkonturnahen IN718-Probekörpers und Darstellung der Defektverteilung in der a) Front- und b) Draufsicht

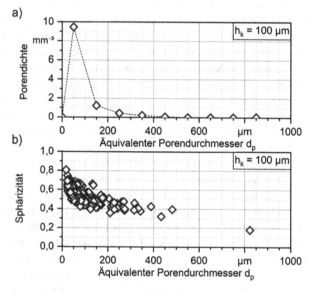

Abbildung 5.7 Quantitative Defektanalyse der endkonturnahen IN718-Probekörper: a) Porendichte und b) Sphärizität

Die endkonturnahen Probekörper konnten mittels Computertomografen vollständig durchstrahlt werden. Ein exemplarisches rekonstruiertes Volumen, dass
den kritischen Prüfbereich abbildet, ist in Abbildung 5.6a und b jeweils in der
Front- und Draufsicht dargestellt. Insgesamt wurde ein Volumen von $3,27 \times$
10^{10} μm^3 untersucht, wobei eine relative Dichte von 99,86 % bestimmt werden konnte. Wie zu erkennen ist, weist die Probenoberfläche eine unregelmäßige
Topografie auf, wobei teilweise aufgeschmolzene Pulverpartikel und Stapelunregelmäßigkeiten auftreten. Innerhalb des Volumens können sowohl sphärische
Gasporen als auch elongierte Anbindungsfehler erkannt werden. Basierend auf
dem rekonstruierten Volumen wurde eine quantitative Analyse der auftretenden
Defekte durchgeführt und die Ergebnisse sind in Abbildung 5.7 dargestellt. In
Abbildung 5.7a ist die Porendichte in Abhängigkeit des äquivalenten Porendurchmessers d_p aufgetragen. Zur besseren Übersicht ist der äquivalente Porendurchmesser in Klassen (d_p^{-50}, d_p^{+50}) aufgeteilt. Im Hinblick auf die Porendichte kann
generell eine geringe Anzahl von Poren festgestellt werden, wobei eine erhöhte
Porenanzahl einen äquivalenten Porendurchmesser < 100 μm aufweist. Lediglich
eine Pore hat einen äquivalenten Porendurchmesser > 800 μm.

Zur weiteren Beschreibung der 3D-Defektmorphologie wurde die Sphärizität
[248] für jeden Defekt ermittelt und die Ergebnisse in Abbildung 5.7b dargestellt.
Generell kann festgehalten werden, dass die Sphärizität mit zunehmendem Porendurchmesser abnimmt, wobei die geringste Sphärizität für den größten Defekt
detektiert werden konnte. Insgesamt kann eine mittlere Sphärizität von 0,57
errechnet werden, was auf eine generell eher sphärische Defektform hinweist.
Analog zur mikrostrukturellen Ausprägung wurden weitere Untersuchungen mit
einer erhöhten Probenanzahl durchgeführt, um ebenfalls den Einfluss der Position auf der Bauplattform auf die Defektausprägung zu betrachten. Wie bereits in
Kapitel 0 beschrieben, wurde hierfür eine 2D-Porenanalyse für jede Probe durchgeführt. Entsprechend Abbildung 5.8a wurde die Bauplattform in 30 Bereiche
unterteilt, wobei jeder Probe eine Nummer zugeordnet wurde. Die Ergebnisse
der 2D-Porenanalyse in Abhängigkeit der Position auf der Bauplattform sind
in Abbildung 5.8b dargestellt. Die höchste relative Dichte mit einem Wert von
99,89 % konnte für Probe 18 bestimmt werden, die in der Mitte der Bauplattform
positioniert ist. Die geringste relative Dichte (99,27 %) konnte für Probe 20 festgestellt werden, die sich mittig auf der rechten Seite der Bauplattform befindet.
Bei Betrachtung aller Ergebnisse scheinen Proben, die auf der rechten Hälfte der
Bauplattform positioniert sind, eine geringere relative Dichte aufzuweisen. Allerdings kann hier kein klarer Trend festgestellt werden. Dies kann auch durch die
Bewertung der Extrempositionen bestätigt werden. Wird die relative Dichte aller

Proben, die sich am Rand der Bauplattform befinden, gemittelt, so kann eine relative Dichte von 99,63 % ermittelt werden. Wird analog dazu die relative Dichte aller Proben im Zentrum berechnet, so kann hier ebenfalls ein Wert von 99,63 % berechnet werden.

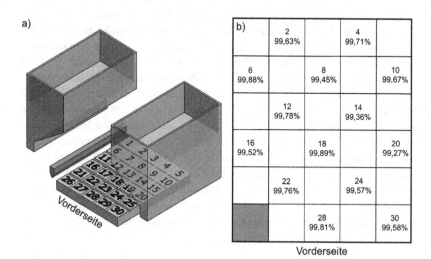

a)

b)

	2 99,63%		4 99,71%	
6 99,88%		8 99,45%		10 99,67%
	12 99,78%		14 99,36%	
16 99,52%		18 99,89%		20 99,27%
	22 99,76%		24 99,57%	
		28 99,81%		30 99,58%

Vorderseite

Abbildung 5.8 a) Einteilung der PBF-EB/M-Bauplattform und b) Ergebnisse der 2D-Porenanalyse in Abhängigkeit der Position auf der Bauplattform

Durch die μCT-Scans können Poren bzw. Defekte innerhalb der groß- und kleinvolumigen Bauteile detektiert werden. Die realisierte Voxelgröße gibt hierbei Auskunft über die minimal detektierbaren Poren, wobei keine Poren unterhalb dieses Werts erfasst werden können. Dennoch ist die Betrachtung mittels μCT eine weit verbreitete Methode, da sie sowohl die Größe als auch die Lage der Defekte im Probeninneren bestimmen kann. In der Literatur konnte bereits dokumentiert werden, dass hinsichtlich der mechanischen Eigenschaften besonders große Defekte kritisch zu betrachten sind [130], wodurch angenommen werden kann, dass kleine, nicht detektierte Poren eine untergeordnete Rolle spielen. Werden die Ergebnisse der Porenanalyse für die großvolumigen Zylinder sowie die endkonturnahen Probekörper gemeinsam betrachtet, so kann eine erhöhte Defektdichte für die kleinvolumigen Probekörper festgestellt werden, was bereits in den Ergebnissen der mikrostrukturellen Charakterisierung deutlich wurde. Generell

können innere Defekte in additiv gefertigten Bauteilen in Gasporen und Anbindungsfehler unterschieden werden [249]. Typischerweise weisen Gasporen eine
sphärische Form auf und resultieren aus Gaseinschlüssen innerhalb der Pulverpartikel, die sich primär im Verdüsungsprozess bilden. Anbindungsfehler weisen
eine eher elongierte Form auf und treten zwischen zwei Materialschichten auf.
Lokale Unterschiede in der relativen Dichte können auf nicht optimale Prozessparameter wie den Strahlstrom und die Scangeschwindigkeit zurückgeführt werden
[250], wobei Gong et al. [251] in ihren Untersuchungen besonders die Geschwin-
digkeitsfunktion als signifikante Einflussgröße für die Ausbildung der Porosität
anführen. Innerhalb der kleinvolumigen Probekörper konnten vermehrt Anbindungsfehler detektiert werden, die in den großvolumigen Zylindern nicht erfasst
wurden. Grund dafür könnte die individuelle Topografie der Materialschichten
sein. Wie von Körner et al. [56] beschrieben, weist das Schmelzbad für jede
Materialschicht eine etwas abgeänderte Form auf, da zuvor aufgebrachte Schichten eine konvexe oder konkave Form aufweisen können. Dadurch können lokale
Unterschiede in der Pulverschichtdicke auftreten, die zur Ausbildung von Inhomogenitäten führen. Im Hinblick auf die Bauplattformposition der kleinvolumigen
Probekörper konnte kein signifikanter Einfluss festgestellt werden, da unabhängig
von der Position vergleichbare relative Dichten erfasst werden konnten.

5.1.2 Gitterstrukturen

Für die Betrachtung der mikrostrukturellen Ausprägung der Gitterstrukturen wird
eine ähnliche Vorgehensweise wie für die Vollmaterialproben gewählt. Innerhalb
der Gitterstruktur werden drei Bereiche definiert (vgl. Abbildung 5.9), die detailliert betrachtet werden sollen. Zur besseren Übersicht sind die einzelnen Bereiche
mit A-C gekennzeichnet. Die as-built Mikrostruktur der F_2CC_Z-Gitterstruktur ist
parallel zur Baurichtung in Abbildung 5.10 in den Bereichen A-C dargestellt,
wobei Bereich A (vgl. Abbildung 5.10a) den Übergangsbereich zum Einspannbe-
reich, Bereich B (vgl. Abbildung 5.10b) einen Knotenpunkt schräg orientierter
Stege und Bereich C (vgl. Abbildung 5.10c) einen parallel zur Baurichtung
verlaufenden Steg zeigt.

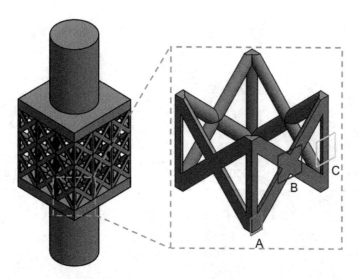

Abbildung 5.9 Darstellung der Bereiche für die licht- und rasterelektronenmikroskopische Betrachtung der as-built Mikrostruktur

Bei der ersten Betrachtung fällt auf, dass die Stege eine eher unregelmäßige Form aufweisen, wobei besonders bei den schräg orientierten Stegen ein treppenförmiges Profil identifiziert werden kann.

An der Oberfläche können Hinterschneidungen, sowie teilweise aufgeschmolzene Pulverpartikel beobachtet werden, wie sie für die endkonturnahen Probekörper festgestellt wurden. Innerhalb der Gitterstruktur treten säulenförmige γ-Körner mit starker Textur entlang der Baurichtung (BR) auf, was mit Ergebnissen aus der Literatur übereinstimmt [198,246]. Weiterhin kann auch hier ein epitaktisches Wachstum beobachtet werden, da einzelne Körner über mehrere Materialschichten wachsen [252]. Im oberflächennahen Bereich der senkrecht orientierten Stege können vermehrt globulitische Körner erkannt werden, die aus dem Zusammenschluss nicht oder nur teilweise aufgeschmolzener Pulverpartikel resultieren [189]. Hier können Parallelen zu den endkonturnahen, kleinvolumigen Probekörpern gezogen werden, da auch dort globulitische Körner im Außenbereich beobachtet werden konnten. Innerhalb der Stege können keine elongierten Körner mit abweichenden Wachstumsrichtungen identifiziert werden, da anders als bei den kleinvolumigen Probekörpern zur Herstellung der Gitterstrukturen nur das Contouring durchgeführt wurde. Bei Betrachtung der

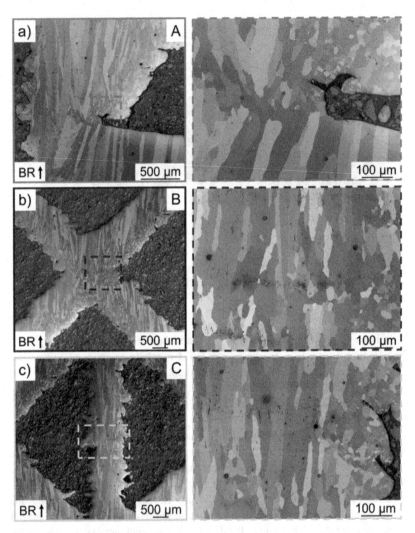

Abbildung 5.10 Lichtmikroskopische Aufnahmen der PBF-EB/M-gefertigten IN718-Gitterstrukturen parallel zur Baurichtung im Bereich a) A, b) B und c) C (vgl. Abbildung 5.9)

mikrostrukturellen Ausprägung in einem Knotenpunkt in der Mitte der Einheitszelle kann ebenfalls eine gerichtete Erstarrung mit starker Texturierung entlang der BR detektiert werden, obwohl die Stege in einem 45°-Winkel aufgebaut wurden. Ähnliche Ergebnisse wurden bereits von Sun et al. [189] gezeigt. Auch auf der Unterseite der schräg orientierten Stege können eine Vielzahl von kleinen globulitischen Körnern erkannt werden, was auf die schnelle Wärmeabführung an das darunterliegende Pulverbett zurückgeführt werden kann. REM-Aufnahmen der mikrostrukturellen Ausprägung der Gitterstruktur innerhalb eines einzelnen Stegs und eines Knotenpunktes sind in Abbildung 5.11a und b dargestellt. Analog zu den lichtmikroskopischen Aufnahmen können die gerichteten γ-Körner erkannt werden. Zusätzlich wird die unregelmäßige Formgebung der Stege sowohl parallel als auch im 45°-Winkel zur BR deutlich. Besonders im senkrecht orientierten Steg (vgl. Abbildung 5.11a) können eine Vielzahl von Hinterschneidungen erkannt werden. Weiterhin fällt auf, dass im Übergang zum Knotenpunkt starke Verrundungen zwischen zusammentreffenden Stegen auftreten, die aus aufgeschmolzenem Material bestehen. Es ist anzunehmen, dass geometrische Abweichungen zur CAD-Geometrie vorliegen, die im nachfolgenden Kapitel näher betrachtet werden sollen.

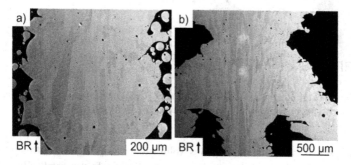

Abbildung 5.11 a)-b) Rasterelektronenmikroskopische Aufnahmen der PBF-EB/M-gefertigten IN718-Gitterstrukturen parallel zur Baurichtung

Auf Basis der lichtmikroskopischen und rasterelektronenmikroskopischen Aufnahmen können zusätzlich einige Gasporen beobachtet werden, die in μCT-Analysen weitergehend untersucht werden. Allerdings konnte, aufgrund der äußeren Dimensionen der Gitterstruktur, lediglich eine minimale Auflösung von 31 μm im μCT realisiert werden. Unterhalb dieser Auflösung liegende Defekte können durch das μCT nicht sichtbar gemacht werden.

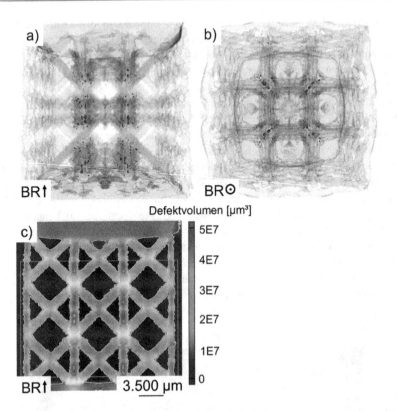

Abbildung 5.12 Rekonstruiertes Volumen einer F_2CC_Z-Gitterstruktur und Darstellung der Defektverteilung in der a) Front-, b) Draufsicht und c) in einer 2D-Gitterebene

Ein exemplarisches rekonstruiertes Volumen einer F_2CC_Z-Gitterstruktur ist in Abbildung 5.12a in der Front- und in b in der Draufsicht dargestellt. Zur besseren Übersicht ist eine einzelne 2D-Gitterebene in Abbildung 5.12c abgebildet, die zusätzlich den für die Porenanalyse gewählten Bereich in türkis hervorhebt. Der Übergangsbereich zur Probeneinspannung wurde im Rahmen der Untersuchungen nicht weiter betrachtet. Insgesamt wurde ein Volumen von $1{,}23 \times 10^{12}$ μm^3 untersucht und eine relative Dichte von 99,94 % berechnet. Wie zu erkennen ist, kann nur eine geringe Anzahl von prozessinduzierten Poren detektiert werden, die vor allem in den senkrecht orientierten Stegen im Inneren der Struktur lokalisiert sind. Zur weitergehenden quantitativen Analyse wurde, analog zu den kleinvolu-migen Probekörpern, erneut die Porendichte und die Sphärizität berechnet. Die Ergebnisse sind in Abbildung 5.13a und b dargestellt.

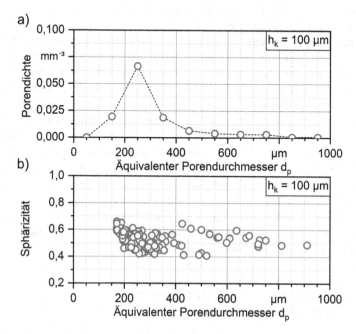

Abbildung 5.13 Quantitative Defektanalyse der F_2CC_Z-Gitterstruktur: a) Porendichte und b) Sphärizität

Die Einteilung des äquivalenten Porendurchmessers erfolgt erneut in Klassen (d_p^{-50}, d_p^{+50}). Die meisten Poren haben einen äquivalenten Porendurchmesser $200 < d_p < 300$ μm. Lediglich zwei Poren weisen einen äquivalenten Porendurch-messer > 800 μm auf. Im Vergleich zu den kleinvolumigen Probekörpern ist die Abnahme der Sphärizität mit steigendem Porendurchmesser nicht so signifikant. Für die erfassten Poren kann eine mittlere Sphärizität von 0,53 berechnet werden, die somit nur leicht unterhalb der mittleren Sphärizität der kleinvolumigen Probe-körper liegt, wodurch auch hier von eher sphärischen Poren ausgegangen werden kann. Wie bereits für die Vollmaterialproben beschrieben, können auftretende Defekte fast ausnahmslos auf die verwendeten Prozessparameter zurückgeführt werden. Im Vergleich zu den endkonturnahen Probekörpern weisen die Gitterstrukturen eine etwas geringere Porosität auf, was möglicherweise auf die geringere Auflösung des µCT zurückgeführt werden kann, da innerhalb der lichtmikroskopischen Aufnahmen einige Gasporen mit geringer Größe detektiert werden konnten. Resultierend daraus konnte für die Gitterstruktur eine geringere Gesamtporenanzahl ermittelt werden.

Innerhalb der Gitterstruktur sind die größeren Poren fast ausschließlich in senkrecht orientierten Stegen lokalisiert, wohingegen eine zufällige Porenanordnung innerhalb der endkonturnahen Probekörper vorliegt. Im Randbereich der Gitterstruktur konnten keine Poren beobachtet werden. Da unterschiedliche Scanstrategien für die Herstellung verwendet wurden, könnte die Porenbildung auf das mangelnde Hatching zurückgeführt werden. Hierfür sind jedoch weiterführende Untersuchungen notwendig. Insgesamt zeigen die hohen relativen Dichten auf, dass nahezu volldichte Probekörper unabhängig von der Bauteilkomplexität mittels PBF-EB/M-Prozess hergestellt werden können. Nichtsdestotrotz können im Randbereich unregelmäßige Oberflächentopografien festgestellt werden, wobei Oberflächendefekte wie Hinterschneidungen, Stapelunregelmäßigkeiten und Treppenstufeneffekte auftreten. Die quantitative Bestimmung der Oberflächenrauheit sowie die Beschreibung vorhandener Oberflächendefekte und Gestaltabweichungen sollen Bestandteil des nachfolgenden Kapitels sein.

5.2   Oberflächencharakterisierung und Gestaltabweichungen

5.2.1   Vollmaterial

Resultierend aus dem schichtweisen Aufbauprozess weisen additiv gefertigte Bauteile typischerweise eine erhöhte Oberflächenrauheit auf. Zur weiteren Beschreibung des Ausgangszustands der groß- und kleinvolumigen Vollmaterialproben wurde die as-built Oberflächenrauheit mittels taktiler Messverfahren sowie auf Grundlage von µCT-Datensätzen quantitativ bestimmt. Die Ergebnisse für den Mittenrauwert Ra und die gemittelte Rautiefe Rz sind in Tabelle 5.1 gelistet.

Tabelle 5.1 As-built Oberflächenrauheit der PBF-EB/M-gefertigten IN718-Vollmaterialproben (groß- und kleinvolumig)

Probenart	Prüfmethode	Ra [μm]	Rz [μm]
Vollmaterialproben. (großvolumig)	taktil	20 ± 2	120 ± 10
Endkonturnahe Probekörper (kleinvolumig)	taktil	29 ± 2	137 ± 7
Endkonturnahe Probekörper (kleinvolumig)	μCT	57 ± 3	274 ± 16

Der geringste Wert für Ra konnte für die großvolumigen Zylinder detektiert werden und liegt im Bereich von 20 ± 2 μm. Für die endkonturnahen Probekörper konnten etwas erhöhte Rauheitswerte von Ra $= 29 \pm 2$ μm bestimmt werden. Diese Tendenzen spiegeln sich auch in den Ergebnissen für die gemittelte Rautiefe Rz wider. Ergänzend dazu wurden die vorhandenen μCT-Datensätze zur Bestimmung von Ra und Rz eingesetzt [152]. Wie anhand der Ergebnisse deutlich wird (vgl. Tabelle 5.1), sind die erfassten Werte im Vergleich zum taktilen Messverfahren nahezu doppelt so hoch. Zur Deutung der Ergebnisse ist ein exemplarisches rekonstruiertes 3D-Volumen sowie zwei dazugehörige 2D-Querschnittsaufnahmen (parallel zur BR) in Abbildung 5.14a-c dargestellt. Das rekonstruierte 3D-Volumen zeigt eine unregelmäßige Oberflächentopografie mit Hoch- und Tiefpunkten. Wie bereits in den mikrostrukturellen Aufnahmen gezeigt werden konnte, befindet sich eine Vielzahl von teilweise aufgeschmolzenen Pulverpartikeln auf der Oberfläche. Weiterhin können Stapelunregelmäßigkeiten detektiert werden. Beide oberflächlichen Besonderheiten wurden bereits in [59,152] beschrieben. Die Unterschiede in den Ergebnissen für die beiden verwendeten Messverfahren können durch die erhöhte Anzahl von Hinterschneidungen, die besonders in Abbildung 5.14 b und c sichtbar sind, erklärt werden, da die taktile Messspitze diese geometriebedingt nicht erfassen kann.

Generell weisen PBF-EB/M-gefertigte Probekörper eine schlechte Oberflächenqualität auf, die im Vergleich zum PBF-LB/M-Prozess wesentlich rauer ist [253]. In Untersuchungen von Balachandramurthi et al. [57] konnten für die PBF-EB/M-gefertigte IN718-Legierung Rauheitswerte im Bereich von Ra $= 50$ μm erfasst werden, was mit den μCT-Messergebnissen übereinstimmt. Zusätzlich konnte durch Algardh et al. [254] aufgezeigt werden, dass die Oberflächenrauheit durch die Bauteilgröße, d. h. groß- oder kleinvolumig, beeinflusst werden kann, was durch die zuvor beschriebenen Ergebnisse bestätigt wird. In der Literatur

wird die hohe as-built Oberflächenrauheit auf verschiedene Ursachen zurückgeführt. Mögliche Gründe sind hierbei die Besonderheit des PBF-EB/M-Prozesses
[152], der schichtweise Aufbau entlang der BR [250] und die Größenverteilung
der verwendeten Pulverpartikel [254]. Besonders für den letzten Punkt konnte
durch Körner et al. [56] gezeigt werden, dass die Oberflächenrauheit wesentlich
rauer als der mittlere Pulverpartikeldurchmesser sein kann. Ebenfalls können die
gewählten Prozessparameter und die Temperaturhistorie die Oberflächenrauheit
beeinflussen [58].

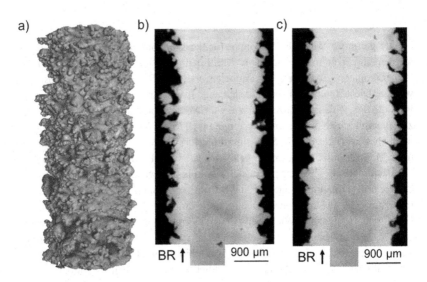

Abbildung 5.14 a) Rekonstruiertes dreidimensionales Volumen und b) + c) dazugehörige
Querschnittsaufnahmen

Auf der Oberfläche können oftmals teilweise aufgeschmolzene Pulverpartikel,
die aus dem partiellen Aufschmelzen durch den fokussierten Elektronenstrahl
resultieren, sowie Stapelunregelmäßigkeiten, d. h. nicht optimal aufeinander
liegende Materialschichten, beobachtet werden. Eine mögliche Erklärung für
die Bildung von Stapelunregelmäßigkeiten ist das Vorhandensein von leicht
abweichenden Schmelzbadformen für jede Materialschicht, die aus der Schmelz-
baddynamik und der Scanstrategie resultieren. Im Einzelnen können zuvor
aufgeschmolzene Materialschichten eine konvexe oder konkave Form aufweisen, die zur Ausbildung einer zufälligen Schichttopografie führt [56]. Generell

können beide Oberflächendefekte nur schwer verhindert werden, wodurch häufig eine Nachbehandlung zur Verbesserung der Oberflächenqualität notwendig wird. Lhuissier et al. [59] nutzten in ihren Untersuchungen das chemische Ätzen, wodurch besonders die teilweise aufgeschmolzenen Pulverpartikel entfernt werden konnten. Stapelunregelmäßigkeiten konnten jedoch nicht hinreichend reduziert werden. Zur Bewertung des Einflusses eines Nachbearbeitungsverfahrens ist die Quantifizierung der Oberflächenrauheit entscheidend, allerdings ist diese aktuell mit einigen Herausforderungen verbunden, wie durch die Ergebnisse für das taktile Messverfahren gezeigt werden konnte. Im Hinblick auf die Vermessung komplexer Strukturen, besonders von innenliegenden Geometrien, werden neue Mess- und Analyseverfahren sowie standardisierte Methoden zur Bestimmung valider und reproduzierbarer Oberfächenrauheitswerte benötigt [255].

Vorliegende Untersuchungen [58,256] zeigen, dass PBF-EB/M-gefertigte Bauteile abweichende Querschnitte im Vergleich zur CAD-Datei im as-built Zustand aufweisen können, was somit die endkonturnahen Probekörper betrifft. Nachfolgend werden drei Querschnitte definiert, die in Abbildung 5.15a dargestellt sind. Der rot dargestellte Bereich entspricht dem initialen CAD-Querschnitt und sowohl der mittlere äquivalente (schwarz) als auch der minimale Querschnitt (weiß) wird auf Grundlage der µCT-Datensätze berechnet. Innerhalb von Abbildung 5.15b ist der reale Probendurchmesser innerhalb des kritischen Prüfbereichs für einen exemplarischen Probekörper über die Bauteilhöhe aufgetragen. Wie zu erkennen ist, sind signifikante Abweichungen zwischen dem CAD- und dem mittleren äquivalenten Querschnitt vorhanden.

Weiterhin wird deutlich, dass sich der Probendurchmesser aufgrund der Ausbildung von Kerbdefekten innerhalb mehrerer Schichten verändert. Anhand des Verlaufs ist erkennbar, dass signifikante Durchmesserabweichungen nicht innerhalb einzelner Schichten, sondern erst nach ungefähr zehn zusammenhängenden Materialschichten auftreten. Anhand drei untersuchter Probekörper konnte ein mittlerer äquivalenter Durchmesser von $2,4 \pm 0,1$ mm bestimmt werden, wobei der initiale CAD-Durchmesser bei 3 mm liegt. Der minimale Durchmesser beträgt 2,15 mm, was einer Abweichung von mehr als -28 % entspricht. Durch konventionelle taktile Messverfahren konnten diese Durchmesserabweichungen nicht festgestellt werden, was die Bedeutung der µCT-Untersuchungen unterstreicht. Für die Gestaltabweichungen wurde ebenfalls der Einfluss der Bauplattformposition in weitergehenden Untersuchungen betrachtet. Analog zu den bisherigen Untersuchungen wurde die Einteilung der Bauplattform beibehalten (vgl. Abbildung 5.16a).

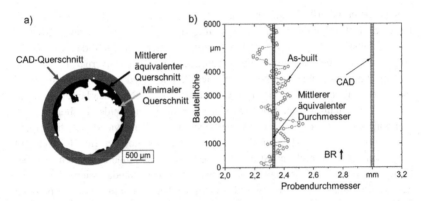

Abbildung 5.15   a) Definition einzelner Querschnitte und b) Darstellung der Durchmesser-änderungen innerhalb des kritischen Prüfbereichs entlang der Baurichtung

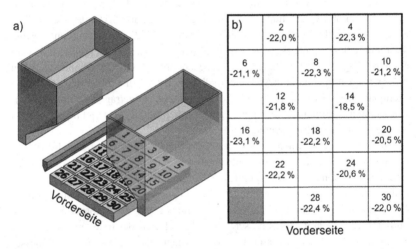

Abbildung 5.16   a) Einteilung der Bauplattform und b) Darstellung der geometrischen Abweichungen in Abhängigkeit der Position auf der Bauplattform

Die lokalen Unterschiede zwischen dem CAD- und dem mittleren äquivalenten Durchmesser sind in Abhängigkeit der Bauplattformposition in Abbildung 5.16b dargestellt. Bei allgemeiner Betrachtung fällt auf, dass alle Proben einen zu klei-nen Durchmesser aufweisen, wobei die mittlere Abweichung für alle untersuchten

Proben rund -22 ± 1 % beträgt. Die größte geometrische Abweichung im Bereich von $-23{,}1$ % konnte für Probe 16 erfasst werden, was einem mittleren äquivalenten Durchmesser von 2,3 mm entspricht. Eine minimale Abweichung ($-18{,}5$ %) konnte für Probe 14 bestimmt werden. Um den Einfluss der Bauplattformposition hinreichend bewerten zu können werden die geometrischen Abweichungen unterschiedlicher Bereiche verglichen. In der Bauplattformmitte, d. h. alle Proben, die keinen Kontakt zur äußeren Plattformgrenze haben, weisen geometrische Abweichungen im Bereich von -21 ± 1 %. Leicht höhere Abweichungen können für Proben erfasst werden, die im äußeren Bereich der Bauplattform positioniert sind. Diese liegen in einer Größenordnung von -22 ± 1 %, allerdings sind die Unterschiede nicht signifikant und können vernachlässigt werden.

Wie gezeigt werden konnte, treten für die PBF-EB/M-gefertigten endkonturnahen Probekörper signifikante geometrische Abweichungen auf. Persenot et al. [256] konnten in ihren Untersuchungen eine mittlere Abweichung zwischen CAD- und as-built Querschnitt im Bereich von -13 % für die PBF-EB/M-gefertigte Ti6Al4V-Legierung bestimmen. Anhand der vorliegenden Ergebnisse konnten höhere Abweichungen von mehr als 28 % ermittelt werden. Anhand der Betrachtung des kritischen Prüfbereichs konnte deutlich gemacht werden, dass der Probendurchmesser innerhalb mehrerer Materialschichten signifikant variieren kann und die Bildung von Kerbdefekten fördert. Die Bestimmung des mittleren äquivalenten Durchmessers ist für die spätere mechanische Charakterisierung entscheidend, da der daraus resultierende Querschnitt wesentlich besser dem realen Querschnitt entspricht. Ein Einfluss der Bauplattformposition auf die Ausbildung geometrischer Abweichungen konnte im Rahmen der Untersuchungen nicht festgestellt werden, da die Abweichungen beim Vergleich von Innen- und Außenbereich sich nur geringfügig unterscheiden. Eine wesentliche Erkenntnis ist jedoch, dass alle untersuchten Proben einen zu kleinen effektiven Durchmesser aufweisen. Vergleichbare Ergebnisse wurden von Suard et al. [58] auf Grundlage einzelner Stege innerhalb einer Gitterstruktur präsentiert. Im Einzelnen konnte durch die Autoren gezeigt werden, dass besonders senkrecht und schräg orientierte Stege einen im Vergleich zum CAD-Durchmesser systematisch kleineren Durchmesser aufweisen. Der Aufbauwinkel zwischen Steg und BR kann diese Tendenz noch weiter verstärken [200] und zu abweichenden Querschnittsformen führen [58]. Für Probekörper, die parallel zur BR gefertigt werden, ist der Wärmefluss durch zuvor erstarrte Materialschichten limitiert, wodurch sich ein nahezu symmetrischer Querschnitt (vorgegeben durch die Geometrie) einstellt. Mit steigendem Winkel zwischen Probekörper und BR können runde Querschnitte eine eher elliptische Form aufweisen, da die Materialschichten auf dem versinterten Pulverbett aufliegen und auf der Unterseite vermehrt

Pulveragglomerationen auftreten. Im Hinblick auf die nachfolgend untersuchten Gitterstrukturen ist die Erfassung von Querschnittsabweichungen entscheidend, da unbekannte Abweichungen bspw. zu einer Reduzierung der Steifigkeit und der strukturellen Integrität führen können.

Es kann festgehalten werden, dass endkonturnahe kleinvolumige Probekörper eine Vielzahl von prozessinduzierten Besonderheiten bzw. Defekte aufweisen können. Wesentliche Erkenntnisse wurden bereits durch Persenot et al. [61] beschrieben. Basierend auf der mikrostrukturellen Betrachtung, der Defektcharakterisierung, der Bestimmung der Oberflächenrauheit und der geometrischen Abweichungen können weitere Defekte identifiziert werden. In Abbildung 5.17 sind alle auftretenden Defekte für die PBF-EB/M-gefertigte IN718-Legierung schematisch dargestellt. Im Inneren können hierbei Defekte wie Gasporen, Anbindungsfehler und interdendritische Schrumpfungen detektiert werden, die einerseits auf das verwendete Materialpulver und andererseits auf nicht optimale Prozessparameter zurückgeführt werden können. Besonders Anbindungsfehler können die zyklischen Werkstoffeigenschaften beeinflussen, da sie oftmals eine elongierte Form aufweisen und die Bildung von Spannungskonzentrationen begünstigen [257]. Bei Betrachtung der as-built Oberfläche fällt auf, dass diese eine unregelmäßige Topografie aufweist, die durch teilweise aufgeschmolzene Pulverpartikel und Stapelunregelmäßigkeiten gekennzeichnet ist. Während die teilweise aufgeschmolzenen Pulverpartikel aus dem lokalen Aufschmelzen mittels fokussiertem Elektronenstrahl resultieren, ist die Bildung von Stapelunregelmäßigkeiten wesentlich komplexer. Ein möglicher Grund ist eine abgeänderte Schmelzbadform, die zur Bildung einer unregelmäßigen Schichttopografie, vor allem im Randbereich, führen kann, da zuvor aufgeschmolzene Materialschichten eine abgerundete Form aufweisen können.

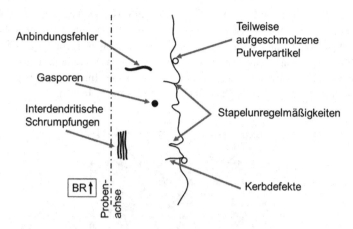

Abbildung 5.17 Schematische Darstellung der auftretenden Defekte in endkonturnahen kleinvolumigen Probekörpern aus der PBF-EB/M-gefertigten IN718-Legierung in Anlehnung an [61]

Stapelunregelmäßigkeiten können zu lokalen Querschnittsänderungen innerhalb einzelner Materialschichten führen und die Bildung von Kerbdefekten begünstigen. Zuletzt konnten geometrische Abweichungen im Vergleich zum CAD-Querschnitt festgestellt werden, die einen Einfluss auf den tragenden Querschnitt und somit auf die zyklischen Werkstoffeigenschaften haben können. Weiterführende Untersuchungen sind hier zwingend notwendig, um den Einfluss multipler überlagernder Defekte auf die mechanischen Eigenschaften der PBF-EB/M-gefertigten IN718-Legierung bestimmen zu können.

5.2.2 Gitterstrukturen

Wie im vorangegangenen Kapitel beschrieben, können PBF-EB/M-gefertigte IN718-Probekörper diverse prozessinduzierte Besonderheiten bzw. Defekte im as-built Zustand aufweisen. Besonders kritisch zu betrachten ist die Probenoberfläche, da resultierende Kerbdefekte die mechanischen Eigenschaften signifikant beeinflussen können. Zu überprüfen ist, ob und wie ausgeprägt prozessinduzierte Oberflächendefekte bei PBF-EB/M-gefertigten Gitterstrukturen auftreten, da davon auszugehen ist, dass diese aufgrund des größeren Oberflächen-Volumen-Verhältnisses einen erheblichen Einfluss auf die Rissinitiierung unter zyklischer

Last haben werden. Auf Grundlage der Literatur ist bekannt, dass die Oberflächenrauheit in Abhängigkeit des Winkels zur Baurichtung variieren kann, wodurch senkrecht und schräg orientierte Stege separat betrachtet werden. Die gewählte Einteilung kann Abbildung 5.18 entnommen werden. Ferner wird bei senkrecht orientierten Stegen zwischen Außen und Innen sowie bei schräg orientierten Stegen zwischen Ober- und Unterseite unterschieden.

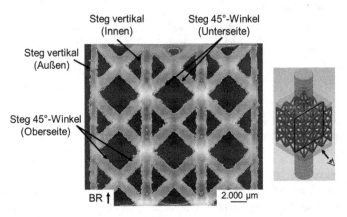

Abbildung 5.18 Unterscheidung der Stegorientierungen für die Bestimmung der Oberflächenrauheit am Beispiel einer F_2CC_Z-Gitterebene

Die gemittelten Ergebnisse für die Oberflächenrauheit sind in Tabelle 5.2 anhand der Ra- und Rz-Werte gelistet. Generell weisen die vertikal orientierten Stege eine geringere Oberflächenrauheit auf, wobei maximale Ra-Werte von ≈ 42 μm und Rz-Werte von ≈ 265 μm erfasst werden. Beim Vergleich von senkrecht orientierten Stegen im Außen- und Innenbereich werden nur geringe Abweichungen für die Ra-Werte festgestellt. Dies trifft jedoch nicht auf die Rz-Werte zu, da hier höhere Werte für vertikale Stege im Außenbereich detektiert werden. Beim Vergleich zwischen senkrecht und schräg orientierten Stegen können höhere Rauheitswerte für die schräg orientierten Stege festgestellt werden. Für die Ober- und Unterseite treten nur leichte Unterschiede auf, wobei höhere Werte in der Größenordnung von Ra = 47,4 ± 14,3 μm und Rz = 268,6 ± 90,6 μm auf der Oberseite erfasst wurden. Zuletzt wurde die Oberflächenrauheit auf der Außenseite mittels Konfokalmikroskop analysiert. Geringe Unterschiede treten für Ra auf, während für Rz im Vergleich zu den μCT-Messungen größere Abweichungen auftreten. Im Hinblick auf die Vermessung komplexer Strukturen, besonders von innenliegenden Geometrien, können taktile und optische Verfahren nicht oder nur in einem begrenzten Umfang eingesetzt werden. Eine standardisierte Vorgehensweise zur Bestimmung valider und reproduzierbarer Oberflächenrauheitswerte von additiv gefertigten komplexen Strukturen steht aktuell ebenfalls nicht zur Verfügung [255]. Pyka et al. [134,135] waren in diesem Zusammenhang die Ersten, die eine Methode präsentierten, mit der CT-Daten zur Analyse der Oberflächentextur eingesetzt werden können. Hierbei wurden 2D-Oberflächenprofile extrahiert und vermessen. Ein ähnliches Vorgehen wurde in dieser Arbeit sowie in Arbeiten von Lhuissier et al. [59] und Persenot et al. [256] verwendet.

Tabelle 5.2 Gemittelte Werte für Mittenrauwert Ra und gemittelte Rautiefe Rz in Abhängigkeit der Stegorientierung und Prüfmethode für eine exemplarische PBF-EB/M-gefertigte IN718-Gitterstruktur mit F_2CC_z -Einheitszelle

Stegorientierung	Prüfbereich	Prüfmethode	Ra [μm]	Rz [μm]
Vertikal	Außen	μCT	41,9 ± 11,6	265,0 ± 89,7
Vertikal	Innen	μCT	42,1 ± 10,9	234,9 ± 66,8
45°-Winkel (Oberseite)	Innen	μCT	47,4 ± 14,3	268,6 ± 90,6
45°-Winkel (Unterseite)	Innen	μCT	44,4 ± 9,7	247,5 ± 61,2
Vertikal	Außen	Konfokal	42,2	315,7

Ein Vergleich zwischen taktilen, optischen und CT-basierten Messverfahren wurde von Kerckhofs et al. [136] vorgenommen. Die CT-basierten Methoden lieferten präzisere und reproduzierbarere Ergebnisse bis in den Mikrometerbereich auf. Zanini et al. [123] konnten zusätzlich zeigen, dass mittels CT auch Hinterschneidungen erfasst und vermessen werden können, die mit konventionellen taktilen und optischen Messverfahren nicht detektierbar sind. Ein limitierender Faktor für die Vermessung der Oberflächenrauheit mittels μCT ist die realisierbare Voxelauflösung. Resultierend aus den geometrischen Abmessungen konnte eine minimale Auflösung von rund 31 μm realisiert werden. Ein Vergleich mit Rauheitskennwerten, die mittels Konfokalmikroskop erfasst wurden, konnte nur geringe Unterschiede aufzeigen. Werden jedoch innenliegende Strukturen betrachtet, so können diese aktuell nur mittels μCT abgebildet und mit dem erstellten Auswerteprogramm ausgewertet werden. Typischerweise weisen PBF-EB/M-gefertigte Probekörper eine höhere Oberflächenrauheit als PBF-LB/M-gefertigte Bauteile auf, was u. a. auf die größere Pulverfraktion zurückgeführt werden kann [253]. Für die endkonturnahen, kleinvolumigen Probekörper konnten Oberflächenrauheiten von Ra $= 57 \pm 3$ μm und Rz $= 274 \pm 16$ μm erfasst werden, wobei vergleichbare Ergebnisse von Balachandramurthi et al. [57] veröffentlicht wurden. Im Vergleich dazu können geringere Oberflächenrauheiten für senkrecht und schräg orientierte Stege innerhalb der Gitterstruktur detektiert werden. Die niedrigeren Rauheitswerte für die Gitterstrukturen können auf die verwendeten Prozessparameter und die Scanstrategie zurückgeführt werden [58], da für die Herstellung der Gitterstrukturen ausschließlich das Contouring durchgeführt wurde. In der Arbeit von Wang et al. [258] wurde der Einfluss unterschiedlicher Prozessparameter auf die Oberflächenrauheit der PBF-EB/M-gefertigten Ti6Al4V-Legierung untersucht. Hierbei konnte gezeigt werden, dass durch das kontinuierliche Contouring, wie es auch für die Gitterstrukturen durchgeführt wurde, eine geringere Oberflächenrauheit erzielt werden kann. Analog zu den kleinvolumigen Probekörpern befinden sich auf der Oberfläche teilweise aufgeschmolzene Pulverpartikel und Stapelunregelmäßigkeiten sind erkennbar. Vorhandene Unterschiede in den Rauheitswerten zwischen den senkrecht und schräg orientierten Stegen können zusätzlich auf den Treppenstufeneffekt zurückgeführt werden [259].

Tabelle 5.3 Berechnung der nominellen Querschnitte auf Basis der CAD- und μCT-Daten für die F_2CC_Z-Gitterstrukturen

Gittertyp	CAD	μCT
F_2CC_Z	$17,5$ mm^2	$24,45 \pm 2,97$ mm^2

Analog zu Abschnitt 5.2.1 wird ein Soll-/Ist-Vergleich zwischen den CAD- und μCT-Daten-sätzen vorgenommen. Die Ergebnisse für den nominellen Probenquerschnitt sind in Tabelle 5.3 gelistet. Beim Vergleich der Querschnitte können signifikante Abweichungen detektiert werden. Insgesamt wurde für die F_2CC_Z-Gitterstruktur ein nomineller Querschnitt von $24,45 \pm 2,97$ mm^2 bestimmt, was einer positiven Abweichung von 39 % entspricht. Im Vergleich dazu wurden für die endkonturnahen Probekörper ausschließlich negative Abweichungen, d. h. systematisch kleinere Probenquerschnitte, beobachtet. In der Literatur werden sowohl negative als auch positive Abweichungen für PBF-gefertigte Bauteile benannt [58,256]. Wie von Suard et al. [58] gezeigt, weisen besonders vertikal orientierte Stege einen zu kleinen Querschnitt auf. Für die Gitterstrukturen wurde der nominelle Probenquerschnitt an Stellen mit vermeintlich minimalem Querschnitt erfasst. Die Querschnittsebenen befinden sich hierbei innerhalb von Knotenpunkten, in denen vertikal und schräg orientierte Stege zusammentreffen. Um die geometrischen Abweichungen erklären zu können, sind in Abbildung 5.19a und b μCT-Aufnahmen einzelner Gitterebenen dargestellt. Exemplarische Knotenpunkte, die große geometrischen Abweichungen aufweisen, sind durch rote Pfeile hervorgehoben. Arabnejad et al. [260] konnten zeigen, dass geometrische Abweichungen einzelner Stege im besonderen Maße vom Winkel zur Baurichtung abhängig sind, wobei die größten geometrischen Abweichungen für überstehende horizontale Stege auftreten. Diese können auf die Unterschiede im Wärmefluss zwischen dem erstarrten Steg und dem umliegenden Pulverbett zurückgeführt werden. Teilweise aufgeschmolzene Pulverpartikel können auf der Unterseite beobachtet werden, die einerseits die Oberflächenrauheit erhöhen und andererseits die Stegmorphologie verändern können. Die runden Stege weisen dann häufig eine eher elliptische Form auf [61]. Eine weitere Erklärung für eine erhöhte Stegdicke konnte von van Bael et al. [259] anhand des Treppenstufeneffekts gegeben werden. Weiterhin konnte in [108,260] gezeigt werden, dass Pulverpartikel innerhalb von Poren und Ecken agglomerieren können, wodurch sich positive geometrischen Abweichungen im Vergleich zum CAD-Querschnitt ergeben.

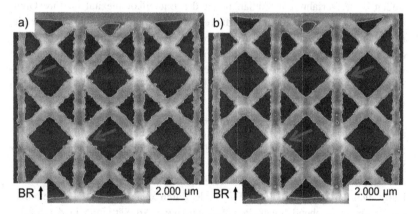

Abbildung 5.19 Pulveragglomerationen in Knotenpunkten innerhalb einzelner F_2CC_Z-Gitterebenen

Resultierend daraus werden aktuell unterschiedliche Ansätze verfolgt, um die Abweichungen zwischen CAD- und as-built Bauteil im Design- und Konstruktionsprozess zu berücksichtigen [261]. Nicht berücksichtigte Unterschiede zwischen der Soll- und Ist-Geometrie sind hierbei eine der Hauptursachen für Abweichungen zwischen numerischen Simulationen und experimentellen Versuchsdaten [262]. In aktuellen Forschungsarbeiten werden gitterbasierte CAD-Geometrien mit definierter Oberflächentextur modelliert, um die numerische Simulation an den as-built Zustand weiter anzunähern [261]. Als Grundlage für die mechanischen Untersuchungen in Abschnitt 5.4 werden die nominellen Probenquerschnitte für die endkonturnahen Probekörper und die Gitterstrukturen zur Berechnung der Spannungsamplituden verwendet.

5.3 Oberflächenbeeinflussung mittels elektrochemischem Polieren

5.3.1 Einfache PBF-EB/M-gefertigte Probekörper

Wie im vorherigen Kapitel gezeigt werden konnte, weisen PBF-EB/M-gefertigte Bauteile eine erhöhte prozessinduzierte Oberflächenrauheit im as-built Zustand auf. Zur Verbesserung der Oberflächenqualität werden typischerweise mechanische Bearbeitungsverfahren wie das Schleifen und Polieren eingesetzt. Allerdings stoßen diese Verfahren in Abhängigkeit der Bauteilkomplexität an ihre Grenzen, wodurch neue Bearbeitungsverfahren etabliert werden müssen. Wie bereits in Abschnitt 4.6 beschrieben, wurde in dieser Arbeit das elektrochemische Polieren als potentielles Nachbearbeitungsverfahren identifiziert. Basierend auf den nachfolgend aufgeführten Untersuchungen wurde eine Produktidee als Patentanmeldung beim Deutschen Patent- und Markenamt eingereicht. Die Idee wird in Abschnitt 5.3.2 detailliert beschrieben.

Auf Grundlage einer Literaturrecherche und ersten Voruntersuchungen wurden die Stromstärke, die Zeit, die Elektrolyttemperatur und die Geometrie als mögliche Einflussgrößen in Betracht gezogen. Für die Stufeneinteilung in der Stromstärke wurde eine Stromdichte-Potential-Kurve für die eckigen und runden Stabkörper aus der PBF-EB/M-gefertigten IN718-Legierung aufgezeichnet. Dafür wurden unterschiedliche Potentiale durch den Potentiostat abgefahren. Bei einem hinreichend hohen Potential wird eine Art Sättigung in der Stromstärke erreicht, d. h. bei einer weiteren Erhöhung des Potentials erfolgt keine Zunahme der Stromstärke mehr. Nach Erreichen dieses kritischen Potentials liegt eine Diffusionshemmung im System vor, wobei überschüssige Energie in Wärme umgewandelt wird, die den Elektrolyten aufheizen. Dieser Punkt definiert die Größe I_{max}, die im statistischen Versuchsplan verwendet wurde. Die Versuchseinteilung im Rahmen des vollfaktoriellen Versuchsplans sowie die Werte für die einzelnen Stufen können Tabelle 4.6 und Tabelle 4.7 in Abschnitt 4.6 entnommen werden. Nach Durchführung der Versuche wurden die Proben mittels µCT durchstrahlt und Aufnahmen wurden erstellt, die nachfolgend zu einem 3D-Volumen rekonstruiert wurden. Anschließend wurden 2D-Querschnittsaufnahmen exportiert und mit Hilfe der in Kapitel 0 beschriebenen Auswertemethode charakterisiert. Die Auswertung der Oberflächenrauheitsveränderungen für die durchgeführten Versuche ist in Tabelle 5.4 gelistet. Allgemein fällt auf, dass jede ECP-Bearbeitung zu einer Verbesserung der Oberflächenrauheit geführt hat, wodurch das große Potential des ECP zur Bearbeitung PBF-gefertigter Bauteile deutlich wird. Die geringste Oberflächenverbesserung wurde für Probe 6 erzielt. Hierbei konnte nur eine leichte Verbesserung des Rz-Wertes um rund 9 % detektiert werden. Für den Ra-Wert konnte sogar eine leichte Erhöhung festgestellt werden, wobei dies eventuell aus einer Messungenauigkeit resultiert, da dieses Verhalten lediglich für einen Wert bzw. eine Probe aufgetreten ist.

Tabelle 5.4 Auswertung des statistischen Versuchsplans anhand der Ra- und Rz-Werte zur Beschreibung der Oberflächenrauheitsveränderung

Versuch	As-built		ECP	
	Ra [µm]	Rz [µm]	Ra [µm]	Rz [µm]
1	81,6±24,1	284,1±82,5	70,1±23,1	213,1±81,9
2			54,2±20,7	185,8±72,7
3	79,7±23,6	282,6±89,4	65,1±22,5	176,2±64,9
4			60,8±18,9	173,5±67,7
5	76,1±19,9	287,5±84,3	69,7±19,8	241,3±77,2
6			80,0±20,6	260,6±72,8
7	85,4±26,5	299,8±89,5	82,3±24,5	272,6±87,5
8			72,3±16,3	205,5±72,9
9	71,0±11,8	283,2±33,3	54,7±10,8	197,3±34,6
10			70,1±23,8	196,0±66,5
11	80,8±19,5	299,1±41,2	60,9±20,1	161,6±34,8
12			48,1±14,4	140,3±33,3
13	86,0±21,8	309,8±50,5	72,3±18,7	237,5±52,6
14			64,5±12,3	254,7±47,8
15	71,1±10,2	295,9±44,2	55,0±11,6	192,9±44,9
16			63,2±14,9	198,3±41,3

Die größte Veränderung konnte für Probe 12 erfasst werden. Im Vergleich zur Probe 6, d. h. der Probe mit der geringsten Oberflächenverbesserung, wurde eine längere Versuchsdauer (insgesamt 600 s), eine höhere Temperatur (20 °C) und eine andere Geometrie (eckig) verwendet. Hierbei konnte der Ra-Wert von $80,8 \pm 19,5$ µm auf $48,1 \pm 14,4$ µm reduziert werden, was einer Reduzierung um mehr als 40 % entspricht. Analog dazu konnte der Rz-Wert ebenfalls signifikant verbessert werden, wobei die Probe im as-built Zustand einen Rz-Wert von $299,1 \pm 41,2$ µm aufweist. Nach dem ECP konnte lediglich ein Rz-Wert von $140,3 \pm 33,3$ µm ermittelt werden, was einer Abnahme von mehr als 53 % entspricht. In Abbildung 5.20 sind exemplarische 2D-Querschnittsaufnahmen des rekonstruierten 3D-Volumen für die Probe 12 vor (vgl. Abbildung 5.20a) und nach dem ECP (vgl. Abbildung 5.20b) dargestellt. Wie bereits gezeigt, weisen die PBF-EB/M-gefertigten Bauteile im as-built Zustand eine unregelmäßige Oberflächentopografie auf, wobei sowohl teilweise aufgeschmolzene Pulverpartikel als auch Stapelunregelmäßigkeiten, resultierend aus dem Herstellungsprozess, detektiert werden können. Durch das ECP können nahezu alle teilweise aufgeschmolzenen Pulverpartikel abgetragen werden. Weiterhin wurden vorhandene Hinterschneidungen reduziert, sodass der Probekörper eine gleichmäßigere Form aufweist. Eine detailliertere Betrachtung und Bewertung der Faktoren sowie deren Wechselwirkungen soll in einer zukünftigen Arbeit erfolgen. Das ECP wurde in der Vergangenheit bereits in vielen Arbeiten zur Verbesserung der Oberflächenqualität von Bauteilen eingesetzt und ist somit für Industriebereiche wie die Luft- und Raumfahrtindustrie, die Medizintechnik und die Nautik interessant [146,148,150]. Es bietet sich besonders für Bauteile an, die eine komplexe bzw. verrundete Form aufweisen und mit mechanischen Verfahren wie dem Schleifen oder Sandstrahlen nicht bzw. nicht ausreichend bearbeitet werden können [148]. Im Rahmen der Untersuchungen wurde ein statistischer Versuchsplan entwickelt, um Einflussfaktoren wie die Stromstärke, die Zeit, die Elektrolyttemperatur sowie die Geometrie zu untersuchen.

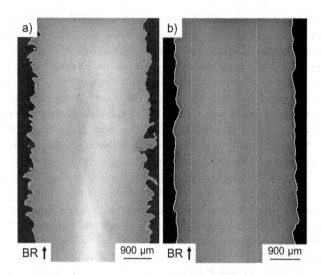

Abbildung 5.20 Computertomografische Querschnittsaufnahmen der Probe 12 a) vor und b) nach dem elektrochemischen Polieren

Anhand der Ergebnisse konnte eine signifikante Verbesserung der Oberflächenqualität erzielt werden. Die besten Parameter führten zu einem um rund 40 % reduzierten Ra- und einen um 53 % reduzierten Rz-Wert auf. In Untersuchungen von Jain et al. [151] wurde das ECP zur Verringerung der Oberflächenrauheit von PBF-LB/M-gefertigten IN718-Proben eingesetzt. Als Kathode wurde hier eine Ti-Gegenelektrode verwendet. Innerhalb der Versuche wurden ähnliche Parameter wie die Stromdichte und die Zeit variiert. Als zusätzliche Einflussgröße wurde die Art der Gleichstromzuführung (kontinuierlich oder pulsiert) betrachtet. Generell konnte auch hier eine erhebliche Reduzierung der Oberflächenrauheit erzielt werden, wobei die beste Parameterkombination zu einem minimalen Ra-Wert von 0,25 μm führten. Im Vergleich dazu sind die Oberflächenrauheiten der untersuchten Proben nach dem ECP wesentlich erhöht, was mitunter daran liegen kann, dass die Oberflächenrauheit im Vergleich zum PBF-EB/M-Verfahren höher ist. In den Untersuchungen wiesen die Proben Ra-Werte im Bereich von 71–81 μm im as-built Zustand auf, während die PBF-LB/M-gefertigten Proben lediglich eine Oberflächenrauheit von Ra = 17–20 μm aufwiesen. Durch die Autoren konnte ferner gezeigt werden, dass die minimale Oberflächenrauheit durch ein weiteres ECP nicht mehr reduziert werden kann, was auf nichtleitende Phasen und Defekte im Material zurückgeführt wurde. Die Autoren postulierten, dass eine

Homogenisierung und eine HIP-Behandlung vor dem ECP durchgeführt werden sollte, um die Laves-Phase und innenliegende Poren zu eliminieren und damit eine gleichmäßigere Oberfläche zu erzeugen. In Untersuchungen von Huang et al. [263] wurde ebenfalls der Einfluss des ECP auf die Oberflächeneigenschaften von gewalztem IN718 untersucht. Als Elektrolyt wurde hier eine Kombination aus Perchlor- und Essigsäure verwendet. Neben dem Anteil an Perchlorsäure wurde ebenfalls die Temperatur variiert, wobei minimale Ra-Werte von 0,13 µm detektiert werden konnten. Anhand der Literatur wird deutlich, dass die initiale Oberflächenrauheit einen entscheidenden Einfluss auf das spätere Polierergebnis nimmt. Somit sollte bereits im Herstellungsprozess ein optimales Prozessparameterfenster identifiziert werden, dass eine minimale as-built Oberflächenrauheit einstellt. Neben dem ECP wird in aktuellen Unter-suchungen [59,152,153] auch das chemische Ätzen zur Verbesserung der Oberflächenrauheit eingesetzt. In [134] wurde sowohl das chemische Ätzen als auch das ECP zur Verbesserung der Oberflächenqualität eingesetzt, um die Vorteile beider Verfahren zu kombinieren. Dies scheint eine gute Herangehensweise für zukünftige Untersuchungen im Bereich PBF-EB/M-gefertigter Bauteile zu sein, wobei die as-built Oberflächenrauheit in einem ersten Schritt durch das chemische Ätzen auf ein niedrigeres Niveau gebracht und anschließend mittels ECP weiterbearbeitet und finalisiert werden kann.

5.3.2 Komplexe PBF-EB/M-gefertigte Probekörper

In einem nächsten Schritt soll überprüft werden, ob das ECP-Verfahren auch für die Bearbeitung von komplexeren PBF-EB/M-gefertigten Probekörpern eingesetzt werden kann. Hierfür wurden Gitterstrukturen bestehend aus $2 \times 2 \times 2$ Einheitszellen und vergleichbarer relativer Dichte verwendet. An der Unterseite befindet sich eine Vollmaterialplatte und auf der Oberseite ein Adapter, um die Probe im experimentellen Versuchsaufbau zu fixieren und in das Elektrolytbad einzutauchen. Analog zu den vorherigen Versuchen wurde wieder eine Stromdichte-Potential-Kurve aufgezeichnet, die keine signifikanten Unterschiede zu den vorherigen Ergebnissen aufwies. Innerhalb eines ersten Versuchs wurden vergleichbare ECP-Parameter wie für Probe 12 (vgl. Abschnitt 5.3.1) verwendet. Schon auf den ersten Blick fällt auf, dass die Gitterstruktur lediglich an den Außenkanten elektrochemisch poliert wurden und kein Materialabtrag im Inneren erfolgt ist (vgl. Abbildung 5.21a). Nachfolgend wurden einige Versuchsparameter wie die Stromstärke und die Polierdauer variiert, allerdings konnte keine Veränderung des Polierergebnisses erzielt werden. Für einen Materialabtrag im Inneren der Gitterstruktur musste deshalb der vorhandene Versuchsaufbau angepasst werden.

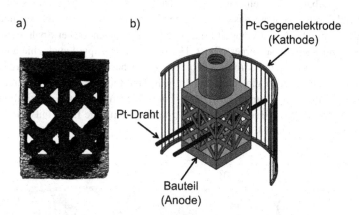

Abbildung 5.21   a) Versuchsergebnis mit bisherigem Versuchsaufbau und b) schematische Darstellung des veränderten Versuchsaufbaus für das elektrochemische Polieren komplexer PBF-EB/M-gefertigter Bauteile

Die Anordnung der Anode und der Referenzelektrode wurden dabei nicht verändert. Allerdings wurde die Gitterstruktur in ein Kunststoffgehäuse eingesetzt. Das Kunststoffgehäuse weist hierbei eine ähnliche Form wie die eigentliche Gitterstruktur auf, sodass ein Einfließen des Elektrolyten sichergestellt ist. Durch die Öffnungen wurden einzelne oder mehrere Platindrähte (Pt-Draht) eingeführt. Wichtig war hierbei, dass kein Kontakt zwischen Anode und Kathode vorliegt und der Pt-Draht anschließend mit dem Platinkäfig (Pt-Gegenelektrode) verbunden ist, sodass ein Stromfluss ermöglicht wird. Durch das Einführen des Pt-Drahts wird die Kathode innerhalb der Anode zentral positioniert, wodurch ein Materialabtrag ermöglicht werden soll. Eine schematische Darstellung des abgeänderten experimentellen Versuchsaufbaus ist in Abbildung 5.21b abgebildet. Nachfolgend wurde erneut eine Gitterstruktur mit den gleichen ECP-Parametern, die für Probe 12 verwendet wurden (vgl. Abschnitt 5.3.1), bearbeitet. Die extrahierten 2D-Querschnittsaufnahmen für die Gitterstruktur vor und nach dem ECP sind in Abbildung 5.22a und b dargestellt. Innerhalb einer ersten qualitativen Betrachtung kann vor allem für die oberen Stege eine eindeutige Verbesserung beobachtet werden. Die vorliegenden Ergebnisse sollen an dieser Stelle jedoch nur als eine allgemeine Machbarkeitsstudie angesehen werden. Eine quantitative Betrachtung der Rauheitsveränderung soll in zukünftigen Arbeiten mit Hilfe des entwickelten Auswerteprogramms (vgl. Abschnitt 5.2.2) erfolgen. Zusätzlich sollte der Versuchsaufbau weiter optimiert werden. In dem abgeänderten Versuchsaufbau wurde ein einfacher Pt-Draht verwendet. Zukünftig sollte die Gegenelektrode mehr an das zu bearbeitende Bauteil angepasst werden und im Idealfall eine Art Negativmodell bilden, sodass ein gleich großer Spalt zwischen Anode und Kathode sichergestellt ist. Hierbei wäre prinzipiell auch eine additive Herstellung der Gegenelektrode denkbar. In den bisherigen Versuchen wurden die Bearbeitungsparameter global eingestellt, was dazu führen kann, dass es trotz der angepassten Gegenelektrode zu lokalen Unterschieden in der Oberflächenrauheit kommen kann, da die Bauteiloberfläche eine unregelmäßige Form mit Hoch- und Tiefpunkten aufweisen kann.

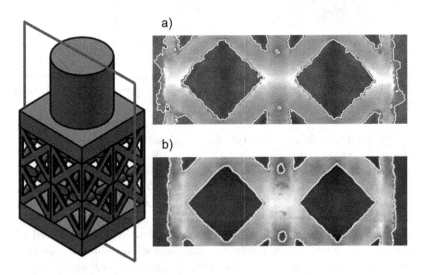

Abbildung 5.22 Darstellung der 2D-Querschnittsaufnahmen a) vor und b) nach dem elektrochemischen Polieren mit verändertem Versuchsaufbau

Eine lokale Anpassung der Bearbeitungsparameter könnte hier das Mittel der Wahl sein, um eine gleichmäßige Oberflächentopografie bzw. eine Nivellierung zu ermöglichen. Um dies zu adressieren, könnte die Gegenelektrode mit einem integrierten Abstandssensor ausgestattet sein, der die Distanz zwischen Anode und Kathode erfasst. Die Abstandsmessung könnte hierbei mittels Infrarot- , Ultraschall- oder Lasersensor erfolgen. In Abhängigkeit der ermittelten Distanz werden dann die lokalen Bearbeitungsparameter definiert. Hierfür müssen die Abtragsraten für das zu bearbeitende Material in umfangreichen Parameterstudien ermittelt und mögliche Einflussgrößen identifiziert und verstanden werden. Eine Kontrolle des Polierergebnisses kann anschließend durch eine erneute Abstandsmessung erfolgen. Aufgrund der kontaktlosen Bearbeitung können somit neben offenporigen komplexen Bauteilen auch innenliegende Strukturen, wie bspw. Kühlkanäle, bearbeitet werden. Eine Prozessautomatisierung könnte dann die Versuchsführung erleichtern und die -dauer maßgeblich verkürzen, wodurch das ECP für weitere industrielle Anwendungen qualifiziert werden kann, was bereits von Jain et al. [151] postuliert wurde.

5.4 Mechanische Charakterisierung

5.4.1 Quasistatische Werkstoffeigenschaften

Vollmaterialproben
Innerhalb der quasistatischen Zugversuche wurde für das Vollmaterial der as-built und der polierte Oberflächenzustand untersucht. Da der Materialzustand für keine Probengeometrie verändert wurde, wird nachfolgend nur noch vom as-built und polierten Zustand gesprochen. Die verwendeten Probengeometrien sowie die Versuchsparameter können Abschnitt 4.3 und 4.7 entnommen werden.

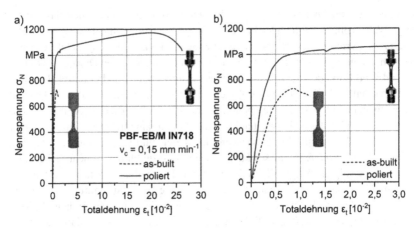

Abbildung 5.23 Spannungs-Dehnungs-Diagramme für die PBF-EB/M-gefertigten IN718-Vollmaterialproben im as-built und polierten Zustand

Die gemittelten Spannungs-Dehnungs-Kurven der quasistatischen Zugversuche für jeweils drei Proben sind in Abbildung 5.23a dargestellt. Zur besseren Veranschaulichung ist der Totaldehnungsbereich zwischen 0 und 3 % in Abbildung 5.23b hervorgehoben. Die Spannungs-Dehnungs-Kurve für den polierten Zustand ist in einer durchgezogenen und für den as-built Zustand in einer gestrichelten Linie dargestellt. Die entsprechenden Werte für $R_{p,0,2}$, R_m und A sind in Tabelle 5.5 gelistet. Wie zu erkennen ist, variieren die quasistatischen Werkstoffeigenschaften signifikant für die zwei untersuchten Zustände. Für die polierten Probekörper konnte eine 0,2 %-Dehngrenze von $R_{p,0,2} = 982 \pm 52$ MPa und eine Zugfestigkeit von $R_m = 1174 \pm 29$ MPa ermittelt werden. Die Bruchdehnung A liegt bei rund $27{,}8 \pm 1{,}4$ %. Für den as-built Zustand wurden generell niedrigere Werte für $R_{p,0,2}$ und R_m detektiert. Im Vergleich wurde eine Zugfestigkeit $R_m = 744 \pm 31$ MPa bestimmt, was einer Abnahme von mehr als 35 % entspricht. Vergleichbare Trends sind auch in den Ergebnissen für $R_{p,0,2}$ sichtbar. Die größten Abweichungen konnten in den Ergebnissen für die Bruchdehnung erfasst werden, wobei für den as-built Zustand eine Bruchdehnung $A = 0{,}6 \pm 0{,}2$ % bestimmt wurde, was einer Abnahme > 95 % entspricht. Die Ergebnisse zeigen, dass die as-built Oberflächenrauheit schlechtere quasistatischen Eigenschaften hervorruft, wobei vor allem die Bruchdehnung reduziert wird.

Tabelle 5.5 Gemittelte mechanische Kennwerte der quasistatischen Zugversuche für die PBF-EB/M-gefertigte IN718-Legierung im as-built und polierten Oberflächenzustand

Oberflächenzustand	0,2 %-Dehngrenze $R_{p0,2}$ [MPa]	Zugfestigkeit R_m [MPa]	Bruchdehnung A [%]
As-built	718 ± 23	744 ± 31	$0,6 \pm 0,2$
Poliert	982 ± 52	1174 ± 29	$27,8 \pm 1,4$

Für den polierten Zustand konnten in der Literatur bisher 0,2 %-Dehngrenzen im Bereich von 580–980 MPa und Zugfestigkeiten im Bereich von 845–1167 MPa dokumentiert werden [198,208]. Die ermittelten Bruchdehnungen wichen dabei erheblich voneinander ab und reichten von 8,2 bis 24,5 %. Im Vergleich dazu konnten leicht erhöhte mechanische Festigkeiten für die Probekörper im polierten Zustand ermittelt werden. Als möglicher Grund können einerseits die verwendeten Prozessparameter angeführt werden und andererseits der gealterte Materialzustand, da sich ausscheidungshärtende Phasen bereits im Bauprozess gebildet haben. Im Vergleich zum PBF-LB/M-Prozess können ebenfalls leicht erhöhte mechanische Eigenschaften festgestellt werden [264], was das hohe Potential des PBF-EB/M-Prozesses zeigt. Für den as-built Zustand sind in der Literatur bisher keine mechanischen Kennwerte dokumentiert. Allgemein wurden im Vergleich zum polierten Zustand geringere quasistatische Eigenschaften ermittelt. Ein möglicher Grund hierfür können prozessinduzierte Defekte sein, die aus nicht optimalen Prozessparametern resultieren. Wie auf Basis der µCT-Analysen gezeigt werden konnte, weisen die endkonturnahen Probekörper (as-built Zustand) sowohl oberflächennahe als auch innere Defekte auf. Besonders kritisch zu betrachten sind oberflächennahe Anbindungsfehler, die die Ausbildung von Kerbdefekten fördern. Dies resultiert in einer Herabsetzung der mechanischen Eigenschaften. Im Einzelnen konnte eine Abnahme der Zugfestigkeit um mehr als 35 % festgestellt werden. Besonders beeinflusst wurde die Bruchdehnung durch die as-built Oberflächenrauheit, wobei hier eine Abnahme von mehr als 95 % festgestellt wurde. Zur Verbesserung der mechanischen Eigenschaften werden häufig nachträgliche Wärmebehandlungen durchgeführt, wodurch die 0,2 %-Dehngrenze und die Zugfestigkeit erhöht werden kann. In Arbeiten von Al-Juboori et al. [198] konnte eine maximale 0,2 %-Dehngrenze von 1290 MPa und eine Zugfestigkeit von 1440 MPa erreicht werden. Leicht niedrigere Kennwerte wurden von Balachandramurthi et al. [57] dokumentiert. Durch eine zusätzliche HIP-Behandlung kann die Bruchdehnung erheblich verbessert werden, da innere Defekte geschlossen werden [57]. Eine

Veränderung der Mikrostruktur konnte durch die nachträgliche Wärmebehandlung nicht festgestellt werden [187]. Im Vergleich zur Knetlegierung weisen die PBF-EB/M-gefertigten IN718-Probekörper eine niedrigere Festigkeit auf. Durch eine kombinierte Wärmebehandlung + HIP können vergleichbare bzw. bessere mechanische Eigenschaften erzielt werden, was bereits in der Literatur gezeigt werden konnte.

Gitterstrukturen
Die Spannungs-Dehnungs-Kurve, die innerhalb des Zugversuchs für die IN718-Gitterstruktur aufgezeichnet wurde, ist in Abbildung 5.24 dargestellt. Im Vergleich zum Vollmaterial kann generell ein abweichender Verlauf beobachtet werden. Zu Beginn erfolgt ein linear-elastischer Anstieg, wobei eine 0,2 %-Dehngrenze von $R_{p,0,2} = 470$ MPa ermittelt wurde. Der Übergang in den plastischen Bereich ist fließend und es bildet sich eine Maximalspannung aus. Für die untersuchte Gitterstruktur konnte dabei eine Zugfestigkeit $R_m = 556$ MPa bestimmt werden. Anders als für das Vollmaterial wird die Bruchdehnung A bei Erreichen der Zugfestigkeit abgelesen und beträgt rund 0,9 %. Nach Erreichen der Zugfestigkeit können erste kleinere Lastabfälle detektiert werden, die auf das Versagen einzelner Stege zurückgeführt werden können. Nach einem Lastabfall erfolgt ein erneuter Spannungsanstieg bis das nächste Versagen innerhalb der Gitterstruktur eintritt. Mit zunehmender Dehnung können auch signifikante Lastabfälle festgestellt werden.

Abbildung 5.24
Spannungs-Dehnungs-Diagramm für die PBF-EB/M-gefertigten IN718-Gitterstruktur vom Typ F_2CC_Z

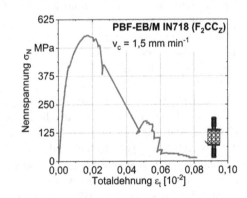

Diese resultieren aus der Schädigungsakkumulation, wobei letztendlich mehrere zusammenhängende Einheitszellen versagen. Nach dem ersten signifikanten

Lastabfall kann von der Gitterstruktur eine erneute Last von rund $0,76 \times R_m$ ertragen werden, bevor ein nächster größerer Lastabfall identifiziert werden kann. Diese Vorgänge wiederholen sich jeweils auf geringeren Spannungsniveaus bis zum vollständigen Probenversagen.

Eine Einordnung der Versuchsergebnisse ist aufgrund der Vielzahl von Faktoren bzw. Einflussgrößen schwierig. Allgemein gehören Gitterstrukturen, genauso wie Schäume und Wabenstrukturen zur Gruppe der zellularen Strukturen. Maßgeblich beeinflusst werden die zugrundeliegenden mechanischen Eigenschaften solcher Strukturen durch das Grundmaterial, sowie durch die Zellmorphologie und die relative Dichte [67]. Wird zusätzlich das Herstellungsverfahren, in diesem Fall das PBF-EB/M-Verfahren, berücksichtigt, kommen weitere Einflussgrößen hinzu, wobei die verwendeten Prozessparameter die Eigenschaften des Grundmaterials sowie die initiale Defektdichte und die Oberflächenrauheit definieren. Weiterhin wurden in bisherigen Arbeiten fast ausschließlich quasistatische Druckversuche zur Überprüfung möglicher Einflussgrößen durchgeführt, was mitunter auch daran liegt, dass für AM-Gitterstrukturen bisher nur wenige Normen vorhanden sind. Mit der ISO 13314 [209] steht aktuell nur eine Norm für die Prüfung der quasistatischen Druckeigenschaften von zellularen Strukturen zur Verfügung. Um diese Lücke zu schließen, müssen zukünftig weitere Normen hinzukommen, sodass eine umfassende Einordnung der Ergebnisse mit Literaturwerten sichergestellt werden kann.

Die vorteilhaften Eigenschaften von Gitterstrukturen konnten bereits von Cheng et al. [93] aufgezeigt werden. Innerhalb der Untersuchungen wurde das Verformungsverhalten von Schäumen und Gitterstrukturen, die mittels PBF-EB/M-Prozess hergestellt wurden, verglichen. Die Gitterstrukturen wiesen im Vergleich zu den Schäumen eine bessere spezifische Festigkeit und Steifigkeit auf. Generell setzen sich Gitterstrukturen durch Wiederholung und Aneinanderreihung von Einheitszellen mit einer definierten Geometrie im 3D-Raum zusammen [265]. Bei der betrachteten F_2CC_Z-Einheitszelle handelt es sich übergeordnet um eine Gitterstruktur, die ein dehnungsdominiertes Verformungsverhalten aufweist. Allerdings zeigen dehnungsdominierte Gitterstrukturen ein eher sprödes Strukturverhalten auf, was anhand der Versuchsergebnisse für die Bruchdehnung und anhand der starken Lastabfälle deutlich wird. Nach Erreichen des ersten signifikanten Lastabfalls, d. h. nach einer Schädigung multipler Stege, konnte von der Gitterstruktur eine erneute Last von $0,76 \times R_m$ ertragen werden. In Untersuchungen von Goodall et al. [106] wurde der Einfluss von Defekten in Form von fehlenden Stegen in der Gitterstruktur betrachtet. Hier konnte gezeigt werden, dass die mechanische Festigkeit mit zunehmender Anzahl von fehlenden

Stegen abnimmt. Dies kann mit dem zunehmenden Schädigungsfortschritt während der quasistatischen Zugversuche korreliert werden, wodurch die niedrigeren resultierenden Spannungsniveaus nach einem Lastabfall erklärt werden können. Untersuchungen hinsichtlich IN718-Gitterstrukturen wurden bisher nur auf Basis des PBF-LB/M-Verfahrens durchgeführt. Huynh et al. [211] konnten im Vergleich zum Vollmaterial geringere Festigkeiten für Gitterstrukturen in quasistatischen Zugversuchen erfassen, was auf Spannungskonzentrationen und die Gittermorphologie zurückgeführt werden konnte. Spannungskonzentrationen bilden sich dabei bevorzugt an lokalen Heterogenitäten an der Strukturoberfläche. Ähnliche Ergebnisse konnten von Parthasarathy et al. [108] gezeigt werden, wobei die maximale Spannung innerhalb der quasistatischen Untersuchungen in Abhängigkeit vorhandener Spannungskonzentrationen negativ beeinflusst wurde. Ein weiterer zu berücksichtigender Faktor ist der Vergleich der Soll-/Ist-Geometrie, da in der Literatur und in Abschnitt 5.2.2 bereits gezeigt werden konnte, dass in Abhängigkeit der Stegorientierung zur Baurichtung sowohl positive als auch negative Abweichungen auftreten können, was auf die verwendeten Prozessparameter zurückgeführt wird [110]. Um dies in mechanischen Untersuchungen zu berücksichtigen, wurde eine Methode entwickelt, die die Bestimmung des nominellen Probenquerschnitts auf Basis von μCT-Datensätzen ermöglicht und somit eine realitätsnähere Auskunft über die mechanischen Eigenschaften gibt.

In Tabelle 5.6 sind die gemittelten mechanischen Kennwerte für die Vollmaterialproben im as-built und polierten Zustand sowie für die F_2CC_Z-Gitterstruktur zusammengefasst. Grund für die niedrigere Festigkeit der Vollmaterialproben im as-built Zustand ist die Ausbildung von Spannungskonzentrationen in Folge der unregelmäßigen Oberflächentopografie [108]. Wird nun die Gitterstruktur eingeordnet, so wird deutlich, dass die steigende Bauteilkomplexität die mechanischen Eigenschaften weiter herabsetzt. Wird der Einfluss der Bauteilkomplexität separat betrachtet, d. h. im Vergleich zum as-built Vollmaterial, kann eine Abnahme der Zugfestigkeit um 25 % festgestellt werden. Ähnliche Tendenzen sind auch in den Ergebnissen für $R_{p,0,2}$ sichtbar. Eine mögliche Erklärung kann hierbei durch das erhöhte Oberflächen-Volumen-Verhältnis gegeben werden. Es ist davon auszugehen, dass mit steigender Oberfläche auch die Wahrscheinlichkeit für die Ausbildung kritischer Spannungskonzentrationen erhöht wird, wodurch die mechanische Festigkeit herabgesetzt wird. Der überlagernde Einfluss von Oberflächenrauheit und Bauteilkomplexität führt zu einer Abnahme von rund 50 % sowohl für die 0,2 %-Dehngrenze als auch für die Zugfestigkeit.

Tabelle 5.6 Gemittelte mechanische Kennwerte der quasistatischen Zugversuche für die PBF-EB/M-gefertigte IN718-Legierung im as-built und polierten Zustand sowie für die Gitterstruktur vom Typ F_2CC_Z

Probentyp	Vollmaterial	Vollmaterial	F_2CC_Z-Gitterstruktur
Oberflächenzustand	As-built	Poliert	As-built
0,2 %-Dehngrenze $R_{p0,2}$ [MPa]	718 ± 23	982 ± 52	470
Zugfestigkeit R_m [MPa]	744 ± 31	1174 ± 29	556
Bruchdehnung A [10^{-2}]	$0,6 \pm 0,2$	$27,8 \pm 1,4$	0,9

Wird die Entwicklung der Bruchdehnung betrachtet, so kann durch die steigende Bauteilkomplexität keine weitere Abnahme festgestellt werden. Hier scheint der Einfluss der Oberflächenrauheit dominanter zu sein, da zwischen as-built und poliertem Zustand eine Abnahme der Bruchdehnung von mehr als 95 % detektiert werden konnte. Werden beide Einflüsse, d. h. Oberflächenrauheit und Bauteilkomplexität, miteinander verglichen, so ist der Einfluss der Oberflächenrauheit als signifikanter einzustufen und sollte mittels Nachbearbeitungsverfahren adressiert werden, um die mechanische Festigkeit im Vergleich zum polierten Zustand weiter anzunähern.

5.4.2 Zyklische Werkstoffeigenschaften

Vollmaterialproben
Zur weiterführenden mechanischen Untersuchung der PBF-EB/M-gefertigten IN718-Legierung wurden die hergestellten Proben lebensdauerorientiert charakterisiert. Dafür wurden ESV für Proben im as-built und polierten Zustand durchgeführt. Die Versuchsparameter können Abschnitt 4.7 entnommen werden. Die Ergebnisse der ESV sind für die beiden Zustände in Abbildung 5.25 dargestellt. Die einzelnen Bruchlastspielzahlen sind in Abhängigkeit der Spannungsamplitude für die Proben im as-built Zustand in dunkelblau (Rauten) und für die Proben im polierten Zustand in blau (Dreiecke) aufgetragen. Wie zu erwarten, weisen die Proben im polierten Zustand bessere Ermüdungseigenschaften auf. Ein Durchläufer (Grenzlastspielzahl: $N_G = 2 \times 10^6$) konnte für beide Zustände erzeugt werden.

Für den polierten Zustand wurde dabei eine maximale Spannungsamplitude von $\sigma_a = 280$ MPa und für den as-built Zustand von $\sigma_a = 130$ MPa erreicht. Zusätzlich kann festgehalten werden, dass die Streuung in der Lebensdauer für einzelne Spannungsamplituden für die polierten Proben wesentlich geringer ist als für den as-built Zustand. Dies wird besonders für höhere Spannungsamplituden deutlich. Vergleichbare zyklische Eigenschaften für den polierten Zustand wurden bereits von Kirka et al. [197] beschrieben. Für den as-built Zustand sind in der Literatur bisher keine experimentellen Daten dokumentiert.

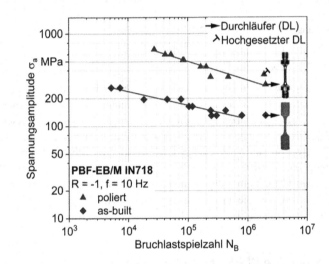

Abbildung 5.25 Darstellung der Wöhler-Kurven für die PBF-EB/M-gefertigte IN718-Legierung im as-built (Dreiecke) und polierten Zustand (Rauten)

Entscheidend für eine Vergleichbarkeit mit anderen wissenschaftlichen Arbeiten ist die Berücksichtigung der geometrischen Abweichungen im Vergleich zur CAD-Geometrie, die bereits in Abschnitt 5.2.1 beschrieben wurden. Um dies zu adressieren, wurden die nominellen Probenquerschnitte mithilfe der μCT-Datensätze bestimmt und in mechanischen Versuchen verwendet. Hinsichtlich des Einflusses der Oberflächenrauheit auf die zyklischen Eigenschaften wurde in Arbeiten von Chan [216] gezeigt, dass die Oberflächenrauheit zu einer Reduzierung der Ermüdungsfestigkeit um 60 bis 75 % führen kann. Dies ist auf Spannungskonzentrationen zurückzuführen, die aus Oberflächendefekten wie bspw. Kerb-defekten resultieren. Werden die Spannungsamplituden bei der Grenzlastspielzahl 2×10^6 verglichen, so kann eine Reduzierung der Ermüdungsfestigkeit um rund 54 % detektiert werden.

Tabelle 5.7 Gewählte Basquin-Parameter zur Abschätzung der Lebensdauer für die PBF-EB/M-gefertigte IN718-Legierung im as-built und polierten Oberflächenzustand

Probentyp	Ermüdungsfestigkeitskoeffizient σ'_f [MPa]	Ermüdungsfestigkeitsexponent b [–]	Ermüdungsfestigkeit ($N_G = 10^6$)	Bestimmtheitsmaß R^2 [–]
Vollmat. (as-built)	955,6	−0,151	120	0,93
Vollmat. (poliert)	5498,6	−0,207	310	0,88

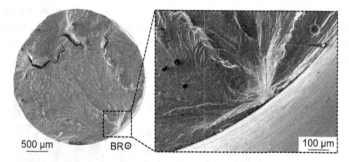

Abbildung 5.26 Fraktografische Aufnahme einer Vollmaterialprobe im polierten Zustand ($\sigma_a = 520$ MPa, $N_B = 82.725$)

Wird dieser Wert mit den Ergebnissen der quasistatischen Zugversuche für die gleichen Zustände verglichen, so kann gezeigt werden, dass die as-built Oberflächenrauheit einen größeren Einfluss auf die zyklischen als auf die quasistatischen Eigenschaften hat. Der Einfluss der Baurichtung auf die zyklischen Eigenschaften wurde nicht untersucht. Jedoch konnte durch Persenot et al. [61] gezeigt werden, dass vertikal orientierte Stege die höchste prozessinduzierte Oberflächenrauheit aufweisen, was auf Kerbdefekte und ihre Orientierung zur Belastungsrichtung zurückgeführt werden kann. Weiterhin wurde von den Autoren gezeigt, dass die prozessinduzierte Oberflächenrauheit im direkten Zusammenhang mit den

zyklischen Eigenschaften steht. Dies bedeutet, dass eine Verbesserung der Oberflächenqualität gleichzeitig auch eine Verbesserung der zyklischen Eigenschaften
bewirken kann. Zur Abschätzung der Lebensdauer der PBF-EB/M-gefertigten
IN718-Legierung im Bereich zwischen 10^4 und 10^6 Lastspielen wurde die
Basquin-Gleichung verwendet [163]. Die ermittelten Basquin-Parameter für den
as-built und den polierten Zustand sind in Tabelle 5.7 gelistet und in Abbildung 5.25 angegeben. Insgesamt stimmen die berechneten Basquin-Gleichungen
sehr gut mit den experimentellen Ergebnissen überein, was auch in den Werten
für das Bestimmtheitsmaß R^2 deutlich wird. Nichtsdestotrotz können erhebliche
Streuungen in den Ergebnissen der Bruchlastspielzahl für den as-built Zustand auf
einzelnen Spannungsniveaus detektiert werden. Um dies genauer zu betrachten,
wurden fraktografische Aufnahmen für eine exemplarische Probe im as-built und
polierten Zustand erstellt. Die fraktografische Oberfläche einer Probe im polierten Zustand, die bei einer Spannungsamplitude $\sigma_a = 520$ MPa ($N_B = 82.725$)
getestet wurde, ist in Abbildung 5.26 dargestellt. Die Bruchfläche weist die für
die Ermüdungsbeanspruchung typische Form auf, wobei der Anriss an der Oberfläche stattfindet. Ausgehend von dieser Position kann ein Bereich des stabilen
Risswachstums erkannt werden, der durch eine glatte Bruchfläche gekennzeichnet
ist. Zuletzt kann die Restgewaltbruchfläche beobachtet werden, wobei hier von
einem duktilen Restgewaltbruch ausgegangen werden kann.

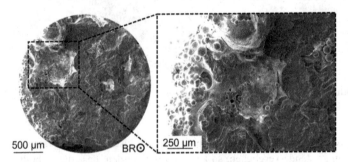

Abbildung 5.27 Fraktografische Aufnahme einer Vollmaterialprobe im as-built (gealter-
ten) Zustand ($\sigma_a = 120$ MPa, $N_B = 76.722$)

Für den polierten Zustand konnten Anrissstellen nahezu ausschließlich an
der Oberfläche oder im oberflächennahen Bereich ermittelt werden. Bei weiterer Betrachtung der Bruchfläche können keinerlei Anbindungsfehler und nur eine
sehr geringe Anzahl von Gasporen identifiziert werden, was mit den Ergebnissen aus der Mikrostruktur- und Defektcharakterisierung (vgl. Abschnitt 5.1.1)

übereinstimmt. Zur Untersuchung der großen Streuungen innerhalb einzelner Spannungsniveaus wurde für die fraktografische Analyse des as-built Zustands eine Probe ausgewählt, die auf dem gewählten Spannungsniveau früh versagt ist. Die Bruchfläche einer Probe, die bei einer Spannungsamplitude $\sigma_a = 195$ MPa ($N_B = 76.722$) getestet wurde, ist in Abbildung 5.27 dargestellt. Allgemein weicht die fraktografische Aufnahme im Vergleich zur Bruchfläche der polierten Probe erheblich ab. An der Oberfläche sowie im oberflächennahen Bereich können nicht aufgeschmolzene Pulverpartikel beobachtet werden. Zusätzlich kann ein Anbindungsfehler in direktem Kontakt zur Oberfläche erfasst werden, der unter zyklischer Beanspruchung zur Ausbildung einer Spannungskonzentration führt. Dies resultiert in einer Herabsetzung der Lebensdauer, was bereits in Untersuchungen von Kahlin et al. [266] gezeigt werden konnte. Eine primäre Anrissstelle ist auf der Bruchfläche nur schwer zu detektieren und es kann davon ausgegangen werden, dass eine multiple Rissinitiierung stattfindet. Werden die Ergebnisse aus Abschnitt 5.2.1 berücksichtigt, so können die erheblichen Abweichungen in der Lastspielzahl auf die vorhandenen Oberflächendefekte wie bspw. Stapelunregelmäßigkeiten und Kerbdefekte zurückgeführt werden. Weiterhin wurde gezeigt, dass die Probenquerschnitte lokal variieren können, wodurch die Ausprägung möglicher Oberflächendefekte zusätzlich erleichtert wird.

Gitterstrukturen

Zur Charakterisierung des mechanischen Verhaltens der PBF-EB/M-gefertigten IN718-Gitterstrukturen wurden analog zum Vollmaterial zyklische Versuche durchgeführt. Für die Gitterstrukturen wird eine Kombination aus MSV und ESV gewählt, um eine zeit- und kosteneffiziente Charakterisierung der zyklischen Eigenschaften zu ermöglichen [159]. Sowohl während des MSV als auch den nachfolgenden ESV wurde die Gleichstrompotentialsonde und die DIC zur Erfassung von Werkstoffreaktionsgrößen wie bspw. die Totaldehnungsamplitude $\varepsilon_{a,t}$ und Widerstandsänderungen ΔR_{DC} eingesetzt. Besonders der initiale MSV soll als Grundlage für die Identifikation von Belastungsgrenzen dienen. Der detaillierte Versuchsaufbau ist in Abschnitt 4.7 beschrieben. Die Ergebnisse des MSV sind in Abbildung 5.28 dargestellt, wobei die Spannungsamplitude σ_a in schwarz, die Widerstandsänderungen ΔR_{DC} in orange und die Totaldehnungsamplitude $\varepsilon_{a,t}$ in braun dargestellt ist. Innerhalb des Versuchs wurde eine maximale Spannungsamplitude $\sigma_a = 100$ MPa mit einer Bruchlastspielzahl $N_B = 165.117$ erreicht. Nach rund 3×10^4 Lastspielen, d. h. beim Lastübergang von 30 auf 35 MPa, kann ein erster linearer Anstieg für $\varepsilon_{a,t}$ detektiert werden. Mit zunehmender Lastspielzahl geht der lineare Verlauf in ein exponentielles Wachstum über und wird durch das finale Versagen beendet. Für ΔR_{DC} kann eine erste Reaktion bei einer

Spannungsamplitude $\sigma_a = 75$ MPa erfasst werden. Der nachfolgende Verlauf ist vergleichbar mit den Ergebnissen für $\varepsilon_{a,t}$, allerdings können plötzliche Anstiege in ΔR_{DC} beobachtet werden, die auf das lokale Versagen einzelner Stege zurückgeführt werden können. Der Spannungsbereich zwischen erster Materialreaktion und finalem Versagen definiert die Spannungsniveaus für die nachfolgenden ESV, die im Bereich zwischen 25 und 105 MPa liegen. Wie bereits anhand der quasistatischen Zugversuche für die F_2CC_Z-Gitterstruktur und anhand des Standes der Technik deutlich wurde, weisen Gitterstrukturen im Allgemeinen ein komplexeres Verformungs- und Schädigungsverhalten auf. Um dies zu untersuchen, wird nachfolgend ein exemplarischer ESV mit zugehörigen Materialreaktionen für eine Gitterstruktur, die bei $\sigma_a = 95$ MPa ($N_B = 60.285$) geprüft wurde, detailliert betrachtet (vgl. Abbildung 5.29). Übereinstimmend mit den Ergebnissen des MSV ist σ_a in schwarz, ΔR_{DC} in orange und $\varepsilon_{a,t}$ in braun dargestellt. Basierend auf den erfassten Daten wurde zusätzlich der dynamische Elastizitätsmodul E_{dyn} (rot) sowie das Verhältnis zwischen $E_{dyn,\,Druck}$ und $E_{dyn,\,Zug}$ (dunkelrot) über der Lastspielzahl aufgetragen.

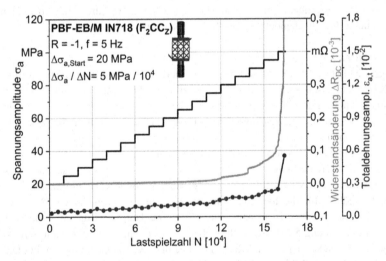

Abbildung 5.28 Lastspielzahlabhängige Darstellung der Widerstandsänderung und der Totaldehnungsamplitude zur Beschreibung der Verformungs- und Schädigungsprozesse F_2CC_Z-Gitterstruktur im Mehrstufenversuch

Weiterhin sind ausgewählte Hystereseschleifen zu spezifischen Zeitpunkten dargestellt. Analog zu den Ausführungen in Abschnitt 4.8 können innerhalb

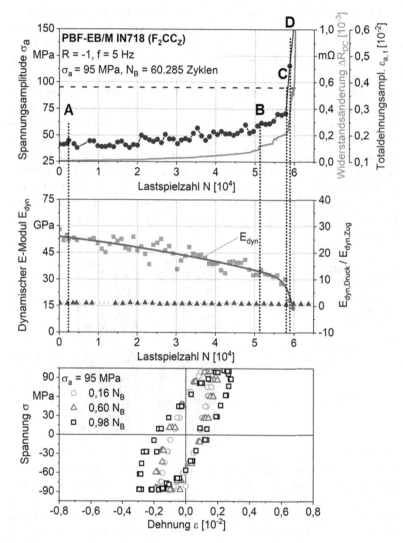

Abbildung 5.29 Lastspielzahlabhängige   Darstellung   der   Widerstandsänderung, der Totaldehnungsamplitude und des dynamischen Elastizitätsmoduls zur Bestimmung des Verformungs- und Schädigungsverhaltens einer F_2CC_Z-Gitterstruktur in einem Einstufenversuch ($\sigma_a = 95$ MPa, $N_B = 60.285$) sowie Darstellung der Spannungs-Dehnungs-Hysteresekurven

des ESV spezifische Materialreaktionen bestimmt werden, die mit A-D gekennzeichnet sind (vgl. Abbildung 5.29). Die dazugehörigen DIC-Aufnahmen sind
in Abbildung 5.30 abgebildet. Der Versagensort ist jeweils durch einen grauen
Kreis hervorgehoben. Zu Beginn des Versuchs (Zeitpunkt A) ist die Gitterstruktur
im schädigungsfreien Zustand dargestellt. Bei Betrachtung der Messgrößen fällt
jedoch auf, dass von Versuchsbeginn an ein linearer Anstieg für $\varepsilon_{a,t}$ und ΔR_{DC}
auftritt, was auf eine frühe Rissinitiierung und -ausbreitung in Folge des erhöhten Spannungsniveaus zurückgeführt werden kann [165]. Zum Zeitpunkt B kann
das erste Teilversagen innerhalb der Gitterstruktur festgestellt werden. Resultierend aus dem Teilversagen tritt ein plötzlicher Anstieg in ΔR_{DC} auf. Weiterhin
kann ein Steifigkeitsabfall festgestellt werden, der mit steigender Lastspielzahl
bis zum finalen Versagen weiter zunimmt. Zwischen Zeitpunkt B und C kann ein
weiterer plötzlicher Anstieg in ΔR_{DC} identifiziert werden, der anhand der DIC-
Aufnahmen nicht auf ein Teilversagen innerhalb der Gitterstruktur zurückgeführt
werden kann.

Abbildung 5.30
Aufnahmen der digitalen
Bildkorrelation zu
verschiedenen Zeitpunkten
(A-D) innerhalb eines
Einstufenversuchs für eine
F_2CC_Z-Gitterstruktur ($\sigma_a =$
95 MPa, $N_B = 60.285$)

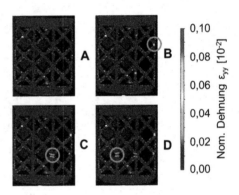

Vor dem Zeitpunkt C gehen alle Messgrößen von einem linearen Anstieg in
ein exponentielles Wachstum über. Ein weiteres Teilversagen kann zum Zeitpunkt
C und D innerhalb einer Einheitszellenebene, die senkrecht zur Belastungsrichtung liegt, beobachtet werden. Weiterhin kann festgestellt werden, dass das
Teilversagen zum Zeitpunkt D in der direkten Umgebung zum vorherigen Stegversagen stattgefunden hat. Weitere Erkenntnisse liefern die Hystereseschleifen
(vgl. Abbildung 5.29). Hier wird deutlich, dass die zunehmende Schädigung
zu einer Öffnung der Hystereseschleife führt. Besonders für hohe Lastspielzah-
len kann zusätzlich eine leichte Kippung festgestellt werden, die sowohl im
Druck- als auch Zugbereich auftritt, was ebenfalls durch das gleichbleibende

Verhältnis zwischen $E_{dyn, Druck}$ und $E_{dyn, Zug}$ bestätigt werden kann. Anders als beim Vollmaterial liegen für Gitterstrukturen eine Vielzahl von Bruchflächen vor. Eine Übersichtsaufnahme aller Bruchflächen und zwei Einzelbruchflächen sind in Abbildung 5.31a-c abgebildet. Analog zu den fraktografischen Aufnahmen für die endkonturnahen Probekörper im as-built Zustand kann auch für die Gitterstruktur keine klare Anrissstelle identifiziert werden. Allerdings weisen die Bruchflächen unterschiedliche Anteile zwischen der Fläche mit stabilem Risswachstum und der Restgewaltbruchfläche auf. Innerhalb der fraktografischen Analyse können sogar zwei Bruchflächen identifiziert werden, die fast ausschließlich eine Fläche mit stabilem Risswachstum (vgl. Abbildung 5.31b) und nahezu vollständigem Restgewaltbruch (vgl. Abbildung 5.31c) aufweisen. Dies lässt darauf schließen, dass anhand der fraktografischen Analyse eine prinzipielle Unterscheidung zwischen Stegen, die zu einem frühen und späten Zeitpunkt innerhalb des Versuchs versagt sind, erfolgen kann.

Abbildung 5.31 Fraktografische Aufnahme einer F_2CC_Z-Gitterstruktur im as-built Zustand ($\sigma_a = 95$ MPa, $N_B = 60.285$): a) Übersichtsaufnahme; b) und c) Einzelbruchflächen von Stegen

Eine vollständige Visualisierung der Schädigungsentwicklung innerhalb der Gitterstruktur ist hierbei jedoch nicht möglich. Weiterhin kann anhand der Ergebnisse für den ESV gezeigt werden, dass Veränderungen in den Messgrößen auftreten, jedoch nicht auf ein konkretes Versagen in der zu betrachtenden Gitterebene zurückgeführt werden können. Dies wird insbesondere zwischen Zeitpunkt B und C deutlich (vgl. Abbildung 5.29). Zur Betrachtung der dreidimensionalen Schädigungsentwicklung innerhalb von Gitterstrukturen können optische

Messverfahren, aufgrund mangelnder Tiefenschärfe, nur begrenzt eingesetzt werden. Eine vielversprechende Möglichkeit zur Visualisierung ist durch das μCT gegeben, da durch das rekonstruierte Volumen eine ganzheitliche Betrachtung möglich ist. Allerdings kann dies nicht ohne enormen Aufwand in-situ während des zyklischen Versuchs erfolgen, wodurch die Versuchsführung verändert werden muss.

Im konkreten Fall wurden intermittierende zyklische Versuche durchgeführt, d. h. der Versuch wurde nach einer definierten Anzahl von Lastspielen pausiert, die Probe röntgenografisch untersucht und anschließend wieder in die Prüfmaschine eingebaut, sodass der Versuch fortgesetzt werden kann. Innerhalb des μCTs wird die Gitterstruktur in eine in-situ Belastungseinheit der Fa. Deben (London, Großbritannien) eingebaut, die eine maximale Kraft von 5 kN aufbringen kann. Durch die Aufbringung einer Zugkraft können vorhandene Risse geöffnet und sichtbar gemacht werden. Die aufgebrachte Kraft bzw. Spannung orientiert sich hierbei an der jeweiligen Spannungsamplitude im zyklischen Versuch. Der Versuchsaufbau für die μCT-Scans mit in-situ Belastungseinheit ist in Abbildung 5.32a und b jeweils schematisch und in Realanordnung dargestellt. Für die μCT-Untersuchungen wurden ebenfalls die in Tabelle 4.5 gelisteten Akquisitionsparameter für Gitterstrukturen verwendet.

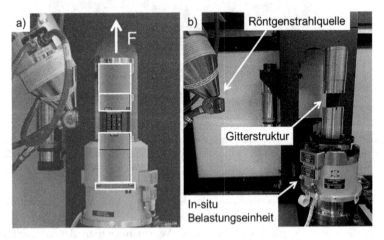

Abbildung 5.32 a) Schematischer und b) experimenteller Versuchsaufbau im μCT zur Untersuchung der dreidimensionalen Schädigungsentwicklung der PBF-EB/M-gefertigten IN718-Gitterstrukturen (F_2CC_Z)

Die Last wird über einen Spindelantrieb aufgebracht. Die Ergebnisse der ESV in Abhängigkeit der Versuchsführung sind in Abbildung 5.33 aufgetragen. Wie zu erkennen ist, können generell keine signifikanten Unterschiede in der Bruchlastspielzahl für die kontinuierlichen und intermittierenden ESV festgestellt werden. Im Folgenden wird ein intermittierender ESV für eine Gitterstruktur, die bei $\sigma_a = 85$ MPa getestet wurde, näher betrachtet. Bis zum Erreichen der Bruchlastspielzahl $N_B = 167.239$ wurde der Versuch bei 0,49 N_B (A) und 0,94 N_B (B) pausiert, sodass ein μCT-Scan durchgeführt werden konnte. Auf Basis des μCT-Scans kann dann jede Gitterebene separat betrachtet werden. Die einzelnen Gitterebenen für die Gitterstruktur sind für den Zeitpunkt A (0,49 N_B) in Abbildung 5.34a-d aufgetragen. Die Darstellung und Orientierung der Gitterebenen ist zu beiden Zeitpunkten (A und B) identisch, sodass ein Vergleich bzw. die Detektion von Veränderungen innerhalb der Gitterebenen ermöglicht wird. Die bis zu dieser Lastspielzahl bereits versagten Stege sind mittels orangener Kreise hervorgehoben. Bei Betrachtung der vordersten und der hintersten Gitterebene fällt auf, dass die Stege signifikant von ihrer angestrebten Form abweichen. Besonders in der Nähe von Knotenpunkten kann ein mangelnder Kontakt zu schräg orientierten Stegen detektiert werden.

Abbildung 5.33
Wöhler-Diagramm für PBF-EB/M-gefertigte IN718-Gitterstrukturen (F$_2$CC$_Z$) mit kontinuierlicher und intermittierender Versuchsführung

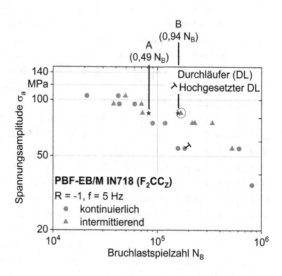

Ein Vergleich mit dem initialen μCT-Scan ermöglichte die Einschätzung, ob hier ein Versagen oder ein Fertigungsdefekt vorliegt. Wie zu erkennen ist, kann mithilfe des μCT-Scans die dreidimensionale Schädigungsentwicklung untersucht

werden. Generell fällt auf, dass ein Versagen von einzelnen Stegen ausschließlich in senkrecht orientierten Stegen identifiziert werden kann. Besonders in den
innenliegenden Gitterebenen (vgl. Abbildung 5.34b und c) kann beobachtet werden, dass ein Versagen einzelner Stege in mehreren Einheitszellenebenen auftritt.
Ein Versagensort kann hierbei sowohl in der Nähe von Knotenpunkten als auch
in der Stegmitte bestimmt werden. Das erste Stegversagen kann nicht eindeutig identifiziert werden. Hierfür ist ein μCT-Scan zu einem früheren Zeitpunkt
erforderlich. Die zufällige Lokalisierung der Versagensorte deutet jedoch darauf hin, dass die individuelle Oberflächentopografie bzw. die Ausprägung von
Oberflächendefekten für das Versagen einzelner Stege verantwortlich ist.

Der nächste μCT-Scan erfolgte zum Zeitpunkt B, d. h. bei $N = 0,94\ N_B$.
Die einzelnen Gitterebenen sind in analoger Reihenfolge zur vorherigen Abbildung in Abbildung 5.35a-d dargestellt. In der vordersten Gitterebene können
im Vergleich zum Zeitpunkt A zwei neue Versagensorte beobachtet werden. In
der nächsten Gitterebene können insgesamt sechs weitere Versagensorte identifiziert werden. Im Vergleich zum Zeitpunkt A liegen abweichende Versagensorte
vor. Ein Stegversagen kann sowohl in Knotenpunkten als auch in schräg orientierten Stegen detektiert werden. Auch in der dahinterliegenden Gitterebene
(vgl. Abbildung 5.35c) tritt ein Versagen an den zuvor identifizierten Stellen
auf. In der letzten Gitterebene kam kein weiteres Stegversagen hinzu. Das finale
Probenversagen erfolgte nach weiteren rund 10^4 Lastspielen.

In Abschnitt 4.8 wurde die Adaption der Messverfahren zur zyklischen
Charakterisierung komplexer Strukturen ausführlich beschrieben. Im Zuge der
Untersuchungen konnte vor allem die digitale Bildkorrelation und die Gleich-
strompotentialsonde für die Detektion von einem Einzelstegversagen qualifiziert
werden. Hierbei ist besonders die berührungslose Erfassung der Spannungs-
Dehnungs-Hysteresekurven hervorzuheben. Auf Grundlage dieser Kurven können
Werte für die Totaldehnungsamplitude und den dynamischen Elastizitätsmodul
abgelesen werden. Ergänzend dazu wurde in [179] gezeigt, dass Widerstandsmessungen mit dem tatsächlichen Defektzustand bzw. dem abnehmendem tragenden
Querschnitt korreliert werden können. Allgemein zeigen Gitterstrukturen ein
komplexeres Schädigungsverhalten auf, dass vergleichbar mit dem von metallischen Schäumen ist [87]. In einer neueren Studie untersuchten Radlof et al.
[180] die zyklischen Eigenschaften von Gitterstrukturen unter Biege- und Torsionsbelastung. Hierbei wurden vergleichbare Messverfahren verwendet, um das
zyklische Verformungs- und Schädigungsverhalten beschreiben zu können. Wie
bereits im Stand der Technik beschrieben, durchläuft eine Gitterstruktur unter
zyklischer Last drei charakteristische Phasen [86]. Diese Phaseneinteilung konnte
in der Vergangenheit bereits anhand konventionell gefertigter Schäume bestätigt

Abbildung 5.34 a)-d)
Darstellung der
computertomografischen
Aufnahmen der
Gitterebenen innerhalb der
dreidimensionalen
Gitterstruktur unter Last (σ_a
= 85 MPa) zum Zeitpunkt
A (N = 0,49 N_B)

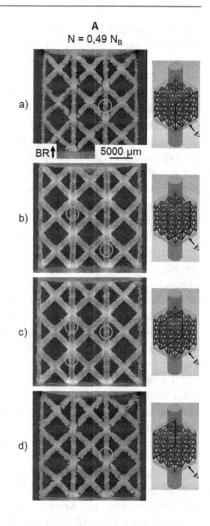

werden [87], die einer Druckschwellbelastung ausgesetzt sind. Für eine wech-
selnde Belastung sind bezüglich einer Phaseneinteilung für Gitterstrukturen bisher
keine Ergebnisse in der Literatur zu finden. In Phase I tritt typischerweise eine
Zunahme der Dehnung auf, d. h. eine fortschreitende Akkumulation der plastischen Dehnung [86]. Die Rissinitiierung findet innerhalb von Phase II statt
[88]. Erkennbar ist das zunehmende Risswachstum durch eine kontinuierliche
Zunahme der Dehnung, wie es bspw. im MSV (vgl. Abbildung 5.28) und ESV

(vgl. Abbildung 5.29) anhand des linearen Anstiegs in $\varepsilon_{a,t}$ deutlich wird. Parallel dazu kann ebenfalls ein linearer Anstieg in der Widerstandsänderung und ein linearer Steifigkeitsabfall (Abnahme E_{dyn}) festgestellt werden, was ebenfalls auf das Risswachstum bzw. die zunehmende Schädigung zurückgeführt wurde. Der Übergang von Phase II zu III ist durch einen rapiden Anstieg der Dehnung gekennzeichnet und wird durch das finale Probenversagen beendet [88]. Für die untersuchten Gitterstrukturen zeigt sich dies durch einen exponentiellen Anstieg der Messgrößen, wobei der Übergang von Phase II zu III reproduzierbar durch die DIC und die Gleichstrompotentialsonde detektiert werden kann. Innerhalb der detaillierten Betrachtung des ESV (vgl. Abbildung 5.29) fällt auf, dass ab Versuchsbeginn ein lineares Wachstum in der Totaldehnungsamplitude und der Widerstandsänderung feststellbar ist, was darauf hindeutet, dass Phase I durch eine sehr frühe Rissinitiierung gekennzeichnet ist.

Mit zunehmender Lastspielzahl können plötzliche Anstiege in der elektrischen Widerstandsänderung erkannt werden, die aus einem lokalen Versagen einzelner Stege bzw. mehreren zusammenhängenden Einheitszellen resultieren. Erste plötzliche Anstiege können im Übergang von Phase II zu III beobachtet werden. Weitere Anstiege in der Widerstandsänderung treten dann ausschließlich in Phase III auf. Sugimura et al. [90] konnten ebenfalls plötzliche Dehnungssprünge innerhalb der Versuche detektieren, die auf ein lokales Versagen innerhalb der untersuchten Struktur zurückgeführt wurden. Generell kann Phase III in Abhängigkeit des gewählten Spannungsniveaus bei einer unterschiedlichen Anzahl von Lastspielen erreicht werden, wobei ein hohes Spannungsniveau zu einem schnelleren Erreichen von Phase III führt [91]. Anhand der fraktografischen Untersuchungen konnte gezeigt werden, dass eine Rissinitiierung bevorzugt an der Probenoberfläche stattfindet, was durch die prozessinduzierte Oberflächenrauheit bzw. die Ausbildung von Oberflächendefekten begründet werden kann. Allerdings kann die primäre Anrissstelle nicht eindeutig identifiziert werden, da häufig eine multiple und sich beeinflussende Rissinitiierung vorliegt. Geometriebedingt liegen für die Gitterstruktur eine Vielzahl von individuellen Bruchflächen der einzelnen Stege und Kreuzungspunkte vor, die signifikante Unterschiede aufweisen können. Generell weist eine Bruchfläche charakteristische Bereiche wie die primäre Anrissstelle, eine für den Zeitraum des stabilen Risswachstums glatte Bruchfläche und eine unebene Restgewaltbruchfläche auf. Im Zuge der fraktografischen Analyse konnten Bruchflächen identifiziert werden, die ausschließlich eine glatte oder eine unebene Bruchfläche aufweisen (vgl. Abbildung 5.31b und c). Weiterhin können Bruchflächen beobachtet werden, die unterschiedliche Anteile an stabilem Risswachstum und Restgewaltbruchfläche vorweisen. Die einzelnen Bruchflächen geben somit Auskunft über die zeitliche Abfolge

Abbildung 5.35 a)-d) Computertomografische Aufnahmen der Gitterebenen innerhalb der dreidimensionalen Gitterstruktur unter Last (σ_a = 85 MPa) zum Zeitpunkt B (N = 0,94 N$_B$)

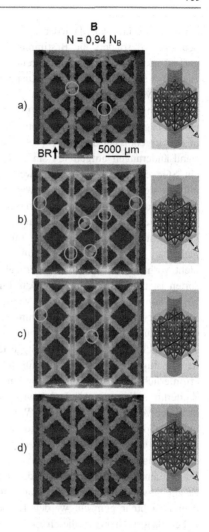

der Schädigung und die tatsächliche Schädigungsentwicklung innerhalb der Gitterstruktur. Wird die Schädigungsentwicklung innerhalb der Gitterstrukturen mit der Schädigungsentwicklung innerhalb einer Vollmaterialprobe verglichen, so konnte anhand der Ergebnisse gezeigt werden, dass hier nicht klassisch nur eine einmalige Mikrorissbildung, ein Makrorisswachstum und ein Restgewaltbruch auftritt. Vielmehr laufen diese Prozesse mehrfach bzw. überlagernd innerhalb der Gitterstruktur ab, da jeder einzelne Steg als Vollmaterial angesehen werden kann. Besonders die Bestimmung der Widerstandsänderung gibt hier eine gute Auskunft über die strukturelle Integrität der Gitterstruktur und könnte zukünftig auch im Sinne einer Zustandsüberwachung eingesetzt werden. Bildgebende Messverfahren tragen maßgeblich zu einem besseren Verständnis der Verformungs- und Schädigungsvorgänge von Gitterstrukturen bei, allerdings kann nur ein begrenzter Sichtbereich betrachtet werden. Deutlich wurde dies vor allem in den Ergebnissen des ESVs (vgl. Abbildung 5.29), da hier plötzliche Widerstandsänderungen aufgetreten sind, die anhand der DIC-Aufnahmen nicht auf ein Stegversagen zurückgeführt werden konnten. Die Kombination aus intermittierender Versuchsführung sowie die Durchführung von μCT-Scans unter Einbeziehung der in-situ Belastungseinheit bietet die Möglichkeit, die dreidimensionale Schädigungsentwicklung von Gitterstrukturen zu visualisieren. Solche Untersuchungen wurden erstmalig im Rahmen dieser Arbeit durchgeführt. Vergleichbare Untersuchungen sind zum Zeitpunkt der Ausarbeitung in der Literatur nicht vorhanden. Ein limitierender Faktor für die Identifikation von Versagensorten ist die zugrundeliegende Auflösung des μCTs. Je höher diese ist, desto besser können Risse identifiziert werden. Aufgrund der äußeren Abmessungen der Gitterstruktur konnte eine minimale Auflösung von 31 μm erzielt werden. In zukünftigen Untersuchungen sollte die Auflösung verbessert werden, sodass auch bereits angerissene Stege identifiziert werden können. Die verwendete in-situ Belastungseinheit ist für die Detektion von Versagensorten zwingend erforderlich, da vorhandene Risse im unbelasteten Zustand geschlossen sind. Weiterhin sollten die Abstände zwischen einzelnen μCT-Scans verkürzt werden bzw. der Versuch nach konkreten Werkstoffreaktionen (z. B. plötzliche Anstiege in der Widerstandsänderung) gestoppt werden, um bspw. die erste Schädigung innerhalb der Gitterstruktur eindeutig zu identifizieren. Eine mögliche Herangehensweise für zukünftige Untersuchungen ist die initiale Durchführung einer Finite-Elemente-Analyse (FEA) des rekonstruierten 3D-Volumens im as-built Zustand, wodurch potentielle Spannungskonzentrationen bereits vor Versuchsbeginn sichtbar gemacht werden können. Dies bietet die Grundlage für eine Lebensdauervorhersage, die einen Einsatz in sicherheitsrelevanten Applikationen sicherstellen können.

Vergleich der Leistungsfähigkeit

Analog zum Vollmaterial wurden für die Gitterstrukturen weitere ESV durchgeführt und die Ergebnisse sind in Abbildung 5.36 aufgetragen. Wie zu erkennen ist, wurden rund 10^4 Lastspiele für eine Probe erreicht, die bei $\sigma_a = 105$ MPa getestet wurde. Ein Durchläufer ($N_G = 2 \times 10^6$) konnte bei $\sigma_a = 35$ MPa ermittelt werden. Werden die Ergebnisse mit dem MSV verglichen (vgl. Abbildung 5.28), so kann hier eine gute Übereinstimmung detektiert werden. Dies könnte zukünftig dazu beitragen, die Anzahl an notwendigen Versuchen zur Bestimmung der zyklischen Eigenschaften von Gitterstrukturen zu reduzieren. Zusätzlich wurde auch hier die Basquin-Gleichung verwendet, um das Ermüdungsverhalten zwischen 10^4 und 10^6 Lastspielen zu beschreiben. Die ermittelten Basquin-Parameter können Tabelle 5.8 entnommen werden. Ein Vergleich mit den experimentellen Daten zeigt eine gute Übereinstimmung auf, was auch anhand des Bestimmtheitsmaßes $R^2 = 0,79$ deutlich wird. Die Streuung der Ergebnisse ist vergleichbar mit den Ergebnissen für die Vollmaterialproben im as-built Zustand. Dies liegt mitunter daran, dass die Rissinitiierung für beide Geometrien vornehmlich an der Oberfläche stattfindet. Weiterhin sind auch die Oberflächenrauheiten in einer vergleichbaren Größenordnung (vgl. Tabelle 5.1 und Tabelle 5.2), sodass eine ähnliche Oberflächentopografie angenommen werden kann. Nichtsdestotrotz konnte aufgezeigt werden, dass die Versagensorte innerhalb der Gitterstruktur variieren können, wodurch davon auszugehen ist, dass die Struktur an der vermeintlich schwächsten Stelle (engl. Weakest Link Theory) versagt [267,268].

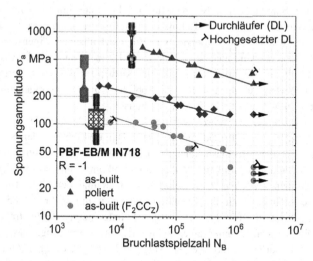

Abbildung 5.36 Wöhler-Kurven für die PBF-EB/M-gefertigten IN718-Legierung im as-built und polierten Oberflächenzustand sowie für F_2CC_Z-Gitterstrukturen

Tabelle 5.8 Gewählte Basquin-Parameter zur Abschätzung der Lebensdauer für die PBF-EB/M-gefertigte IN718-Legierung im as-built und polierten Oberflächenzustand sowie für die Gitterstrukturen vom Typ F_2CC_Z

Probentyp	Ermüdungsfes-tigkeitskoeffizient $\sigma_{'f}$ [MPa]	Ermüdungsfes-tigkeitsexponent b [−]	Ermüdungsfes-tigkeit ($N_G = 10^6$)	Bestimmtheits-maß R^2 [−]
F_2CC_Z-Gitterstruktur	712,1	−0,197	45	0,79
Vollmaterial (as-built)	955,6	−0,151	120	0,93
Vollmaterial (poliert)	5.498,6	−0,207	310	0,88

Eine generelle Einordnung der Ergebnisse für die PBF-EB/M-gefertigten IN718-Gitterstrukturen mit Literaturwerten ist mit einigen Herausforderungen verbunden. Beginnend bei dem verwendeten Materialpulver, den Prozessparametern, der Gittermorphologie, der relativen Dichte und des initialen Defektzustands liegen eine Vielzahl von Einflussgrößen vor. Weiterhin liegen noch keine einheitlichen Standards und Normen für das Probendesign und die mechanische Charakterisierung vor. Im Rahmen dieser Untersuchungen sollen dennoch Aussagen getroffen werden können, wie die mechanischen Eigenschaften der Gitterstrukturen im Vergleich zum Vollmaterial einzuordnen sind. Aus diesem Grund sind die zuvor beschriebenen Wöhler-Kurven für das Vollmaterial im as-built und polierten Zustand ebenfalls in Abbildung 5.36 aufgetragen. Zusätzlich sind die Basquin-Parameter in Tabelle 5.8 gelistet.

Wie zu erkennen ist, führt die Erhöhung der Bauteilkomplexität zu einer weiteren Abnahme der Ermüdungsfestigkeit. Die Betrachtung der Spannungs-amplituden bei der Grenzlastspielzahl von 2×10^6 zeigt eine um rund 73 % reduzierte Ermüdungsfestigkeit für die Gitterstrukturen auf. Werden die Spannungsamplituden zwischen dem polierten Zustand und der Gitterstruktur verglichen, so reduziert sich die Ermüdungsfestigkeit um mehr als 85 %. Wie von Benedetti et al. [60] gezeigt werden konnte, neigen Gitterstrukturen zu einem frühen Versagen unter einer zyklischen Beanspruchung, was auf mehrere Faktoren zurückgeführt werden kann. Ein entscheidener Faktor ist die Gittermorphologie, da dass Vollmaterial durch eine Einheitszelle, die aus in Knotenpunkten verbundenen Stegen besteht, substituiert wird. Aufgrund der individuellen Stegverbindungen ist eine reduzierte lasttragende Querschnittsfläche vorhanden. Weiterhin kann die Ausbildung von Spannungskonzentrationen geometrie- und oberflächenbedingt gefördert werden [108]. Hier spielt zusätzlich das erhöhte Oberflächen-Volumen-Verhältnis eine entscheidende Rolle, da mit steigender Oberfläche auch die Wahrscheinlichkeit für die Ausbildung kritischer Spannungskonzentrationen erhöht wird, wodurch die mechanische Festigkeit weiter herabgesetzt wird. Ein weiterer zu berücksichtigender Faktor ist das Vorhandensein von geometrischen Abweichungen wie bspw. Größenunterschiede und die as-built Oberflächenrauheit im Vergleich zum CAD-Modell [58,60]. Besonders der Winkel des Stegs zur Baurichtung ist kritisch zu betrachten, da gezeigt werden konnte, dass schräg orientierte Stege eine höhere Oberflächenrauheit aufweisen (vgl. Tabelle 5.2). Weiterhin konnte durch Razavi et al. [269] gezeigt werden, dass vorhandene Oberflächendefekte wie bspw. Kerbdefekte, die Probenquerschnittsfläche von kleinvolumigen Stegen im Vergleich zum Vollmaterial stärker reduzieren. Somit steht zur Verbesserung der zyklischen Eigenschaften von Gitterstrukturen eindeutig die Verringerung der Oberflächenrauheit im Vordergrund. Zukünftig müssen Nachbearbeitungsverfahren etabliert werden, um die Performance zu verbessern. In Abschnitt 5.3 wurde das elektrochemische Polieren zur Verbesserung der Oberflächenqualität von PBF-EB/M-gefertigten IN718-Probekörpern eingesetzt. Hier konnte eine Glättung des Oberflächenprofils vorgenommen werden, allerdings muss untersucht werden, inwieweit vorhandene Mulden gänzlich ausgeheilt werden können. Weiterhin wurde in Abschnitt 5.3.2 eine potentielle Methodik beschrieben, die eine berührungslose Bearbeitung von komplexen Bauteilen ermöglicht. Diese Ansätze müssen in zukünftigen Untersuchungen weiterverfolgt werden, sodass die Vorteile der additiven Fertigung vollends ausgenutzt werden können.

5.4.3 Hochtemperatureigenschaften Gitterstrukturen

Die IN718-Legierung ist eine der am häufigsten verwendeten Legierungen im Gasturbinen- und Triebwerksbau [187]. Die Legierung zeichnet sich dabei besonders durch eine gute Schweißbarkeit und exzellente mechanische Eigenschaften bei Temperaturen von bis zu 650 °C aus [190,191]. Um die mechanischen Eigenschaften der Gitterstrukturen unter Betriebsbedingungen untersuchen zu können, wurde der experimentelle Versuchsaufbau angepasst (vgl. Abbildung 4.16). Die gewählten Versuchsparameter können Abschnitt 4.7 entnommen werden. In Abbildung 5.37 ist die Spannungs-Dehnungs-Kurve für die Gitterstruktur bei 650 °C (rot) abgebildet. Zur besseren Einordnung der Ergebnisse ist zusätzlich die Spannungs-Dehnungs-Kurve bei Raumtemperatur (RT) aufgetragen. Die mechanischen Kennwerte bei RT und 650 °C können Tabelle 5.9 entnommen werden.

Abbildung 5.37
Spannungs-Dehnungs-
Kurven für Zugversuche
PBF-EB/M-gefertigter
IN718-Gitterstrukturen vom
Typ F_2CC_Z bei Raum- und
Hochtemperatur (650 °C)

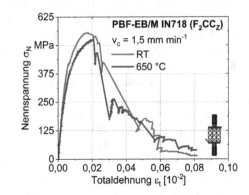

Analog zum Zugversuch bei RT kann zu Beginn ein linear-elastischer Verlauf beobachtet werden. Hier fällt jedoch auf, dass der Elastizitätsmodul bei 650 °C leicht unterhalb dem Wert bei RT liegt. Die Gitterstruktur erreicht eine 0,2 %-Dehngrenze von $R_{p,0,2}$ = 446 MPa, wobei auch hier nur leichte Unterschiede im Vergleich zum Versuch bei RT vorliegen. Werden die weiteren mechanischen Kennwerte verglichen, so können hier keine signifikanten Unterschiede festgestellt werden, was die guten mechanischen Eigenschaften der IN718-Legierung bei erhöhten Temperaturen unterstreicht. Nach Erreichen der Zugfestigkeit können ebenfalls plötzliche Kraftabfälle beobachtet werden, die auf ein lokales Versagen zurückgeführt werden. Diese Ereignisse wiederholen sich auf jeweils kleineren Spannungsniveaus bis zum finalen Probenversagen. Nach dem ersten signifikanten Lastabfall kann von der Gitterstruktur eine erneute Spannung von $0{,}89 \times R_m$ ertragen werden, was die verbesserte Schädigungstoleranz im Vergleich zum Verhalten bei RT aufzeigt. Vergleichbare Versuche für Vollmaterialproben wurden im Rahmen dieser Arbeit nicht durchgeführt.

Tabelle 5.9 Mechanische Kennwerte der quasistatischen Zugversuche für PBF-EB/M-gefertigte IN718-Gitterstrukturen (F_2CC_Z) bei unterschiedlichen Temperaturen

Temperatur	E-Modul [GPa]	0,2 %-Dehngrenze $R_{p0,2}$ [MPa]	Zugfestigkeit R_m [MPa]	Bruchdehnung A [%]
RT	69,7	470	556	0,9
650 °C	53,7	446	525	1,1

Die quasistatischen Hochtemperatureigenschaften der PBF-EB/M-gefertigten IN718-Legierung wurden in Untersuchungen von Sun et al. [189] betrachtet. Im Einzelnen wurde der Einfluss der Baurichtung auf die mechanischen Eigenschaften bei 650 °C untersucht. Die maximale Einsatztemperatur für die IN718-Legierung resultiert daraus, dass die mechanische Festigkeit oberhalb von 650 °C stark abnimmt. Zurückzuführen ist dies einerseits auf eine schnelle Vergröberung der γ''-Phase und andererseits auf die Umwandlung der metastabilen γ''-Phase in die stabile δ-Phase [189]. In den Untersuchungen konnte die höchste Zugfestigkeit ($R_m = 951 \pm 10$ MPa) für Proben, die in einem 55°-Winkel aufgebaut sind, detektiert werden. Leicht niedrigere Festigkeitswerte wiesen die 90°-Proben auf. Die niedrigste Zugfestigkeit ($R_m = 809 \pm 14$ MPa) wurde für die 0°-Proben ermittelt. Als mögliche Ursache wurde von den Autoren die kristallografische Orientierung angeführt, da diese die mechanischen Eigenschaften der PBF-EB/M-gefertigten Bauteile maßgeblich beeinflussen sollen. Für die hier untersuchten Gitterstrukturen ergeben sich jedoch neben den für das Vollmaterial aufgeführten Einflussgrößen wie Prozessparameter, Baurichtung und Nachbehandlungsverfahren weitere Einflussgrößen wie die Gittermorphologie und die relative Dichte. Ein Vergleich der Hochtemperatureigenschaften ist dadurch nur bedingt möglich und weitere Untersuchungen sind notwendig.

Für die Charakterisierung der zyklischen Werkstoffeigenschaften wurde eine analoge Versuchsstrategie bestehend aus einer Kombination von MSV und ESV verwendet (vgl. Abbildung 5.28). Die Ergebnisse des MSV bei 650 °C sind in Abbildung 5.38 dargestellt. Die Spannungsamplitude σ_a ist in schwarz, die Widerstandsänderung ΔR_{DC} in orange und die Totaldehnungsamplitude $\varepsilon_{a,t}$ in braun dargestellt. Im Vergleich zum MSV bei RT konnte die gleiche maximale Spannungsamplitude $\sigma_a = 100$ MPa mit einer Bruchlastspielzahl $N_B = 164.768$ erreicht werden. Bis $7,5 \times 10^4$ Lastspiele zeigen sich in den Ergebnissen der Totaldehnungsamplitude keine nennenswerten Änderungen. Ab diesem Zeitpunkt kann ein linearer Anstieg beobachtet werden, der ab 15×10^4 Lastspielen in ein exponentielles Wachstum übergeht. Kurz vor Beginn des exponentiellen

Wachstums kann ein plötzlicher Dehnungsanstieg festgestellt werden, der auf ein lokales Versagen innerhalb der Gitterstruktur hindeutet [90]. Die Ergebnisse der Widerstandsänderung zeigen ähnliche Tendenzen, allerdings kann eine erste Reaktion in Form eines plötzlichen Anstiegs beim Übergang von 65 auf 70 MPa detektiert werden. Anschließend beginnt auch hier ein linearer Anstieg, der nach rund 15×10^4 Lastspielen in ein exponentielles Wachstum übergeht und durch das finale Probenversagen gestoppt wird. Zwecks Vergleichbarkeit wurden für die nachfolgenden ESV ähnliche Spannungsamplituden wie für die RT-Versuche definiert. Zur Untersuchung des Verformungs- und Schädigungsverhaltens bei 650 °C wird nachfolgend ein ESV mit dazugehörigen Materialreaktionen für eine Gitterstruktur, die bei $\sigma_a = 90$ MPa ($N_B = 27.116$) getestet wurde, detailliert betrachtet.

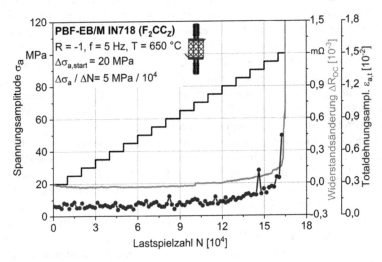

Abbildung 5.38 Lastspielzahlabhängige Darstellung der Widerstandsänderung und der Totaldehnungsamplitude zur Beschreibung der Verformungs- und Schädigungsprozesse F_2CC_Z-Gitterstruktur im Mehrstufenversuch bei 650 °C

Die Ergebnisse sind in Abbildung 5.39 dargestellt. Die Farbgebung der einzelnen Messgrößen wurde beibehalten (vgl. Abbildung 5.29). Zusätzlich sind ausgewählte Hystereseschleifen zu spezifischen Zeitpunkten dargestellt. Durch Betrachtung der Messgrößen können spezifische Materialreaktionen innerhalb des ESV ermittelt werden, die erneut mit A-D beschriftet sind. DIC-Aufnahmen zu den expliziten Zeitpunkten sind in Abbildung 5.40 abgebildet, wobei der jeweils

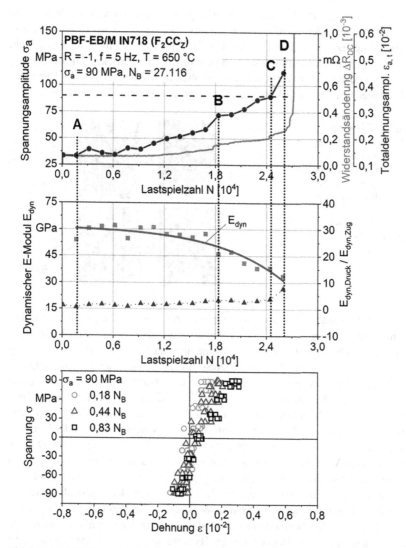

Abbildung 5.39 Lastspielzahlabhängige Darstellung der Widerstandsänderung, der Totaldehnungsamplitude und des dynamischen Elastizitätsmoduls zur Bestimmung des Verformungs- und Schädigungsverhaltens einer F_2CC_Z-Gitterstruktur in einem Einstufenversuch bei 650 °C ($\sigma_a = 90$ MPa, $N_B = 27.116$) sowie Darstellung der Spannungs-Dehnungs-Hysteresekurven

versagende Steg bzw. Knoten durch einen grauen Kreis markiert ist. Werden die Bruchlastspielzahlen für die beiden Versuche bei RT und 650 °C verglichen, so kann festgehalten werden, dass die Bruchlastspielzahl um mehr als das 2-fache reduziert ist. Analog zum RT-Versuch kann auch hier ein direkter linearer Anstieg für $\varepsilon_{a,t}$ und ΔR_{DC} ab Versuchsbeginn beobachtet werden. Der Steifigkeitsabfall folgt über den gesamten Versuchszeitraum einer exponentiellen Abnahme.

Abbildung 5.40
Aufnahmen der digitalen
Bildkorrelation zu
verschiedenen Zeitpunkten
(A-D) innerhalb eines
Einstufenversuchs bei
650 °C für eine
F_2CC_Z-Gitterstruktur ($\sigma_a =$
90 MPa, $N_B = 27.116$)

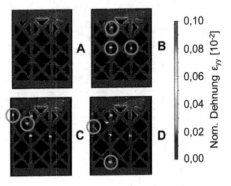

Zum Zeitpunkt B können direkt mehrere Versagensorte in parallel zur Belastungsrichtung orientierten Stegen identifiziert werden. Erkennbar ist dies auch in den Ergebnissen der Widerstandsänderung, da hier ein plötzlicher Anstieg beobachtet werden kann. Diese Werkstoffreaktion kann auch zum Zeitpunkt C festgestellt werden und anhand der DIC-Aufnahme können zwei weitere Versagensorte identifiziert werden. Hier fällt auf, dass ab einer gewissen Lastspielzahl bzw. ab einem definierten Schädigungsgrad auch schräg orientierte Stege versagen, was bereits im Rahmen der intermittierenden zyklischen Versuche erfasst werden konnte (vgl. Abbildung 5.35). Zum Zeitpunkt D kann ein erneutes Versagen an zwei Knotenpunkten beobachtet werden. Nachfolgend gehen die Messgrößen in ein starkes exponentielles Wachstum über, wobei das finale Versagen kurz danach eintritt. Bei Betrachtung der DIC-Aufnahmen zu den Zeitpunkten B-D kann beobachtet werden, dass ein Versagen innerhalb mehrerer Einheitszellenebenen stattfindet, was ebenfalls in den intermittierenden ESV beobachtet wurde. Die Betrachtung der Hystereseschleifen (vgl. Abbildung 5.39) zeigt, dass temperaturbedingte Kriechprozesse während des zyklischen Versuchs stattfinden, da sich die Hysteresekurve mit zunehmender Lastspielzahl nach rechts verschiebt. Weiterhin kann auch eine zunehmende Kippung der Hysteresekurve festgestellt werden, allerdings tritt diese primär im Zugbereich auf, was durch das steigende Verhältnis von $E_{dyn, Druck}$ zu $E_{dyn, Zug}$ bestätigt werden kann. Anders als beim RT-Versuch kann hier jedoch keine signifikante Öffnung der Hysterese-kurve beobachtet werden. Zur weiteren Untersuchung wurde eine fraktografische Bruchflächenanalyse durchgeführt. Eine Übersichtsaufnahme aller Bruchflächen und zwei Einzelbruchflächen sind in Abbildung 5.41a-c abgebildet. Bedingt durch die erhöhte prozessinduzierte Oberflächenrauheit kann die primäre Anrissstelle erneut nicht eindeutig identifiziert werden. Analog zur fraktografischen Analyse des RT-Versuchs können Bruchflächen beobachtet werden, die jeweils nur eine glatte (vgl. Abbildung 5.41b) oder unebene Bruchfläche (Abbildung 5.41c) auf-weisen. Somit kann auch hier eine prinzipielle Unterscheidung zwischen Stegen, die zu einem frühen und späten Zeitpunkt innerhalb des Versuchs versagt sind, vorgenommen werden.

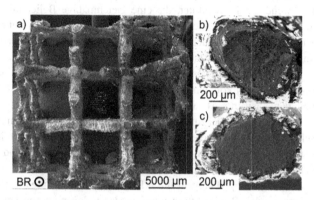

Abbildung 5.41 Fraktografische Aufnahme einer F_2CC_Z-Gitterstruktur im as-built Ober-flächenzustand ($\sigma_a = 90$ MPa, $N_B = 27.116$)

Die Ergebnisse aller ESV sind in Abbildung 5.42 sowohl für RT (blaue Punkte) als auch für 650 °C (rote Sechsecke) aufgetragen. Allgemein fällt auf, dass die Gitterstrukturen, die bei 650 °C getestet wurden, fast ausschließlich geringere Bruchlastspielzahlen aufweisen. Für Spannungsamplituden im Bereich von 80–105 MPa können im Vergleich zu den RT-Versuchen vergleichbare Bruch-lastspielzahlen detektiert werden. Je niedriger die gewählte Spannungsamplitude ist, desto größer sind die Unterschiede in der Bruchlastspielzahl, was vermeintlich auf die längere Versuchsdauer unter erhöhter Temperatur zurückgeführt werden kann. Die Grenzlastspielzahl 2×10^6 wurde von keiner Gitterstruktur erreicht. Es ist davon auszugehen, dass diese erst bei einer wesentlich niedrigeren Span-nungsamplitude erreicht werden kann. Hier ist ebenfalls zu berücksichtigen, dass

Oxidationen bei erhöhten Temperaturen auftreten können, allerdings wurden diese im Rahmen der Arbeit nicht weiter betrachtet. Weitere Untersuchungen sind hier zukünftig notwendig. Zur Abschätzung der Lebensdauer wurde erneut die Basquin-Gleichung verwendet und die gewählten Parameter können Tabelle 5.10 entnommen werden. Wie schon für die RT-Versuche kann auch hier eine gute Übereinstimmung mit den experimentellen Daten festgestellt werden. Im Einzelnen wurde ein Bestimmtheitsmaß von $R^2 = 0,81$ berechnet, dass leicht oberhalb dem Bestimmtheitsmaß für die RT-Versuche ($R^2 = 0,79$) liegt.

Wie gezeigt werden konnte, können die adaptierten Messverfahren zur Beschreibung des Verformungs- und Schädigungsverhaltens von Gitterstrukturen an die Hochtemperaturbedingungen angepasst werden. Besonders hervorzuheben sind die Anpassungen am DIC-System bestehend aus der blauen LED-Lichtquelle und dem verwendeten Kamerafilter, die eine gleichmäßige Belichtung der Gitterstruktur sicherstellen. Die Hochtemperatureigenschaften wurden mittels quasistatischer und zyklischer Versuche untersucht. Die verwendeten Gitterstrukturen zeigten im Rahmen der quasistatischen Versuche leicht niedrigere mechanische Festigkeiten auf. Ähnliche Ergebnisse wurden von Jambor et al. [270] dokumentiert. Hilaire et al. [271] konnten für die PBF-LB/M-gefertigte IN718-Legierung sogar keine nennenswerte Abnahme der mechanischen Festigkeit bei 650 °C feststellen. Allgemein zurückzuführen ist die lediglich leichte Abnahme der mechanischen Festigkeit auf die vergleichsweise kurze Versuchszeit innerhalb des quasistatischen Zugversuchs. Generell kommt es mit zunehmender Dauer unter Hochtemperatureinfluss zu einer Vergröberung der γ"-Phase, sowie zu einer Umwandlung der γ"-Phase in die δ-Phase [272]. Allerdings tritt dies erst nach mehreren hundert Betriebsstunden auf, wodurch davon auszugehen ist, dass eine kurzzeitige thermische Belastung keinen nennenswerten Einfluss auf die quasistatischen Zugeigenschaften hat [272].

Abbildung 5.42
Wöhler-Kurven für
PBF-EB/M-gefertigte
IN718-Gitterstrukturen
(F_2CC_Z) bei Raum- und
Hochtemperatur (650 °C)

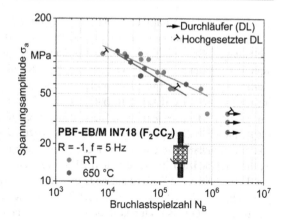

Tabelle 5.10 Gewählte Basquin-Parameter zur Abschätzung der Lebensdauer für PBF-EB/M-gefertigte IN718-Gitterstrukturen (F_2CC_Z) bei Raum- und Hochtemperatur (650 °C)

Temperaturniveau	Ermüdungsfestigkeitskoeffizient $\sigma_{'f}$ [MPa]	Ermüdungsfestigkeitsexponent b [–]	Ermüdungsfestigkeit (N_G = 10^6)	Bestimmtheitsmaß R^2 [–]
RT	712,1	−0,197	45	0,79
650 °C	1.133,3	−0,248	37,5	0,81

Ähnliche Ergebnisse konnten im Rahmen der zyklischen Versuche erfasst werden, d. h. für höhere Spannungsamplituden (kürzere Versuchsdauern) ergaben sich vergleichbare zyklische Festigkeiten. Mit zunehmender Versuchsdauer variieren die Bruchlastspielzahlen im Vergleich zu den RT-Versuchen. Ein möglicher Grund für die abnehmende Festigkeit ist, wie zuvor beschrieben, die Bildung der δ-Phase bzw. die Abnahme der γ''-Phase. Diese kann dabei aus der Überlagerung der plastischen Verformung und der Hochtemperatur resultieren [270]. In Untersuchungen von Fournier et al. [273] wurde das LCF-Verhalten der IN718-Legierung bei RT und 550 °C betrachtet. Hier konnte ebenfalls eine Abnahme der Festigkeit aufgrund der Versuchstemperatur beobachtet werden, wobei die Autoren dies auf einen beschleunigte Rissinitiierung zurückführten. Zur eindeutigen Bestimmung sind weiterführende mikrostrukturelle Untersuchungen notwendig, um die Bildung der δ-Phase festzustellen. Ein konkreter Vergleich der Ermüdungsfestigkeit bei 650 °C ist in dieser Arbeit aufgrund mangelnder Literaturwerte nicht möglich und muss in zukünftigen Untersuchungen adressiert werden. Analog zu

den RT-Versuchen kann jedoch auch für die Versuche bei 650 °C eine Phaseneinteilung vorgenommen werden. Im Rahmen der Betrachtung des ESV (vgl.
Abbildung 5.39) konnte von Versuchsbeginn an ein linearer Anstieg sowohl in der
Totaldehnungsamplitude als auch in der Widerstandsänderung wahrgenommen
werden, was auf eine frühe Rissinitiierung und eine verkürzte Phase I hindeutet.
Innerhalb von Phase II kann ein erstes lokales Versagen identifiziert werden, was
sowohl in der DIC-Aufnahme als auch in den Ergebnissen der Widerstandsänderung deutlich wird. Der Übergang von Phase II zu III kann durch den Übergang
von einem linearem in ein exponentielles Wachstum markiert werden. Allerdings
ist die Lastspielzahl in Phase II und III im Vergleich zum RT-Versuch verkürzt.
Bei Betrachtung der Widerstandsänderung fällt auf, dass besonders in Phase III
plötzliche Anstiege festgestellt werden können, die mit dem lokalen Versagen
innerhalb der Gitterstruktur korreliert werden können. In zukünftigen Untersuchungen müssen weitere zyklische Versuche zur Validierung der präsentierten
Ergebnisse durchgeführt werden. Zur Verbesserung der Hochtemperatureigenschaften sollte auch hier eine Nachbearbeitung mittels ECP erfolgen, sodass die
Anzahl kritischer Kerbdefekte an der Oberfläche reduziert werden kann.

Zusammenfassung und Ausblick

6

Im Rahmen dieser Arbeit wurden vielfältige Untersuchungen durchgeführt sowie neuartige Mess- und Prüfmethoden angewandt und weiterentwickelt, um die mechanischen Eigenschaften PBF-EB/M-gefertigter IN718-Gitterstrukturen vom Typ F_2CC_Z zu charakterisieren. Schrittweise wurden geeignete Probendesigns entwickelt und Messverfahren zur Detektion der auftretenden Verformungs- und Schädigungsvorgänge qualifiziert. Zur Einordnung der experimentellen Ergebnisse wurde in einem primären Schritt das PBF-EB/M-gefertigte IN718-Grundmaterial (groß- und kleinvolumig) charakterisiert. Zur Bestimmung des initialen Zustands der Gitterstrukturen wurden mikrostrukturelle Untersuchungen und röntgenografische Scans durchgeführt. Die Ergebnisse liefern die Grundlage für die vorgangsorientierte Charakterisierung der zyklischen Eigenschaften bei Raum- und Hochtemperatur.

Adaption der Messtechnik zur zyklischen Charakterisierung komplexer Strukturen
Bedingt durch den Fertigungsprozess und die Gittermorphologie ergeben sich Herausforderungen, die durch neuartige Probendesigns adressiert werden musst- ten. Im Hinblick auf die zu untersuchenden Gitterstrukturen ist ein tiefgreifend komplexeres Verformungs- und Schädigungsverhalten zu erwarten. Um dies zu berücksichtigen, wurde die Bauteilkomplexität schrittweise erhöht und verschie- dene Probendesigns verwendet. Parallel dazu mussten Messverfahren qualifiziert werden, um die im Werkstoff ablaufenden Prozesse zu detektieren und mit den aufgezeichneten Messsignalen korrelieren zu können. Anhand einer Stegproben- geometrie wurde eine Infrarotkamera zur Erfassung von Temperaturänderungen, eine Gleichstrompotentialsonde zur Erfassung von Widerstandsänderungen und ein Optimizer4D-Sensor zur Erfassung von akustischen Emissionen eingesetzt.

D. Klemm, *Lokale Verformungsevolution von im Elektronenstrahlschmelzverfahren hergestellten IN718-Gitterstrukturen*, Werkstofftechnische Berichte | Reports of Materials Science and Engineering, https://doi.org/10.1007/978-3-658-42688-0_6

Alle Messverfahren konnten die beginnende Schädigung sowie das finale Probenversagen identifizieren. Für eine gezielte Versagensdetektion eigneten sich besonders die Ergebnisse der Temperatur- und Widerstandsänderungen, wobei charakteristische, abrupte Anstiege in beiden Messgrößen erkennbar waren. In darauf aufbauenden Untersuchungen wurde ein weiteres Messverfahren zur Beschreibung der Verformungs- und Schädigungsmechanismen komplexer Strukturen qualifiziert und am Beispiel von 2D-Gitterstrukturen validiert. Für eine zeiteffiziente Auswertung wurden mittels digitaler Bildkorrelation Aufnahmen in definierten Lastspielzahlabständen aufgenommen und nachfolgend zu Spannungs-Dehnungs-Hysteresekurven zusammengefasst. Nach einer hinreichend hohen Lastspielzahl konnte ein linearer Anstieg in der Totaldehnungsamplitude und eine lineare Abnahme im dynamischen Elastizitätsmodul detektiert werden, die mit dem Schädigungsbeginn und der zunehmenden Schädigung korreliert werden konnten. Mit zunehmender Lastspielzahl ging der lineare Anstieg in ein exponentielles Wachstum über und endet mit dem Probenbruch. Für die Gitterstrukturen wurden die qualifizierten Messverfahren in einem experimentellen Versuchsaufbau vereint. Für die mechanische Charakterisierung wurden sowohl quasistatische als auch zyklische Versuche durchgeführt. Innerhalb der zyklischen Versuche wurde eine Kombination aus Mehrstufen- und Einstufenversuchen eingesetzt. Auf Basis der Ergebnisse des Mehrstufenversuchs konnten Spannungsniveaus innerhalb des Intervalls zwischen einer ersten Werkstoffreaktion und dem finalen Versagen für die nachfolgenden Einstufenversuche definiert werden. Das Versagen einzelner Stege bzw. Knotenpunkte konnte anhand der DIC-Aufnahmen mit den Werkstoffreaktionsgrößen, vor allem mit den Widerstandsänderungen, korreliert werden.

Mikrostruktur und Defektcharakterisierung
Für das PBF-EB/M-gefertigte großvolumige IN718-Vollmaterial konnten die typischen säulenförmigen γ-Körner mit starker Textur entlang der Baurichtung beobachtet werden. Weiterhin kann ein epitaktisches Wachstum identifiziert werden, da einzelne Körner über mehrere Materiaschichten hinauswuchsen. Auf den Korngrenzen können nadelförmige δ-Phasen und gerichtete Karbidketten beobachtet werden. Im Randbereich konnten abweichende Kornwachstumsrichtungen sowie globulitische Körner detektiert werden, die auf die unterschiedlichen Scanstrategien zurückgeführt wurden. Im Übergangsbereich zwischen Hatching und Contouring konnten Schrumpfungsporositäten beobachtet werden, die für die mechanische Charakterisierung jedoch eine untergeordnete Rolle spielen, da die Probekörper ausschließlich aus dem Hatchingbereich extrahiert wurden. Innerhalb der endkonturnahen, kleinvolumigen Probekörper konnte eine vergleichbare

Mikrostruktur im Hatchingbereich beobachtet werden, allerdings wiesen die Probekörper eine erhöhte Defektdichte sowohl im Rand- als auch im Innenbereich auf, wobei neben Gasporen auch Anbindungsfehler auftraten. Vergleichsweise große globulitische Körner konnten innerhalb der teilweise aufgeschmolzenen Pulverpartikel im Randbereich beobachtet werden. Die erhöhte Defektdichte wurde im Rahmen der μCT-Scans durch eine quantitative Porenanalyse bestätigt, wobei eine relative Dichte von 99,86 % ermittelt wurde.

Für die Gitterstrukturen konnten innerhalb der mikrostrukturellen Untersuchungen ebenfalls säulenförmige γ-Körner mit starker Textur entlang der Baurichtung detektiert werden. Im oberflächennahen Bereich der senkrecht orientierten Stege traten vermehrt globulitische Körner auf, die aus dem Zusammenschluss nicht oder nur teilweise aufgeschmolzener Pulverpartikel resultierten. Innerhalb der Stege konnten keine elongierten Körner mit abweichenden Wachstumsrichtungen identifiziert werden, was darauf zurückgeführt wurde, dass zur Herstellung der Gitterstrukturen nur das Contouring durchgeführt wurde. Auf der Unterseite schräg orientierter Stege war eine Vielzahl von kleinen globulitischen Körnern vorhanden, was auf die schnelle Wärmeabfuhr an das darunterliegende Pulverbett zurückgeführt wurde. Innerhalb der quantitativen Porenanalyse konnte nur eine geringe Anzahl von prozessinduzierten Poren ermittelt werden, die vor allem in den senkrecht orientierten Stegen im Inneren der Struktur lokalisiert waren.

Oberflächencharakterisierung und Gestaltabweichungen
Sowohl für die endkonturnahen, kleinvolumigen Probekörper als auch für die Gitterstrukturen konnte eine unregelmäßige Oberflächentopografie detektiert werden. Diese bestand vorrangig aus teilweise aufgeschmolzenen Pulverpartikeln, Stapelunregelmäßigkeiten und Hinterschneidungen. Dadurch wiesen die PBF-EB/M-gefertigten Bauteile eine hohe prozessinduzierte Oberflächenrauheit auf. Die Oberflächenrauheit wurde mittels taktiler und optischer Messverfahren sowie auf Grundlage der μCT-Scans bestimmt. Beim Vergleich der Messverfahren konnten signifikante Unterschiede festgestellt werden, die auf die erhöhte Anzahl von Hinterschneidungen zurückgeführt wurden, die von der taktilen Messspitze nicht erfasst wurden. Im Vergleich zum CAD-Querschnitt wiesen alle endkonturnahen Probekörper einen systematisch kleineren Probendurchmesser auf, wobei maximale Abweichungen von mehr als 28 % aufgetreten sind. Analog zum Vollmaterial wurde die Oberflächenrauheit auf Grundlage der μCT-Scans für die Gitterstrukturen quantifiziert. Schräg orientierte Stege wiesen im Vergleich zu senkrecht orientierten Stegen eine höhere Oberflächenrauheit auf, wobei maximale Ra-Werte von ≈ 47 μm und Rz-Werte von ≈ 269 μm erfasst wurden. Grund

für die erhöhten Rauheitswerte der schräg orientierten Stege war der zusätzlich auftretende Treppenstufeneffekt. Für die Gitterstrukturen wurde der nominelle Probenquerschnitt an Stellen mit erwartbarem, minimalem Querschnitt erfasst. Die Querschnittsebenen befanden sich hierbei innerhalb von Knotenpunkten, in denen vertikal und schräg orientierte Stege zusammentreffen. Hier konnten signifikante positive Abweichungen detektiert werden, die auf Pulveragglomerationen innerhalb der Eckpunkte zurückgeführt wurden.

Oberflächenbeeinflussung mittels elektrochemischem Polieren
In dieser Arbeit wurde das elektrochemische Polieren als potentielles Nachbearbeitungsverfahren identifiziert. Mithilfe eines statistischen vollfaktoriellen Versuchsplans wurden Einflussgrößen wie die Stromstärke, die Zeit, die Elektrolyttemperatur und die Geometrie untersucht. Für die beste Parameterkombination konnte der Ra-Wert von $80,8 \pm 19,5$ µm auf $48,1 \pm 14,4$ µm reduziert werden, was einer Verringerung der Oberflächenrauheit um mehr als 40 % entspricht. Analog dazu konnte der Rz-Wert ebenfalls signifikant verbessert werden. Die Probe wies vor dem ECP einen Rz-Wert von $299,1 \pm 41,2$ µm und nach dem ECP lediglich einen Wert von Rz = $140,3 \pm 33,3$ µm auf, was einer Abnahme von mehr als 53 % entspricht. Durch das ECP können nahezu alle teilweise aufgeschmolzenen Pulverpartikel abgetragen werden. Weiterhin wurden vorhandene Hinterschneidungen reduziert, sodass die Probekörper eine gleichmäßigere Form aufwiesen. Für die elektrochemische Bearbeitung der Gitterstrukturen (Anode) musste der experimentelle Versuchsaufbau verändert werden, da in einem ersten Versuch lediglich die Oberflächenrauheit der Außenkanten verbessert wurde. Um einen Abtrag im Inneren der Gitterstruktur zu ermöglichen, wurde ein Platindraht hineingeführt und mit der Gegenelektrode (Kathode) verbunden. Durch das Einführen des Platindrahts ist die Kathode innerhalb der Anode zentral positioniert und ermöglicht einen Materialabtrag im Strukturinneren, was anhand einer ersten qualitativen Betrachtung gezeigt werden konnte. Allerdings sollten die vorliegenden Ergebnisse als eine prinzipielle Machbarkeitsstudie angesehen werden. Eine quantitative Betrachtung der Rauheitsveränderung soll in zukünftigen Arbeiten erfolgen. Zusätzlich ist eine Optimierung des experimentellen Versuchsaufbaus empfehlenswert, bspw. durch eine Anpassung der Gegenelektrode an das zu bearbeitende Bauteil, sodass ein gleich großer Spalt zwischen Anode und Kathode sichergestellt ist.

Quasistatische Werkstoffeigenschaften
Die mechanischen Eigenschaften des Vollmaterials im polierten und im as-built Zustand wurden in quasistatischen Zugversuchen untersucht. Für die polierten

Probekörper konnte eine 0,2 %-Dehngrenze von $R_{p,0,2} = 982 \pm 52$ MPa und eine Zugfestigkeit von $R_m = 1174 \pm 29$ MPa ermittelt werden. Die Bruchdehnung A lag bei rund $27,8 \pm 1,4$ %. Für den as-built Zustand wurden generell niedrigere Werte für $R_{p,0,2}$ und R_m detektiert. Die Zugfestigkeit nahm um mehr als 35 % ab. Die größten Veränderungen konnten in den Ergebnissen für die Bruchdehnung erfasst werden, wobei für den as-built Zustand eine Bruchdehnung von $A = 0,6 \pm 0,2$ % bestimmt wurde, was einer Reduzierung von mehr als 95 % entspricht. Die Ergebnisse zeigen, dass die as-built Oberflächenrauheit zu einer maßgeblichen Abnahme der quasistatischen Eigenschaften führt, wobei vor allem die Bruchdehnung reduziert wird. Ein möglicher Grund hierfür können prozessinduzierte Defekte sein, die aus nicht optimalen Prozessparametern resultieren. Besonders kritisch zu betrachten sind oberflächennahe Anbindungsfehler, die zur Ausbildung von Kerbdefekten führen.

Für die Gitterstrukturen kann eine abweichende Spannungs-Dehnungs-Kurve im Vergleich zum Vollmaterial ermittelt werden. Zu Beginn erfolgt ein linearelastischer Anstieg, wobei eine 0,2 %-Dehngrenze von $R_{p,0,2} = 470$ MPa ermittelt wurde. Der Übergang in den plastischen Bereich ist fließend und es bildet sich eine Maximalspannung aus. Für die untersuchte Gitterstruktur wurde eine Zugfestigkeit von $R_m = 556$ MPa ermittelt. Nach Erreichen der Zugfestigkeit können erste kleinere Lastabfälle beobachtet werden, die auf das Versagen einzelner Stege zurückgeführt wurden. Nach einem Lastabfall erfolgte ein erneuter Spannungsanstieg bis das nächste Versagen innerhalb der Gitterstruktur einsetzt. Mit zunehmender Dehnung treten weitere Lastabfälle auf, die letztendlich zum Versagen mehrerer zusammenhängender Einheitszellen führen. Diese Vorgänge wiederholen sich jeweils auf geringeren Spannungsniveaus bis zum vollständigen Probenversagen. Beim Vergleich der Ergebnisse mit denen des Vollmaterials führt die steigende Bauteilkomplexität zu einer Herabsetzung der quasistatischen Eigenschaften. Eine mögliche Erklärung ist das erhöhte Oberflächen-Volumen-Verhältnis, da davon auszugehen ist, dass mit steigender Oberfläche auch die Wahrscheinlichkeit für die Ausbildung kritischer Spannungskonzentrationen erhöht wird, wodurch die mechanische Festigkeit herabgesetzt wird. Der überlagernde Einfluss von Oberflächenrauheit und Bauteilkomplexität führt zu einer Abnahme der mechanischen Festigkeit um rund 50 %. Die Bruchdehnung wird durch die steigende Bauteilkomplexität nicht signifikant beeinflusst.

Zyklische Werkstoffeigenschaften

Zur weiterführenden mechanischen Untersuchung des PBF-EB/M-gefertigten IN718-Grundmaterials wurden Einstufenversuche im Sinne einer lebensdauerorientierten Charakterisierung für die Proben im as-built und polierten Zustand durchgeführt. Für den polierten Zustand konnte ein Durchläufer ($N_G = 2 \times 10^6$) bei einer maximalen Spannungsamplitude $\sigma_a = 280$ MPa erreicht werden. Für den as-built Zustand lag die maximale Spannungsamplitude bei $\sigma_a = 130$ MPa deutlich niedriger. Innerhalb einzelner Spannungsamplituden konnten erhöhte Streuungen für die Proben im as-built Zustand detektiert werden, was anhand der fraktografischen Analyse auf die unregelmäßige Oberflächentopografie bzw. vorhandene Spannungskonzentrationen und eine multiple Rissinitiierung zurückgeführt wurde. Werden die Spannungsamplituden bei der Grenzlastspielzahl 2×10^6 verglichen, so führt der Einfluss der Oberflächenrauheit zu einer Halbierung der Ermüdungsfestigkeit. Durch die Anwendung der Basquin-Gleichung kann eine Abschätzung der Lebensdauer zwischen 10^4 und 10^6 Lastspielen ermöglicht werden.

Für die Untersuchung der mechanischen Eigenschaften der Gitterstrukturen wird eine Kombination aus Mehrstufen- und Einstufenversuchen durchgeführt, um eine zeit- und kosteneffiziente Charakterisierung zu ermöglichen. Besonders der Bereich zwischen erster Materialreaktion und finalem Versagen innerhalb des Mehrstufenversuchs liefert die Grundlage für die Definition der Spannungsniveaus für die nachfolgenden Einstufenversuche. Im Vergleich zum Vollmaterial konnte ein Durchläufer bei $\sigma_a = 35$ MPa realisiert werden. Generell wiesen die Ergebnisse der Einstufenversuche eine gute Übereinstimmung mit den Ergebnissen des Mehrstufenversuchs auf, wodurch zukünftig die Anzahl an notwendigen Versuchen zur Bestimmung der zyklischen Eigenschaften von Gitterstrukturen reduziert werden kann. Die Erhöhung der Bauteilkomplexität führte zu einer weiteren Abnahme der Ermüdungsfestigkeit. Unter Berücksichtigung der Spannungsamplituden bei 2×10^6 wies die Gitterstruktur eine um rund 73 % reduzierte Ermüdungsfestigkeit auf. Der Vergleich der Spannungsamplituden zwischen dem polierten Zustand und der Gitterstruktur wies noch größere Unterschiede auf. Ein möglicher Grund ist die Substitution des Vollmaterials durch die Aneinanderreihung von Stegen, die in Knotenpunkten miteinander verbunden sind, wodurch die Ausbildung von Spannungskonzentrationen geometrie- und oberflächenbedingt gefördert wird.

Das auftretende Verformungs- und Schädigungsverhalten der Gitterstrukturen variierte im Vergleich zum Vollmaterial signifikant. Konkrete Versagensereignisse konnten durch plötzliche Anstiege der Messsignale identifiziert werden. Weiterhin liegen eine Vielzahl von Bruchflächen vor, die im Rahmen der fraktografischen Analyse untersucht wurden. Die Bruchflächen wiesen unterschiedliche Anteile zwischen dem stabilem Risswachstum und der Restgewaltbruchfläche auf, wodurch eine prinzipielle Unterscheidung zwischen Stegen, die zu einem frühen und späten Zeitpunkt innerhalb des Versuchs versagt sind, vorgenommen werden kann. Nichtsdestotrotz konnten Veränderungen in den Messgrößen detektiert werden, die nicht auf ein konkretes Versagen in der betrachteten Gitterebene zurückgeführt werden konnten. Im Rahmen von intermittierenden zyklischen Versuchen wurde die Probe nach einer definierten Anzahl von Lastspielen ausgebaut und röntgenografisch untersucht. Eine in-situ Belastungseinheit konnte vorhandene Risse öffnen und konkrete Versagensorte sichtbar machen. Auf Grundlage der rekonstruierten 3D-Volumen konnte dann jede Gitterebene separat betrachtet werden, wodurch erstmalig eine Visualisierung der dreidimensionalen Schädigungsentwicklung ermöglicht wurde. Die erfassten Messsignale (vgl. Abbildung 5.29) ermöglichen in Kombination mit der intermittierenden Versuchsführung (vgl. Abbildung 5.34 und Abbildung 5.35) die ganzheitliche Betrachtung der Verformungs- und Schädigungsvorgänge PBF-EB/M-gefertigter Gitterstrukturen. In zukünftigen Untersuchungen sollte die intermittierende Versuchsführung mit einer Finite-Elemente-Analyse kombiniert werden, wodurch potentielle Spannungskonzentrationen bereits vor Versuchsbeginn identifiziert und mit den tatsächlichen Versagensorten korreliert werden können, sodass langfristig ein Einsatz von additiv gefertigten Gitterstrukturen in sicherheitsrelevanten Applikationen ermöglicht wird.

Hochtemperatureigenschaften

Um die mechanischen Eigenschaften der IN718-Gitterstrukturen unter Betriebsbedingungen zu untersuchen, wurde der experimentelle Versuchsaufbau um einen Hochtemperaturofen erweitert. Dies erforderte ebenfalls Anpassungen am DIC-System, da das aufgenommene Bild durch die ständigen Aufheizvorgänge wahlweise unter- oder überbelichtet ist. Um dem entgegenzuwirken, wurde eine blaue LED-Lichtquelle in Kombination mit einem Kamerafilter verwendet, die eine gleichmäßige Bildqualität sicherstellte. Innerhalb der quasistatischen Charakterisierung konnten leicht niedrigere mechanische Festigkeiten unter Hochtemperatur ermittelt werden. Ähnliche Ergebnisse wurden innerhalb der zyklischen Versuche für höhere Spannungsamplituden (kürzere Versuchsdauer) detektiert. Mit zunehmender Versuchsdauer sinken die Bruchlastspielzahlen im Vergleich zu den

Versuchsergebnissen bei Raumtemperatur. Ein möglicher Grund für die abnehmende Festigkeit ist die Bildung der δ-Phase bzw. die Abnahme der γ''-Phase, allerdings sind hier weitergehende mikrostrukturelle Untersuchungen notwendig. Ein Durchläufer konnte innerhalb der Untersuchungen nicht erreicht werden. Zur Validierung der Ergebnisse sollte eine erhöhte Probenanzahl bei unterschiedlichen Spannungsamplituden untersucht werden.

Publikationen und Präsentationen

Im Themenbereich der Dissertation wurden vom Autor folgende Publikationen vorveröffentlicht:

- Kotzem, D.; Arold, T.; Bleicher, K.; Raveendran, R.; Niendorf, T.; Walther, F.: Ti6Al4V lattice structures manufactured by electron beam powder bed fusion – Microstructural and mechanical characterization based on advanced in situ techniques. Journal of Materials Research and Technology 22 (2023). DOI: https://doi.org/10.1016/j.jmrt.2022.12.075
- Kotzem, D.; Walther, F.: Mechanical assessment of PBF-EB manufactured IN718 lattice structures. Proceedings in Engineering Mechanics. Hrsg.: da Silva, L.F.M.; Ravi Kumar, D.; Reis Vaz, M.d.F.; Carbas, R.J.C., ISBN 978-3-031-13233-9 (2022) 3–18. DOI: https://doi.org/10.1007/978-3-031-13234-6_1
- Kotzem, D.; Höffgen, A.; Raveendran, R.; Stern, F.; Möhring, K.; Walther, F.: Position-dependent mechanical characterization of the PBF-EB-manufactured Ti6Al4V alloy. Progress in Additive Manufacturing 7 (2022) 249–260. DOI: https://doi.org/10.1007/s40964-021-00228-9
- Kotzem, D.; Raveendran, R.; Walther, F.: Ganzheitliche Charakterisierung des Ermüdungsverhaltens PBF-EB-gefertigter Ti6Al4V-Gitterstrukturen. Werkstoffprüfung 2021 – Werkstoffe und Bauteile auf dem Prüfstand, Hrsg.: S. Brockmann und U. Krupp, ISBN 978-3-941269-98-9 (2021) 74–79.
- Kotzem, D.; Gerdes, L.; Walther, F.: Microstructure and strain rate-dependent deformation behavior of PBF-EB Ti6Al4V lattice structures. Materials Testing 63 (6), (2021) 529–536. DOI: https://doi.org/10.1515/mt-2020-0087

D. Klemm, *Lokale Verformungsevolution von im Elektronenstrahlschmelzverfahren hergestellten IN718-Gitterstrukturen*, Werkstofftechnische Berichte | Reports of Materials Science and Engineering, https://doi.org/10.1007/978-3-658-42688-0

- Kotzem, D.; Tazerout, D.; Arold, T.; Niendorf, T.; Walther, F.: Failure mode map for E-PBF manufactured Ti6Al4V sandwich panels. Engineering Failure Analysis 121, 105159 (2021) 1–14. DOI: https://doi.org/10.1016/j.engfailanal.2020.105159

- Kotzem, D.; Ohlmeyer, H.; Walther, F.: Damage tolerance evaluation of a unit cell plane based on electron beam powder bed fusion (E-PBF) manufactured Ti6Al4V alloy. Procedia Structural Integrity 28 (2020) 11–18. DOI: https://doi.org/10.1016/j.prostr.2020.10.003

- Kotzem, D.; Tazerout, D.; Walther, F.: Vorhersage des dominierenden Versagensmechanismus mittels Elektronenstrahlschmelzen (E-PBF) gefertigter Ti6Al4V Sandwichstrukturen. 5. Tagung des DVM-AK Additiv gefertigte Bauteile und Strukturen, Hrsg.: H.-A. Richard, DVM e.V., ISSN 2509-8772 (2020) 15–27.

- Kotzem, D.; Arold, T.; Niendorf, T.; Walther, F.: Damage tolerance evaluation of E-PBF-manufactured Inconel 718 strut geometries by advanced characterization techniques. Materials 13 (1), 247 (2020) 1–21. DOI: https://doi.org/10.3390/ma13010247

- Kotzem, D.; Arold, T.; Niendorf, T.; Walther, F.: Influence of specimen position on the build platform on the mechanical properties of as-built direct aged electron beam melted Inconel 718 alloy. Materials Science and Engineering: A 772 (2020) 138785 1–13. DOI: https://doi.org/10.1016/j.msea.2019.138785

- Kotzem, D.; Dumke, P.; Sepehri, P.; Tenkamp, J.; Walther, F.: Effect of miniaturization and surface roughness on the mechanical properties of the electron beam melted superalloy Inconel®718. Progress in Additive Manufacturing 5 (2020) 267–276. DOI: https://doi.org/10.1007/s40964-019-00101-w

- Kotzem, D.; Beermann, L.; Awd, M.; Walther, F.: Mechanical and microstructural characterization of arc-welded Inconel 625 alloy. Materials 12 (22), 3690 (2019) 1–10. DOI: https://doi.org/10.3390/ma12223690

- Kotzem, D.; Tenkamp, J.; Walther, F.: Bestimmung der Schadenstoleranz von im Elektronenstrahlschmelzverfahren hergestellten Inconel 718-Stegproben unter Schwingbeanspruchung. 4. Tagung des DVM-AK Additiv gefertigte Bauteile und Strukturen, Hrsg.: H.-A. Richard, DVM e.V., ISSN 2509-8772 (2019) 129–137.

Im Themenbereich der Dissertation wurden vom Autor folgende Fachvorträge präsentiert:

- Kotzem, D. (V.); Walther, F.: Mechanical assessment of PBF-EB manufactured IN 718 lattice structures. *1st International Conference on Engineering Manufacture*, Porto, Portugal, 05.–06. Mai (2022).
- Kotzem, D. (V.); Arold, T.; Niendorf, T.; Walther, F.: Mechanism-based characterization of the mechanical behavior of PBF-EB manufactured IN 718 lattice structures. *TMS 2022 Annual Meeting & Exhibition*, Web-Konferenz, 27. Feb.–03. März (2022).
- Kotzem, D. (V.); Raveendran, R.; Walther, F.: Ganzheitliche Charakterisierung des Ermüdungsverhaltens PBF-EB-gefertigter Ti6Al4V-Gitterstrukturen. *Werkstoffprüfung 2021*, Web-Konferenz, 02.–03. Dez. (2021).
- Kotzem, D. (V.); Tazerout, D.; Walther, F.: Vorhersage des dominierenden Versagensmechanismus mittels Elektronenstrahlschmelzen (E-PBF) gefertigter Ti6Al4V Sandwichstrukturen. *5. Tagung des DVM-AK Additiv gefertigte Bauteile und Strukturen*, Web-Konferenz, 04.–05. Nov. (2020). Sieger DVM-Juniorpreis.
- Kotzem, D. (V.); Ohlmeyer, H.; Walther, F.: Damage tolerance evaluation of a unit cell plane based on electron beam powder bed fusion (E-PBF) manufactured Ti6Al4V alloy. *1st Virtual European Conference on Fracture*, Web-Konferenz, 29.–01. Juli (2020).
- Kotzem, D. (V.); Ohlmeyer, H.; Walther, F.: Bewertung der Schädigungstoleranz innerhalb einer Einheitszellenebene der E-PBF gefertigten Ti6Al4V-Legierung. *Fachtagung Werkstoffe und Additive Fertigung*, Web-Konferenz, 13.–15. Mai (2020).
- Kotzem, D. (V.); Tenkamp, J.; Walther, F.: Bestimmung der Schadenstoleranz von im Elektronenstrahlschmelzverfahren hergestellten Inconel 718-Stegproben unter Schwingbeanspruchung. *4. Tagung des DVM-AK Additiv gefertigte Bauteile und Strukturen*, Berlin, 06.–07. Nov. (2019).
- Kotzem, D. (V.); Dumke, P.; Sepehri, P.; Tenkamp, J.; Walther, F.: Effect of miniaturization and surface roughness on the mechanical properties of EBM-manufactured superalloy Inconel®718. *ACEX 2019 - 13th International Conference on Advanced Computational Engineering and Experimenting*, Athen, Griechenland, 01.–05. Juli (2019).

Studentische Arbeiten

Im Themenbereich der vorliegenden Dissertation wurden vom Autor folgende studentische Arbeiten betreut:

- Telgheder, L.; Höffgen, A.; Wiecha, J.; Stammkötter, S.: Charakterisierung der Hochtemperatureigenschaften additiv gefertigter Gitterstrukturen aus der Nickelbasislegierung Inconel 718. Fachlabor, Technische Universität Dortmund (2022).
- Riemann, J.: Entwicklung von Methoden zur Verbesserung und Quantifizierung der Oberflächenqualität additiv gefertigter komplexer Strukturen. Bachelorarbeit, Technische Universität Dortmund (2022).
- Aytas, H.: Qualifizierung des elektrochemischen Polierens zur gezielten Oberflächenbeeinflussung additiv gefertigter Strukturen mit steigender Komplexität. Masterarbeit, Technische Universität Dortmund (2022).
- Bleicher, K.: Ermittlung der Schädigungs- und Versagensmechanismen additiv gefertigter Ti6Al4V-Gitterstrukturen. Projektarbeit, Technische Universität Dortmund (2021).
- Tazerout, D.: Oberflächencharakterisierung additiv gefertigter Bauteile auf Basis röntgenografischer Datensätze. Projektarbeit, Technische Universität Dortmund (2019).
- Ohlmeyer, H.: Ermittlung der Schädigungs- und Versagensmechanismen innerhalb einer Einheitszellenebene auf Basis der E-PBF hergestellten Ti6Al4V-Legierung. Bachelorarbeit, Technische Universität Dortmund (2019).
- Höffgen, A.: Untersuchung des Einflusses prozessinduzierter Mikrostruktur, Defektverteilung und Oberflächenrauheit auf das mechanische Verformungsverhalten der mittels Elektronenstrahlschmelzen hergestellten Ti6Al4V-Legierung. Bachelorarbeit, Technische Universität Dortmund (2019).

© Der/die Herausgeber bzw. der/die Autor(en), exklusiv lizenziert an Springer Fachmedien Wiesbaden GmbH, ein Teil von Springer Nature 2023
D. Klemm, *Lokale Verformungsevolution von im Elektronenstrahlschmelzverfahren hergestellten IN718-Gitterstrukturen*, Werkstofftechnische Berichte | Reports of Materials Science and Engineering, https://doi.org/10.1007/978-3-658-42688-0

- Tazerout, D.: Entwicklung eines simulationsgestützten Modells zur gezielten Vorhersage der Versagensmechanismen additiv gefertigter Ti6Al4V-Sandwichstrukturen. Masterarbeit, Technische Universität Dortmund (2019).
- Sepehri, P.: Influence of large-scale and near-net-shape components on resulting surface roughness, microstructure, defect distribution and fatigue properties based on the electron beam melted Inconel 718 alloy. Masterarbeit, Technische Universität Dortmund (2019).
- Dumke, P.: Charakterisierung mikrostruktureller Besonderheiten und quasistatischer Eigenschaften der mittels Elektronenstrahlschmelzen (EBM) hergestellten Inconel 718-Legierung. Bachelorarbeit, Technische Universität Dortmund (2019).

Den Studierenden danke ich für die geleisteten Beiträge.

Literaturverzeichnis

[1] DIN EN ISO / ASTM 52900 Additive Fertigung – Grundlagen – Terminologie (ISO/ASTM DIS 52900:2018); Deutsche und Englische Fassung EN ISO/ASTM 52900:2018. Beuth Verlag, Berlin (2018).

[2] Klahn, C.: Entwicklung und Konstruktion für die Additive Fertigung. Vogel Buchverlag, Würzburg, ISBN 978-3-834-36269-8 (2021).

[3] Lachmayer, R.; Lippert, R.: Entwicklungsmethodik für die Additive Fertigung. Springer Berlin Heidelberg, Berlin, Heidelberg, ISBN 978-3-662-59788-0 (2020).

[4] Gebhardt, A.; Kessler, J.; Thurn, L.: 3D-Drucken. Hanser, München, ISBN 978-3-446-44672-4 (2016).

[5] Wilson, J.; Piya, C.; Shin, Y.; Zhao, F.; Ramani, K.: Remanufacturing of turbine blades by laser direct deposition with its energy and environmental impact analysis. Journal of Cleaner Production 80 (2014) 170–178. DOI: https://doi.org/10.1016/j.jclepro.2014.05.084.

[6] Kohlhuber, M.; Kage, M.; Karg, M. (Hrsg.): Additive Fertigung. acatech – Deutsche Akademie der Technikwissenschaften; Deutsche Akademie der Naturforscher Leopoldina e.V. – Nationale Akademie der Wissenschaften; Union der Deutschen Akademien der Wissenschaften e.V, München, Halle (Saale), Mainz, ISBN 978-3-8047-3676-4 (Dezember 2016).

[7] Hull, C.: Apparatus for production of three-dimensional objects by stereolithography US000004575330, 1984.

[8] DIN 8580 Fertigungsverfahren – Begriffe, Einteilung. Beuth Verlag, Berlin (2020).

[9] VDI 3405 Additive Fertigungsverfahren – Grundlagen, Begriffe, Verfahrensbeschreibungen. Beuth Verlag, Berlin (2014).

[10] Lachmayer, R.; Lippert, R.; Fahlbusch, T.: 3D-Druck beleuchtet. Springer Berlin Heidelberg, Berlin, Heidelberg, ISBN 978-3-662-49055-6 (2016).

© Der/die Herausgeber bzw. der/die Autor(en), exklusiv lizenziert an Springer Fachmedien Wiesbaden GmbH, ein Teil von Springer Nature 2023
D. Klemm, *Lokale Verformungsevolution von im Elektronenstrahlschmelzverfahren hergestellten IN718-Gitterstrukturen*, Werkstofftechnische Berichte I Reports of Materials Science and Engineering, https://doi.org/10.1007/978-3-658-42688-0

197

[11] Blakey-Milner, B.; Gradl, P.; Snedden, G.; Brooks, M.; Pitot, J.; Lopez, E.; Leary, M.; Berto, F.; Du Plessis, A.: Metal additive manufacturing in aerospace: A review. Materials & Design 209 (2021) 110008. DOI: https://doi.org/10.1016/j.matdes.2021.110008.

[12] Da Silva, L.; Sales, W.; Campos, F.; Sousa, J. de; Davis, R.; Singh, A.; Coelho, R.; Borgohain, B.: A comprehensive review on additive manufacturing of medical devices. Progress in Additive Manufacturing (2021). DOI: https://doi.org/10.1007/s40 964-021-00188-0

[13] Glossner, S.; Leupold, A.: 3D-Druck, Additive Fertigung und Rapid Manufacturing. Verlag Franz Vahlen GmbH, ISBN 9783800651504 (2016).

[14] Wohlers, T. and Caffrey, T. Additive Manufacturing: Going Mainstream, Internetquelle abgerufen über https://www1.eere.energy.gov/manufacturing/pdfs/sme_man_ engineering.pdf .

[15] Kumke, M.: Methodisches Konstruieren von additiv gefertigten Bauteilen. Springer Fachmedien Wiesbaden, Wiesbaden, ISBN 978-3-658-22208-6 (2018).

[16] Herzog, D.; Seyda, V.; Wycisk, E.; Emmelmann, C.: Additive manufacturing of metals. Acta Materialia 117 (2016) 371–392. DOI: https://doi.org/10.1016/j.actamat.2016.07.019.

[17] Strategy&: Strategy&-Analyse 3D-Druck: Marktvolumen für gedruckte Produkte steigt bis 2030 auf 22,6 Milliarden Euro, München, Internetquelle abgerufen über https://www.strategyand.pwc.com/de/de/presse/3d-druck.html .

[18] IPlytics GmbH: Patent and litigation trends for 3D printing technologies, Internetquelle abgerufen über https://www.iplytics.com/report/patent-litigation-trends-3d-pri nting/ .

[19] Context: Key 3D printer markets on track for double-digit shipment growth in the second half of 2019, Internetquelle abgerufen über https://www.contextworld.com/ key-3d-printer-markets-on-track-for-double-digit-shipment-growth-in-the-second-half-of-2019 .

[20] Gebhardt, A.: Additive Fertigungsverfahren. Hanser, München, ISBN 978-3-446-44401-0 (2016).

[21] Kruth, J.: Material Incress Manufacturing by Rapid Prototyping Techniques. CIRP Annals 40 2 (1991) 603–614. DOI: https://doi.org/10.1016/S0007-8506(07)61136-6.

[22] Wong, K.; Hernandez, A.: A Review of Additive Manufacturing. ISRN Mechanical Engineering 2012 (2012) 1–10. DOI: https://doi.org/10.5402/2012/208760.

[23] Deradjat, D.; Minshall, T.: Implementation of rapid manufacturing for mass customisation. Journal of Manufacturing Technology Management 28 1 (2017) 95–121. DOI: https://doi.org/10.1108/JMTM-01-2016-0007.

[24] Breuninger, J.; Becker, R.; Wolf, A.; Rommel, S.; Verl, A.: Generative Fertigung mit Kunststoffen. Springer Berlin Heidelberg, Berlin, Heidelberg, ISBN 978-3-642-24324-0 (2013).

[25] Gibson, I.; Rosen, D.; Stucker, B.: Additive manufacturing technologies. Springer, New York, Heidelberg, Dordrecht, London, ISBN 978-1-4939-2112-6 (2015).

[26] Stern, F.; Grabowski, J.; Elspaß, A.; Kotzem, D.; Kleszczynski, S.; Witt, G.; Walther, F.: Influence assessment of artificial defects on the fatigue behavior of additively manufactured stainless steel 316LVM. Procedia Structural Integrity 37 (2022) 153–158. DOI: https://doi.org/10.1016/j.prostr.2022.01.071.

[27] Awd, M.; Stern, F.; Kampmann, A.; Kotzem, D.; Tenkamp, J.; Walther, F.: Microstructural Characterization of the Anisotropy and Cyclic Deformation Behavior of Selective Laser Melted AlSi10Mg Structures. Metals 8 10 (2018) 825. DOI: https://doi.org/10.3390/met8100825.

[28] Wycisk, E.; Siddique, S.; Herzog, D.; Walther, F.; Emmelmann, C.: Fatigue Performance of Laser Additive Manufactured Ti–6Al–4V in Very High Cycle Fatigue Regime up to 109 Cycles. Frontiers in Materials 2 (2015) 2117. DOI: https://doi.org/10.3389/fmats.2015.00072.

[29] Ghods, S.; Schultz, E.; Wisdom, C.; Schur, R.; Pahuja, R.; Montelione, A.; Arola, D.; Ramulu, M.: Electron beam additive manufacturing of Ti6Al4V: Evolution of powder morphology and part microstructure with powder reuse. Materialia 9 (2020) 100631. DOI: https://doi.org/10.1016/j.mtla.2020.100631.

[30] Jia, Q.; Gu, D.: Selective laser melting additive manufacturing of Inconel 718 superalloy parts: Densification, microstructure and properties. Journal of Alloys and Compounds 585 (2014) 713–721. DOI: https://doi.org/10.1016/j.jallcom.2013.09.171.

[31] Zhong, T.; He, K.; Li, H.; Yang, L.: Mechanical properties of lightweight 316L stainless steel lattice structures fabricated by selective laser melting. Materials & Design 181 (2019) 108076. DOI: https://doi.org/10.1016/j.matdes.2019.108076.

[32] Singh, R.; Gupta, A.; Tripathi, O.; Srivastava, S.; Singh, B.; Awasthi, A.; Rajput, S.; Sonia, P.; Singhal, P.; Saxena, K.: Powder bed fusion process in additive manufacturing: An overview. Materials Today: Proceedings 26 (2020) 3058–3070. DOI: https://doi.org/10.1016/j.matpr.2020.02.635.

[33] Mostafaei, A.; Zhao, C.; He, Y.; Reza Ghiaasiaan, S.; Shi, B.; Shao, S.; Shamsaei, N.; Wu, Z.; Kouraytem, N.; Sun, T.; Pauza, J.; Gordon, J.; Webler, B.; Parab, N.; Asherloo, M.; Guo, Q.; Chen, L.; Rollett, A.: Defects and anomalies in powder bed fusion metal additive manufacturing. Current Opinion in Solid State and Materials Science 26 2 (2022) 100974. DOI: https://doi.org/10.1016/j.cossms.2021.100974.

[34] Vock, S.; Klöden, B.; Kirchner, A.; Weißgärber, T.; Kieback, B.: Powders for powder bed fusion: a review. Progress in Additive Manufacturing 4 4 (2019) 383–397. DOI: https://doi.org/10.1007/s40964-019-00078-6.

[35] Nandwana, P.; Peter, W.; Dehoff, R.; Lowe, L.; Kirka, M.; Medina, F.; Babu, S.: Recyclability Study on Inconel 718 and Ti-6Al-4V Powders for Use in Electron Beam Melting. Metallurgical and Materials Transactions B 47 1 (2016) 754–762. DOI: https://doi.org/10.1007/s11663-015-0477-9.

[36] Seyda, V.; Kaufmann, N.; Emmelmann, C.: Investigation of Aging Processes of Ti-6Al-4 V Powder Material in Laser Melting. Physics Procedia 39 (2012) 425–431. DOI: https://doi.org/10.1016/j.phpro.2012.10.057.

[37] Del Re, F.; Contaldi, V.; Astarita, A.; Palumbo, B.; Squillace, A.; Corrado, P.; Di Petta, P.: Statistical approach for assessing the effect of powder reuse on the final quality of AlSi10Mg parts produced by laser powder bed fusion additive manufacturing. The International Journal of Advanced Manufacturing Technology 97 5–8 (2018) 2231–2240. DOI: https://doi.org/10.1007/s00170-018-2090-y.

[38] Ardila, L.; Garciandia, F.; González-Díaz, J.; Álvarez, P.; Echeverria, A.; Petite, M.; Deffley, R.; Ochoa, J.: Effect of IN718 Recycled Powder Reuse on Properties of Parts Manufactured by Means of Selective Laser Melting. Physics Procedia 56 (2014) 99–107. DOI: https://doi.org/10.1016/j.phpro.2014.08.152.

[39] Liu, S.; Shin, Y.: Additive manufacturing of Ti6Al4V alloy: A review. Materials & Design 164 (2019) 107552. DOI: https://doi.org/10.1016/j.matdes.2018.107552.

[40] Jiao, L.; Chua, Z.; Moon, S.; Song, J.; Bi, G.; Zheng, H.: Femtosecond laser produced hydrophobic hierarchical structures on additive manufacturing parts. Nanomaterials (Basel, Switzerland) 8 8 (2018). DOI: https://doi.org/10.3390/nano8080601.

[41] Badiru, A.; Valencia, V.; Liu, D. (Hrsg.): Additive manufacturing handbook. CRC Press, Boca Raton, ISBN 978-1-482-26409-8 (2017).

[42] Leary, M.: Design for Additive Manufacturing. Elsevier, San Diego, ISBN 978-0-12-816721-2 (2020).

[43] Reddy, K.; Dufera, S.: Additive manufacturing technologies. BEST: International Journal of Management, Information Technology and Engineering 4 7 (2016) 89–112.

[44] Siddique, S.; Imran, M.; Wycisk, E.; Emmelmann, C.; Walther, F.: Influence of process-induced microstructure and imperfections on mechanical properties of AlSi12 processed by selective laser melting. Journal of Materials Processing Technology 221 (2015) 205–213. DOI: https://doi.org/10.1016/j.jmatprotec.2015.02.023.

[45] Andersson, L.; Larssonv, M.: Device and arrangement for producing a threedimensional object. WO 2001081031 A1, 2001.

[46] Körner, C.: Additive manufacturing of metallic components by selective electron beam melting — a review. International Materials Reviews 61 5 (2016) 361–377. DOI: https://doi.org/10.1080/09506608.2016.1176289.

[47] Pou, J.: Additive Manufacturing. Elsevier, San Diego, ISBN 978-0-12-818411-0 (2021).

[48] Ladani, L.; Sadeghilaridjani, M.: Review of powder bed fusion additive manufacturing for metals. Metals 11 9 (2021) 1391. DOI: https://doi.org/10.3390/met11091391.

[49] Helmer, H.: Additive Fertigung durch Selektives Elektronenstrahlschmelzen der Nickelbasis Superlegierung IN718: Prozessfenster, Mikrostruktur und mechanische Eigenschaften, Dissertation, Friedrich-Alexander-Universität Erlangen-Nürnberg (FAU) (2017).

[50] Sames, W.; Unocic, K.; Dehoff, R.; Lolla, T.; Babu, S.: Thermal effects on microstructural heterogeneity of Inconel 718 materials fabricated by electron beam melting. Journal of Materials Research 29 17 (2014) 1920–1930. DOI: https://doi.org/10.1557/jmr.2014.140.

[51] Droste, M.; Günther, J.; Kotzem, D.; Walther, F.; Niendorf, T.; Biermann, H.: Cyclic deformation behavior of a damage tolerant CrMnNi TRIP steel produced by electron beam melting. International Journal of Fatigue 114 (2018) 262–271. DOI: https://doi.org/10.1016/j.ijfatigue.2018.05.031.

[52] Mahela, T.; Cormier, D.; Harrysson, O.; Ervin, K.: Advances in Electron Beam Melting of Aluminum Alloys (2007).

[53] Gong, X.; Anderson, T.; Chou, K.: Review on powder-based electron beam additive manufacturing technology. Manufacturing Review 1 (2014) 2. DOI: https://doi.org/10.1051/mfreview/2014001.

[54] Lee, Y.; Kirka, M.; Dinwiddie, R.; Raghavan, N.; Turner, J.; Dehoff, R.; Babu, S.: Role of scan strategies on thermal gradient and solidification rate in electron beam powder bed fusion. Additive Manufacturing 22 (2018) 516–527. DOI: https://doi.org/10.1016/j.addma.2018.04.038.

[55] Grasso, M.; Colosimo, B.: Process defects and in situ monitoring methods in metal powder bed fusion: a review. Measurement Science and Technology 28 4 (2017) 44005. DOI: https://doi.org/10.1088/1361-6501/aa5c4f.

[56] Körner, C.; Bauereiß, A.; Attar, E.: Fundamental consolidation mechanisms during selective beam melting of powders. Modelling and Simulation in Materials Science and Engineering 21 8 (2013) 85011. DOI: https://doi.org/10.1088/0965-0393/21/8/085011.

[57] Balachandramurthi, A.; Moverare, J.; Mahade, S.; Pederson, R.: Additive manufacturing of alloy 718 via electron beam melting: Effect of post-treatment on the microstructure and the mechanical properties. Materials (Basel, Switzerland) 12 1 (2018). DOI: https://doi.org/10.3390/ma12010068.

[58] Suard, M.; Martin, G.; Lhuissier, P.; Dendievel, R.; Vignat, F.; Blandin, J.-J.; Villeneuve, F.: Mechanical equivalent diameter of single struts for the stiffness prediction of lattice structures produced by Electron Beam Melting. Additive Manufacturing 8 (2015) 124–131. DOI: https://doi.org/10.1016/j.addma.2015.10.002.

[59] Lhuissier, P.; Formanoir, C. de; Martin, G.; Dendievel, R.; Godet, S.: Geometrical control of lattice structures produced by EBM through chemical etching: Investigations at the scale of individual struts. Materials & Design 110 (2016) 485–493. DOI: https://doi.org/10.1016/j.matdes.2016.08.029.

[60] Benedetti, M.; Du Plessis, A.; Ritchie, R.; Dallago, M.; Razavi, S.; Berto, F.: Architected cellular materials: A review on their mechanical properties towards fatigue-tolerant design and fabrication. Materials Science and Engineering: R: Reports 144 (2021) 100606. DOI: https://doi.org/10.1016/j.mser.2021.100606.

[61] Persenot, T.; Burr, A.; Martin, G.; Buffiere, J.-Y.; Dendievel, R.; Maire, E.: Effect of build orientation on the fatigue properties of as-built Electron Beam Melted Ti-6Al-4V alloy. International Journal of Fatigue 118 (2019) 65–76. DOI: https://doi.org/10.1016/j.ijfatigue.2018.08.006.

[62] Oliveira, J.; LaLonde, A.; Ma, J.: Processing parameters in laser powder bed fusion metal additive manufacturing. Materials & Design 193 (2020) 108762. DOI: https://doi.org/10.1016/j.matdes.2020.108762.

[63] Mukherjee, T.; DebRoy, T.: Mitigation of lack of fusion defects in powder bed fusion additive manufacturing. Journal of Manufacturing Processes 36 (2018) 442–449. DOI: https://doi.org/10.1016/j.jmapro.2018.10.028.

[64] Arnold, C.; Körner, C.: In-situ electron optical measurement of thermal expansion in electron beam powder bed fusion. Additive Manufacturing 46 (2021) 102213. DOI: https://doi.org/10.1016/j.addma.2021.102213.

[65] Nazir, A.; Abate, K.; Kumar, A.; Jeng, J.-Y.: A state-of-the-art review on types, design, optimization, and additive manufacturing of cellular structures. The International Journal of Advanced Manufacturing Technology 104 9–12 (2019) 3489–3510. DOI: https://doi.org/10.1007/s00170-019-04085-3.

[66] Gibson, L.; Ashby, M.: Cellular solids. Cambridge University Press, ISBN 978-0-521-49911-8 (2014).

[67] Ashby, M.: The properties of foams and lattices. Philosophical transactions. Series A, Mathematical, physical, and engineering sciences 364 1838 (2006) 15–30. DOI: https://doi.org/10.1098/rsta.2005.1678.

[68] Merkt, S.: Qualifizierung von generativ gefertigten Gitterstrukturen für maßgeschnei-
      derte Bauteilfunktionen, Dissertation, Fak04, RWTH Aachen (2015).

[69] Banhart, J. (Hrsg.): Metal foams and porous metal structures. Verl. MIT Publ, Bre-
      men, ISBN 3-9805748-7-3 (1999).

[70] Song, K.; Wang, Z.; Lan, J.; Ma, S.: Porous structure design and mechanical behavior
      analysis based on TPMS for customized root analogue implant. Journal of the mecha-
      nical behavior of biomedical materials 115 (2021) 104222. DOI: https://doi.org/10.
      1016/j.jmbbm.2020.104222.

[71] Bhate, D.: Four questions in cellular material design. Materials (Basel, Switzerland)
      12 7 (2019). DOI: https://doi.org/10.3390/ma12071060.

[72] Lefebvre, L.-P.; Banhart, J.; Dunand, D.: Porous metals and metallic foams: Current
      status and recent developments. Advanced Engineering Materials 10 9 (2008) 775–
      787.

[73] Ashby, M.; Evans; Fleck, N.; Gibson, L.; Hutchinson; Wadley, H.; Delale:: Metal
      foams: A design guide. Applied Mechanics Reviews 54 6 (2001) B105–B106. DOI:
      https://doi.org/10.1115/1.1421119.

[74] Pan, C.; Han, Y.; Lu, J.: Design and optimization of lattice structures: A review.
      Applied Sciences 10 18 (2020) 6374. DOI: https://doi.org/10.3390/app10186374.

[75] Boldrin, L.; Hummel, S.; Scarpa, F.; Di Maio, D.; Lira, C.; Ruzzene, M.; Remillat, C.;
      Lim, T.; Rajasekaran, R.; Patsias, S.: Dynamic behaviour of auxetic gradient compo-
      site hexagonal honeycombs. Composite Structures 149 (2016) 114–124. DOI: https://
      doi.org/10.1016/j.compstruct.2016.03.044.

[76] Wang, T.; Li, Z.; Wang, L.; Ma, Z.; Hulbert, G.: Dynamic crushing analysis of a three-
      dimensional re-entrant auxetic cellular structure. Materials (Basel, Switzerland) 12 3
      (2019). DOI: https://doi.org/10.3390/ma12030460.

[77] Lira, C.; Innocenti, P.; Scarpa, F.: Transverse elastic shear of auxetic multi re-entrant
      honeycombs. Composite Structures 90 3 (2009) 314–322. DOI: https://doi.org/10.
      1016/j.compstruct.2009.03.009.

[78] Deshpande, V.; Fleck, N.; Ashby, M.: Effective properties of the octet-truss lattice
      material. Journal of the Mechanics and Physics of Solids 49 8 (2001) 1747–1769.
      DOI: https://doi.org/10.1016/S0022-5096(01)00010-2.

[79] Mahshid, R.; Hansen, H.; Højbjerre, K.: Strength analysis and modeling of cellular
      lattice structures manufactured using selective laser melting for tooling applications.
      Materials & Design 104 (2016) 276–283. DOI: https://doi.org/10.1016/j.matdes.2016.
      05.020.

[80] Maxwell, J.: L. On the calculation of the equilibrium and stiffness of frames. The Lon-
      don, Edinburgh, and Dublin Philosophical Magazine and Journal of Science 27 182
      (1864) 294–299. DOI: https://doi.org/10.1080/14786446408643668.

[81] Deshpande, V.; Ashby, M.; Fleck, N.: Foam topology: bending versus stretching
      dominated architectures. Acta Materialia 49 6 (2001) 1035–1040. DOI: https://doi.
      org/10.1016/S1359-6454(00)00379-7.

[82] Rehme, O.: Cellular design for laser freeform fabrication. Cuvillier, Göttingen, ISBN
      978-3-86955-273-6 (2010).

[83] Maconachie, T.; Leary, M.; Lozanovski, B.; Zhang, X.; Qian, M.; Faruque, O.; Brandt,
      M.: SLM lattice structures: Properties, performance, applications and challenges.

Materials & Design 183 (2019) 108137. DOI: https://doi.org/10.1016/j.matdes.2019. 108137

[84] Brenne, F.: Selektives Laserschmelzen metallischer Materialien, Dissertation, Kassel University Press GmbH (2018).

[85] Afshar, M.; Anaraki, A.; Montazerian, H.; Kadkhodapour, J.: Additive manufacturing and mechanical characterization of graded porosity scaffolds designed based on triply periodic minimal surface architectures. Journal of the mechanical behavior of biomedical materials 62 (2016) 481–494. DOI: https://doi.org/10.1016/j.jmbbm.2016. 05.027.

[86] Yavari, S.; Wauthle, R.; van der Stok, J.; Riemslag, A.; Janssen, M.; Mulier, M.; Kruth, J.; Schrooten, J.; Weinans, H.; Zadpoor, A.: Fatigue behavior of porous biomaterials manufactured using selective laser melting. Materials science & engineering. C, Materials for biological applications 33 8 (2013) 4849–4858. DOI: https://doi.org/10.1016/ j.msec.2013.08.006.

[87] Vendra, L.; Neville, B.; Rabiei, A.: Fatigue in aluminum–steel and steel–steel composite foams. Materials Science and Engineering: A 517 1–2 (2009) 146–153. DOI: https://doi.org/10.1016/j.msea.2009.03.075.

[88] Hrabe, N.; Heinl, P.; Flinn, B.; Körner, C.; Bordia, R.: Compression-compression fatigue of selective electron beam melted cellular titanium (Ti-6Al-4V). Journal of biomedical materials research. Part B, Applied biomaterials 99 2 (2011) 313–320. DOI: https://doi.org/10.1002/jbm.b.31901.

[89] Lefebvre, L.; Baril, E.; Bureau, M.: Effect of the oxygen content in solution on the static and cyclic deformation of titanium foams. Journal of materials science. Materials in medicine 20 11 (2009) 2223–2233. DOI: https://doi.org/10.1007/s10856-009-3798-x.

[90] Sugimura, Y.; Rabiei, A.; Evans, A.; Harte, A.; Fleck, N.: Compression fatigue of a cellular Al alloy. Materials Science and Engineering: A 269 1–2 (1999) 38–48. DOI: https://doi.org/10.1016/S0921-5093(99)00147-1.

[91] Li, S.; Murr, L.; Cheng, X.; Zhang, Z.; Hao, Y.; Yang, R.; Medina, F.; Wicker, R.: Compression fatigue behavior of Ti–6Al–4V mesh arrays fabricated by electron beam melting. Acta Materialia 60 3 (2012) 793–802. DOI: https://doi.org/10.1016/j. actamat.2011.10.051.

[92] Williams, C.; Cochran, J.; Rosen, D.: Additive manufacturing of metallic cellular materials via three-dimensional printing. The International Journal of Advanced Manufacturing Technology 53 1–4 (2011) 231–239. DOI: https://doi.org/10.1007/s00 170-010-2812-2.

[93] Cheng, X.; Li, S.; Murr, L.; Zhang, Z.; Hao, Y.; Yang, R.; Medina, F.; Wicker, R.: Compression deformation behavior of Ti-6Al-4V alloy with cellular structures fabricated by electron beam melting. Journal of the mechanical behavior of biomedical materials 16 (2012) 153–162. DOI: https://doi.org/10.1016/j.jmbbm.2012.10.005.

[94] Alsalla, H.; Hao, L.; Smith, C.: Fracture toughness and tensile strength of 316L stainless steel cellular lattice structures manufactured using the selective laser melting technique. Materials Science and Engineering: A 669 (2016) 1–6. DOI: https://doi. org/10.1016/j.msea.2016.05.075.

[95] Leary, M.; Mazur, M.; Elambasseril, J.; McMillan, M.; Chirent, T.; Sun, Y.; Qian, M.; Easton, M.; Brandt, M.: Selective laser melting (SLM) of AlSi12Mg lattice structures.

Materials & Design 98 (2016) 344–357. DOI: https://doi.org/10.1016/j.matdes.2016. 02.127.

[96] Yan, C.; Hao, L.; Hussein, A.; Raymont, D.: Evaluations of cellular lattice structures manufactured using selective laser melting. International Journal of Machine Tools and Manufacture 62 (2012) 32–38. DOI: https://doi.org/10.1016/j.ijmachtools.2012. 06.002.

[97] Brenne, F.; Niendorf, T.; Maier, H.: Additively manufactured cellular structures: Impact of microstructure and local strains on the monotonic and cyclic behavior under uniaxial and bending load. Journal of Materials Processing Technology 213 9 (2013) 1558–1564. DOI: https://doi.org/10.1016/j.jmatprotec.2013.03.013.

[98] Gorny, B.; Niendorf, T.; Lackmann, J.; Thoene, M.; Troester, T.; Maier, H.: In situ characterization of the deformation and failure behavior of non-stochastic porous structures processed by selective laser melting. Materials Science and Engineering: A 528 27 (2011) 7962–7967. DOI: https://doi.org/10.1016/j.msea.2011.07.026.

[99] Surmeneva, M.; Surmenev, R.; Chudinova, E.; Koptioug, A.; Tkachev, M.; Gorodzha, S.; Rännar, L.-E.: Fabrication of multiple-layered gradient cellular metal scaffold via electron beam melting for segmental bone reconstruction. Materials & Design 133 (2017) 195–204. DOI: https://doi.org/10.1016/j.matdes.2017.07.059.

[100] Ramirez, D.; Murr, L.; Li, S.; Tian, Y.; Martinez, E.; Martinez, J.; Machado, B.; Gay-tan, S.; Medina, F.; Wicker, R.: Open-cellular copper structures fabricated by additive manufacturing using electron beam melting. Materials Science and Engineering: A 528 16–17 (2011) 5379–5386. DOI: https://doi.org/10.1016/j.msea.2011.03.053.

[101] Ozdemir, Z.; Hernandez-Nava, E.; Tyas, A.; Warren, J.; Fay, S.; Goodall, R.; Todd, I.; Askes, H.: Energy absorption in lattice structures in dynamics: Experiments. International Journal of Impact Engineering 89 (2016) 49–61. DOI: https://doi.org/10.1016/ j.ijimpeng.2015.10.007.

[102] Gatto, M.; Groppo, R.; Bloise, N.; Fassina, L.; Visai, L.; Galati, M.; Iuliano, L.; Men-gucci, P.: Topological, mechanical and biological properties of Ti6Al4V scaffolds for bone tissue regeneration fabricated with reused powders via electron beam melting. Materials (Basel, Switzerland) 14 1 (2021). DOI: https://doi.org/10.3390/ma14010224.

[103] Jamshidinia, M.; Wang, L.; Tong, W.; Kovacevic, R.: The bio-compatible dental implant designed by using non-stochastic porosity produced by Electron Beam Melting® (EBM). Journal of Materials Processing Technology 214 8 (2014) 1728–1739. DOI: https://doi.org/10.1016/j.jmatprotec.2014.02.025.

[104] Ridzwan, M.; Shuib, S.; Hassan, A.; Shokri, A.; Mohamad Ib, M.: Problem of stress shielding and improvement to the hip implant designs: a review. Journal of Medical Sciences 7 3 (2007) 460–467. DOI: https://doi.org/10.3923/jms.2007.460.467.

[105] Cansizoglu, O.; Harrysson, O.; Cormier, D.; West, H.; Mahale, T.: Properties of Ti–6Al–4V non-stochastic lattice structures fabricated via electron beam melting. Materials Science and Engineering: A 492 1–2 (2008) 468–474. DOI: https://doi.org/10. 1016/j.msea.2008.04.002.

[106] Goodall, R.; Hernandez-Nava, E.; Jenkins, S.; Sinclair, L.; Tyrwhitt-Jones, E.; Khoda-dadi, M.; Ip, D.; Ghadbeigi, H.: The effects of defects and damage in the mechanical behavior of Ti6Al4V lattices. Frontiers in Materials 6 (2019) 66. DOI: https://doi.org/ 10.3389/fmats.2019.00117.

[107] Mohammadhosseini, A.; Masood, S.; Fraser, D.; Jahedi, M.; Gulizia, S.: Flexural Behaviour of titanium cellular structures produced by Electron Beam Melting. Materials Today: Proceedings 4 8 (2017) 8260–8268. DOI: https://doi.org/10.1016/j.matpr. 2017.07.168.

[108] Parthasarathy, J.; Starly, B.; Raman, S.; Christensen, A.: Mechanical evaluation of porous titanium (Ti6Al4V) structures with electron beam melting (EBM). Journal of the mechanical behavior of biomedical materials 3 3 (2010) 249–259. DOI: https:// doi.org/10.1016/j.jmbbm.2009.10.006.

[109] Ataee, A.; Li, Y.; Fraser, D.; Song, G.; Wen, C.: Anisotropic Ti-6Al-4V gyroid scaffolds manufactured by electron beam melting (EBM) for bone implant applications. Materials & Design 137 (2018) 345–354. DOI: https://doi.org/10.1016/j.matdes.2017. 10.040.

[110] Epasto, G.; Palomba, G.; D'Andrea, D.; Guglielmino, E.; Di Bella, S.; Traina, F.: Ti-6Al-4V ELI microlattice structures manufactured by electron beam melting: Effect of unit cell dimensions and morphology on mechanical behaviour. Materials Science and Engineering: A 753 (2019) 31–41. DOI: https://doi.org/10.1016/j.msea.2019.03.014.

[111] Hernández-Nava, E.; Smith, C.; Derguti, F.; Tammas-Williams, S.; Leonard, F.; Withers, P.; Todd, I.; Goodall, R.: The effect of defects on the mechanical response of Ti-6Al-4V cubic lattice structures fabricated by electron beam melting. Acta Materialia 108 (2016) 279–292. DOI: https://doi.org/10.1016/j.actamat.2016.02.029.

[112] Zhao, S.; Li, S.; Hou, W.; Hao, Y.; Yang, R.; Misra, R.: The influence of cell morphology on the compressive fatigue behavior of Ti-6Al-4V meshes fabricated by electron beam melting. Journal of the mechanical behavior of biomedical materials 59 (2016) 251–264. DOI: https://doi.org/10.1016/j.jmbbm.2016.01.034.

[113] Lietaert, K.; Cutolo, A.; Boey, D.; van Hooreweder, B.: Fatigue life of additively manufactured Ti6Al4V scaffolds under tension-tension, tension-compression and compression-compression fatigue load. Scientific reports 8 1 (2018) 4957. DOI: https://doi.org/10.1038/s41598-018-23414-2.

[114] Köhnen, P.; Haase, C.; Bültmann, J.; Ziegler, S.; Schleifenbaum, J.; Bleck, W.: Mechanical properties and deformation behavior of additively manufactured lattice structures of stainless steel. Materials & Design 145 (2018) 205–217. DOI: https://doi.org/ 10.1016/j.matdes.2018.02.062.

[115] Zargarian, A.; Esfahanian, M.; Kadkhodapour, J.; Ziaei-Rad, S.; Zamani, D.: On the fatigue behavior of additive manufactured lattice structures. Theoretical and Applied Fracture Mechanics 100 (2019) 225–232. DOI: https://doi.org/10.1016/j.tafmec.2019. 01.012.

[116] Steeb, S.; Basler, G.; Deutsch, V.; Gauss, G.; Griese, A.; Güttinger, T.; Kolb, K.; Schur, F.; Staib, W.; Stein, W.; Vogt, M.; Wezel, H.: Zerstörungsfreie Werkstück- und Werkstoffprüfung. expert, Tübingen, ISBN 978-3-8169-3261-1 (2018).

[117] Hering, E.; Martin, R.; Stohrer, M.: Physik für Ingenieure. Springer, Berlin, ISBN 978-3-540-71855-0 (2007).

[118] Schiebold, K.: Zerstörungsfreie Werkstoffprüfung. Springer Vieweg, s.l., ISBN 978-3-662-44668-3 (2014).

[119] Thompson, A.; Maskery, I.; Leach, R.: X-ray computed tomography for additive manufacturing: a review. Measurement Science and Technology 27 7 (2016) 72001. DOI: https://doi.org/10.1088/0957-0233/27/7/072001.

[120] Gapinski, B.; Janicki, P.; Marciniak-Podsadna, L.; Jakubowicz, M.: Application of the computed tomography to control parts made on additive manufacturing process. Procedia Engineering 149 (2016) 105–121. DOI: https://doi.org/10.1016/j.proeng.2016.06.645.

[121] Stern, F.; Tenkamp, J.; Walther, F.: Non-destructive characterization of process-induced defects and their effect on the fatigue behavior of austenitic steel 316L made by laser-powder bed fusion. Progress in Additive Manufacturing 5 3 (2020) 287–294. DOI: https://doi.org/10.1007/s40964-019-00105-6.

[122] Villarraga-Gomez, H.; Peitsch, C.; Ramsey, A.; Smith, S.: The role of computed tomography in additive manufacturing. 2018 ASPE And Euspen Summer Topical Meeting: Advancing Precision In Additive Manufacturing (2018) 201–209.

[123] Zanini, F.; Sbettega, E.; Carmignato, S.: X-ray computed tomography for metal additive manufacturing: challenges and solutions for accuracy enhancement. Procedia CIRP 75 (2018) 114–118. DOI: https://doi.org/10.1016/j.procir.2018.04.050.

[124] Kim, F.; Pintar, A.; Moylan, S.; Garboczi, E.: The influence of x-ray computed tomography acquisition parameters on image quality and probability of detection of additive manufacturing defects. Journal of Manufacturing Science and Engineering 141 11 (2019). DOI: https://doi.org/10.1115/1.4044515.

[125] Ortega, N.; Martínez, S.; Cerrillo, I.; Lamikiz, A.; Ukar, E.: Computed tomography approach to quality control of the Inconel 718 components obtained by additive manufacturing (SLM). Procedia Manufacturing 13 (2017) 116–123. DOI: https://doi.org/10.1016/j.promfg.2017.09.018.

[126] Seifi, M.; Salem, A.; Beuth, J.; Harrysson, O.; Lewandowski, J.: Overview of materials qualification needs for metal additive manufacturing. JOM 68 3 (2016) 747–764. DOI: https://doi.org/10.1007/s11837-015-1810-0.

[127] Howe, R.; Shahbazmohamadi, S.; Bass, R.; Singh, P.: Digital evaluation and replication of period wind instruments: the role of micro-computed tomography and additive manufacturing. Early Music 42 4 (2014) 529–536. DOI: https://doi.org/10.1093/em/cau091.

[128] Berry, E.; Brown, J.; Connell, M.; Craven, C.; Efford, N.; Radjenovic, A.; Smith, M.: Preliminary experience with medical applications of rapid prototyping by selective laser sintering. Medical engineering & physics 19 1 (1997) 90–96. DOI: https://doi.org/10.1016/s1350-4533(96)00039-2.

[129] Bibb, R.; Thompson, D.; Winder, J.: Computed tomography characterisation of additive manufacturing materials. Medical engineering & physics 33 5 (2011) 590–596. DOI: https://doi.org/10.1016/j.medengphy.2010.12.015.

[130] Tammas-Williams, S.; Zhao, H.; Léonard, F.; Derguti, F.; Todd, I.; Prangnell, P.: XCT analysis of the influence of melt strategies on defect population in Ti–6Al–4V components manufactured by selective electron beam melting. Materials Characterization 102 (2015) 47–61. DOI: https://doi.org/10.1016/j.matchar.2015.02.008.

[131] Siddique, S.; Imran, M.; Rauer, M.; Kaloudis, M.; Wycisk, E.; Emmelmann, C.; Walther, F.: Computed tomography for characterization of fatigue performance of selective laser melted parts. Materials & Design 83 (2015) 661–669. DOI: https://doi.org/10.1016/j.matdes.2015.06.063.

[132] Maskery, I.; Aboulkhair, N.; Corfield, M.; Tuck, C.; Clare, A.; Leach, R.; Wildman, R.; Ashcroft, I.; Hague, R.: Quantification and characterisation of porosity in

selectively laser melted Al–Si10–Mg using X-ray computed tomography. Materials Characterization 111 (2016) 193–204. DOI: https://doi.org/10.1016/j.matchar.2015. 12.001.

[133] Slotwinski, J.; Garboczi, E.; Hebenstreit, K.: Porosity measurements and analysis for metal additive manufacturing process control. Journal of research of the National Institute of Standards and Technology 119 (2014) 494–528. DOI: https://doi.org/10. 6028/jres.119.019.

[134] Pyka, G.; Burakowski, A.; Kerckhofs, G.; Moesen, M.; van Bael, S.; Schrooten, J.; Wevers, M.: Surface modification of Ti6Al4V open porous structures produced by additive manufacturing. Advanced Engineering Materials 14 6 (2012) 363–370. DOI: https://doi.org/10.1002/adem.201100344.

[135] Pyka, G.; Kerckhofs, G.; Papantoniou, I.; Speirs, M.; Schrooten, J.; Wevers, M.: Surface roughness and morphology customization of additive manufactured open porous Ti6Al4V structures. Materials (Basel, Switzerland) 6 10 (2013) 4737–4757. DOI: https://doi.org/10.3390/ma6104737.

[136] Kerckhofs, G.; Pyka, G.; Moesen, M.; van Bael, S.; Schrooten, J.; Wevers, M.: High-resolution microfocus X-ray computed tomography for 3D surface roughness measurements of additive manufactured porous materials. Advanced Engineering Materials 15 3 (2013) 153–158. DOI: https://doi.org/10.1002/adem.201200156.

[137] Khrapov, D.; Surmeneva, M.; Koptioug, A.; Evsevleev, S.; Léonard, F.; Bruno, G.; Surmenev, R.: X-ray computed tomography of multiple-layered scaffolds with controlled gradient cell lattice structures fabricated via additive manufacturing. Journal of Physics: Conference Series 1145 (2019) 12044. DOI: https://doi.org/10.1088/1742-6596/1145/1/012044.

[138] Kruth, J.; Bartscher, M.; Carmignato, S.; Schmitt, R.; Chiffre, L. de; Weckenmann, A.: Computed tomography for dimensional metrology. CIRP Annals 60 2 (2011) 821–842. DOI: https://doi.org/10.1016/j.cirp.2011.05.006.

[139] Shah, P.; Racasan, R.; Bills, P.: Comparison of different additive manufacturing methods using computed tomography. Case Studies in Nondestructive Testing and Evaluation 6 (2016) 69–78. DOI: https://doi.org/10.1016/j.csndt.2016.05.008.

[140] Uhlig, H.; Schwabe, K. (Hrsg.): Korrosion und Korrosionsschutz. De Gruyter, ISBN 9783112596982 (1963).

[141] Kutz, M. (Hrsg.): Handbook of environmental degradation of materials. William Andrew an imprint of Elsevier, Kidlington, Oxford, Cambridge, MA, ISBN 978-0-323-52472-8 (2018).

[142] DIN EN ISO 8044 Korrosion von Metallen und Legierungen – Grundbegriffe. Beuth Verlag, Berlin (2020).

[143] EN ISO 17475 Korrosion von Metallen und Legierungen – Elektrochemische Prüfverfahren – Leitfaden für die Durchführung potentiostatischer und potentiodynamischer Polarisationsmessungen. Beuth Verlag, Berlin (2008).

[144] Stansbury, E.; Buchanan, R.: Fundamentals of electrochemical corrosion. ASM International, Materials Park, Ohio, ISBN 978-0-87170-676-8 (2000).

[145] König, W.: Fertigungsverfahren 3. Springer Berlin Heidelberg, Berlin, Heidelberg, ISBN 978-3-540-23492-0 (2006).

[146] Lee, E.-S.: Machining characteristics of the electropolishing of stainless steel (STS316L). The International Journal of Advanced Manufacturing Technology 16 8 (2000) 591–599. DOI: https://doi.org/10.1007/s001700070049.

[147] Faust, C.: Surface preparation by electropolishing. Journal of the Electrochemical Society 95 3 (1949) 62C-72C. DOI: https://doi.org/10.1149/1.3521287.

[148] Kim, U.; Park, J.: High-quality surface finishing of industrial three-dimensional metal additive manufacturing using electrochemical polishing. International Journal of Precision Engineering and Manufacturing-Green Technology 6 1 (2019) 11–21. DOI: https://doi.org/10.1007/s40684-019-00019-2.

[149] Łyczkowska-Widłak, E.; Lochyński, P.; Nawrat, G.: Electrochemical polishing of austenitic stainless steels. Materials (Basel, Switzerland) 13 11 (2020). DOI: https://doi.org/10.3390/ma13112557.

[150] Mohammad, A.; Wang, D.: Electrochemical mechanical polishing technology: recent developments and future research and industrial needs. The International Journal of Advanced Manufacturing Technology 86 5–8 (2016) 1909–1924. DOI: https://doi.org/10.1007/s00170-015-8119-6.

[151] Jain, S.; Corliss, M.; Tai, B.; Hung, W.: Electrochemical polishing of selective laser melted Inconel 718. Procedia Manufacturing 34 (2019) 239–246. DOI: https://doi.org/10.1016/j.promfg.2019.06.145.

[152] Persenot, T.; Buffiere, J.-Y.; Maire, E.; Dendievel, R.; Martin, G.: Fatigue properties of EBM as-built and chemically etched thin parts. Procedia Structural Integrity 7 (2017) 158–165. DOI: https://doi.org/10.1016/j.prostr.2017.11.073.

[153] Scherillo, F.: Chemical surface finishing of AlSi10Mg components made by additive manufacturing. Manufacturing Letters 19 (2019) 5–9. DOI: https://doi.org/10.1016/j.mfglet.2018.12.002.

[154] Formanoir, C. de; Suard, M.; Dendievel, R.; Martin, G.; Godet, S.: Improving the mechanical efficiency of electron beam melted titanium lattice structures by chemical etching. Additive Manufacturing 11 (2016) 71–76. DOI: https://doi.org/10.1016/j.addma.2016.05.001

[155] Radaj, D.; Vormwald, M.: Ermüdungsfestigkeit. Springer Berlin Heidelberg, Berlin, Heidelberg, ISBN 978-3-540-71458-3 (2007).

[156] Rösler, J.; Harders, H.; Bäker, M. (Hrsg.): Mechanisches Verhalten der Werkstoffe. Springer Fachmedien Wiesbaden, Wiesbaden, ISBN 978-3-658-26801-5 (2019).

[157] Bergmann, W.: Werkstofftechnik. Hanser, München, ISBN 978-3-446-41338-2 (2008).

[158] Walther, F.; Eifler, D.: Short-time procedure for the determination of woehler and fatigue life curves using mechanical, thermal and electrical data. Journal of solid mechanics and materials engineering 2 4 (2008) 507–518.

[159] Walther, F.: Microstructure-oriented fatigue assessment of construction materials and joints using short-time load increase procedure. 56 (2014) 519–527.

[160] DIN 50100 Schwingfestigkeitsversuch: Durchführung und Auswertung von zyklischen Versuchen mit konstanter Lastamplitude für metallische Werkstoffproben und Bauteile (2016).

[161] Bürgel, R.: Werkstoffe sicher beurteilen und richtig einsetzen. Vieweg, Wiesbaden, ISBN 978-3-8348-0078-7 (2005).

[162] Haibach, E.: Betriebsfestigkeit. Springer, Berlin (2006).

[163] Basquin, O.: The exponential law of endurance tests. Proceedings ASTM 10 (1910) 625–630.

[164] Maier, H.; Niendorf, T.; Bürgel, R.: Handbuch Hochtemperatur-Werkstofftechnik. Springer Fachmedien Wiesbaden, Wiesbaden (2015).

[165] Piotrowski, A.; Eifler, D.: Bewertung zyklischer Verformungsvorgänge metallischer Werkstoffe mit Hilfe mechanischer, thermometrischer und elektrischer meßverfahren Characterization of cyclic deformation behaviour by mechanical, thermometrical and electrical methods. Mat.-wiss. u. Werkstofftech. 26 (1995) 121–127.

[166] Walther, F.; Eifler, D.: Cyclic deformation behavior of steels and light-metal alloys. Materials Science and Engineering: A 468–470 (2007) 259–266. DOI: https://doi.org/10.1016/j.msea.2006.06.146.

[167] Sendrowicz, A.; Myhre, A.; Wierdak, S.; Vinogradov, A.: Challenges and accomplishments in mechanical testing instrumented by in situ techniques: Infrared thermography, digital image correlation, and acoustic emission. Applied Sciences 11 15 (2021) 6718. DOI: https://doi.org/10.3390/app11156718.

[168] Pan, B.; Qian, K.; Xie, H.; Asundi, A.: Two-dimensional digital image correlation for in-plane displacement and strain measurement: a review. Measurement Science and Technology 20 6 (2009) 62001. DOI: https://doi.org/10.1088/0957-0233/20/6/062001.

[169] Cunha, F.; Santos, T.; Xavier, J.: In situ monitoring of additive manufacturing using digital image correlation: a review. Materials (Basel, Switzerland) 14 6 (2021). DOI: https://doi.org/10.3390/ma14061511.

[170] Karlsson, J.; Sjögren, T.; Snis, A.; Engqvist, H.; Lausmaa, J.: Digital image correlation analysis of local strain fields on Ti6Al4V manufactured by electron beam melting. Materials Science and Engineering: A 618 (2014) 456–461. DOI: https://doi.org/10.1016/j.msea.2014.09.022.

[171] Radlof, W.; Polley, C.; Seitz, H.; Sander, M.: Influence of structure-determining parameters on the mechanical properties and damage behavior of electron beam melted lattice structures under quasi-static and fatigue compression loading. Materials Letters 289 (2021) 129380. DOI: https://doi.org/10.1016/j.matlet.2021.129380.

[172] Douellou, C.; Balandraud, X.; Duc, E.; Verquin, B.; Lefebvre, F.; Sar, F.: Fast fatigue characterization by infrared thermography for additive manufacturing. Procedia Structural Integrity 19 (2019) 90–100. DOI: https://doi.org/10.1016/j.prostr.2019.12.011.

[173] Fan, J.; Guo, X.; Wu, C.: A new application of the infrared thermography for fatigue evaluation and damage assessment. International Journal of Fatigue 44 (2012) 1–7. DOI: https://doi.org/10.1016/j.ijfatigue.2012.06.003.

[174] WAGNER, D.; RANC, N.; BATHIAS, C.; PARIS, P.: Fatigue crack initiation detection by an infrared thermography method. Fatigue & Fracture of Engineering Materials and Structures (2009). DOI: https://doi.org/10.1111/j.1460-2695.2009.01410.x.

[175] Chrysochoos, A.: Infrared thermography applied to the analysis of material behavior: a brief overview. Quantitative InfraRed Thermography Journal 9 2 (2012) 193–208. DOI: https://doi.org/10.1080/17686733.2012.746069.

[176] Mold, L.; Auer, M.; Strauss, A.; Hoffmann, M.; Täubling, B.: Thermografie zur Erfassung von Schäden an Brückenbauwerken. Bautechnik 97 11 (2020) 789–801. DOI: https://doi.org/10.1002/bate.201800057

[177] Schmiedt-Kalenborn, A.: Mikrostrukturbasierte Charakterisierung des Ermüdungs- und Korrosionsermüdungsverhaltens von Lötverbindungen des Austenits X2CrNi18-9 mit Nickel- und Goldbasislot. Springer Fachmedien Wiesbaden, Wiesbaden, ISBN 978-3-658-30104-0 (2020).

[178] Starke, P.; Walther, F.: Modellbasierte Korrelation zwischen dem elektrischen Widerstand und der Versetzungsstruktur des ermüdungsbeanspruchten ICE-Radstahls R7. Materials Testing 57 (2015) 9–16.

[179] SUN, B.; YANG, L.; GUO, Y.: A high-cycle fatigue accumulation model based on electrical resistance for structural steels. Fatigue & Fracture of Engineering Materials and Structures 30 11 (2007) 1052–1062. DOI: https://doi.org/10.1111/j.1460-2695.2007.01175.x.

[180] Radlof, W.; Panwitt, H.; Benz, C.; Sander, M.: Image-based and in-situ measurement techniques for the characterization of the damage behavior of additively manufactured lattice structures under fatigue loading. Procedia Structural Integrity 38 (2022) 50–59. DOI: https://doi.org/10.1016/j.prostr.2022.03.006.

[181] Hallensleben, P.: Werkstoffwissenschaftliche Untersuchungen zur Entwicklung von Mikrostrukturen und Defekten bei der einkristallinen Erstarrung von Nickelbasis-Superlegierungen mittels einer Bridgman-Seed-Technik, Dissertation, Ruhr-Universität Bochum (2017).

[182] Kurz, W.; Fisher, D.: Fundamentals of solidification. Trans Tech Publications, Uetikon-Zürich, ISBN 978-0878498048 (1998).

[183] Ilschner, B.; Singer, R.: Werkstoffwissenschaften und Fertigungstechnik. Springer Berlin Heidelberg, Berlin, Heidelberg, ISBN 978-3-642-01733-9 (2010).

[184] Ramsperger, M.; Mújica Roncery, L.; Lopez-Galilea, I.; Singer, R.; Theisen, W.; Körner, C.: Solution heat treatment of the single crystal nickel-base superalloy CMSX-4 fabricated by selective electron beam melting. Advanced Engineering Materials 17 10 (2015) 1486–1493. DOI: https://doi.org/10.1002/adem.201500037.

[185] Heine, B.: Nickelbasis-Superlegierungen für Flugzeugantriebe aus metallkundlicher Sicht. WOMag (2014).

[186] Sanchez, S.; Smith, P.; Xu, Z.; Gaspard, G.; Hyde, C.; Wits, W.; Ashcroft, I.; Chen, H.; Clare, A.: Powder bed fusion of nickel-based superalloys: A review. International Journal of Machine Tools and Manufacture 165 (2021) 103729. DOI: https://doi.org/10.1016/j.ijmachtools.2021.103729.

[187] Kirka, M.; Medina, F.; Dehoff, R.; Okello, A.: Mechanical behavior of post-processed Inconel 718 manufactured through the electron beam melting process. Materials Science and Engineering: A 680 (2017) 338–346. DOI: https://doi.org/10.1016/j.msea.2016.10.069.

[188] Kaynak, Y.; Tascioglu, E.: Post-processing effects on the surface characteristics of Inconel 718 alloy fabricated by selective laser melting additive manufacturing. Progress in Additive Manufacturing 5 2 (2020) 221–234. DOI: https://doi.org/10.1007/s40964-019-00099-1.

[189] Sun, S.-H.; Koizumi, Y.; Saito, T.; Yamanaka, K.; Li, Y.-P.; Cui, Y.; Chiba, A.: Electron beam additive manufacturing of Inconel 718 alloy rods: Impact of build direction on microstructure and high-temperature tensile properties. Additive Manufacturing 23 (2018) 457–470. DOI: https://doi.org/10.1016/j.addma.2018.08.017.

[190] Renhof, L.: Mikrostruktur und mechanische Eigenschaften der Nickellegierung IN 718, Dissertation, Fakultät für Maschinenwesen, TU München (2007).

[191] Dehmas, M.; Lacaze, J.; Niang, A.; Viguier, B.: TEM study of high-temperature precipitation of celta phase in Inconel 718 alloy. Advances in Materials Science and Engineering (2011) 1–9. DOI: https://doi.org/10.1155/2011/940634.

[192] Uhlmann, E.; Wiemann, E.; Zettier, R.: Untersuchung des Zerspanverhaltens von Inconel 718. wt Werkstattstechnik online 95 1/2 (2005) 62–67.

[193] DIN 17744 Nickel-Knetlegierungen mit Molybdän und Chrom – Zusammensetzung. Beuth Verlag, Berlin (2020).

[194] Deng, D.; Moverare, J.; Peng, R.; Söderberg, H.: Microstructure and anisotropic mechanical properties of EBM manufactured Inconel 718 and effects of post heat treatments. Materials Science and Engineering: A 693 (2017) 151–163. DOI: https://doi.org/10.1016/j.msea.2017.03.085.

[195] Azadian, S.; Wei, L.-Y.; Warren, R.: Delta phase precipitation in Inconel 718. Materials Characterization 53 1 (2004) 7–16. DOI: https://doi.org/10.1016/j.matchar.2004.07.004.

[196] Kuo, C.-M.; Yang, Y.-T.; Bor, H.-Y.; Wei, C.-N.; Tai, C.-C.: Aging effects on the microstructure and creep behavior of Inconel 718 superalloy. Materials Science and Engineering: A 510–511 (2009) 289–294. DOI: https://doi.org/10.1016/j.msea.2008.04.097

[197] Kirka, M.; Greeley, D.; Hawkins, C.; Dehoff, R.: Effect of anisotropy and texture on the low cycle fatigue behavior of Inconel 718 processed via electron beam melting. International Journal of Fatigue 105 (2017) 235–243. DOI: https://doi.org/10.1016/j.ijfatigue.2017.08.021.

[198] Al-Juboori, L.; Niendorf, T.; Brenne, F.: On the tensile properties of Inconel 718 fabricated by EBM for as-built and heat-treated components. Metallurgical and Materials Transactions B 49 6 (2018) 2969–2974. DOI: https://doi.org/10.1007/s11663-018-1407-4.

[199] Strondl, A.; Fischer, R.; Frommeyer, G.; Schneider, A.: Investigations of MX and γ'/γ'' precipitates in the nickel-based superalloy 718 produced by electron beam melting. Materials Science and Engineering: A 480 1–2 (2008) 138–147. DOI: https://doi.org/10.1016/j.msea.2007.07.012.

[200] Smith, C.; Derguti, F.; Hernandez Nava, E.; Thomas, M.; Tammas-Williams, S.; Gulizia, S.; Fraser, D.; Todd, I.: Dimensional accuracy of Electron Beam Melting (EBM) additive manufacture with regard to weight optimized truss structures. Journal of Materials Processing Technology 229 (2016) 128–138. DOI: https://doi.org/10.1016/j.jmatprotec.2015.08.028.

[201] Karimi, P.; Schnur, C.; Sadeghi, E.; Andersson, J.: Contour design to improve topographical and microstructural characteristics of Alloy 718 manufactured by electron beam-powder bed fusion technique. Additive Manufacturing 32 (2020) 101014. DOI: https://doi.org/10.1016/j.addma.2019.101014

[202] Körner, C.; Helmer, H.; Bauereiß, A.; Singer, R.: Tailoring the grain structure of IN718 during selective electron beam melting. MATEC Web of Conferences 14 1–2 (2014) 8001. DOI: https://doi.org/10.1051/matecconf/20141408001.

[203] Fu, Z.; Körner, C.: Actual state-of-the-art of electron beam powder bed fusion. European Journal of Materials 2 1 (2022) 54–116. DOI: https://doi.org/10.1080/26889277. 2022.2040342.

[204] Lee, H.-J.; Kim, H.-K.; Hong, H.-U.; Lee, B.-S.: Influence of the focus offset on the defects, microstructure, and mechanical properties of an Inconel 718 superalloy fabricated by electron beam additive manufacturing. Journal of Alloys and Compounds 781 (2019) 842–856. DOI: https://doi.org/10.1016/j.jallcom.2018.12.070.

[205] Deng, D.; Peng, R.; Söderberg, H.; Moverare, J.: On the formation of microstructural gradients in a nickel-base superalloy during electron beam melting. Materials & Design 160 (2018) 251–261. DOI: https://doi.org/10.1016/j.matdes.2018.09.006.

[206] Sochalski-Kolbus, L.; Payzant, E.; Cornwell, P.; Watkins, T.; Babu, S.; Dehoff, R.; Lorenz, M.; Ovchinnikova, O.; Duty, C.: Comparison of residual stresses in Inconel 718 simple parts made by Electron Beam Melting and Direct Laser Metal Sintering. Metallurgical and Materials Transactions A 46 3 (2015) 1419–1432. DOI: https://doi. org/10.1007/s11661-014-2722-2.

[207] Helmer, H.; Körner, C.; Singer, R.: Additive manufacturing of nickel-based superalloy Inconel 718 by selective electron beam melting: Processing window and microstructure. Journal of Materials Research 29 17 (2014) 1987–1996. DOI: https://doi.org/10. 1557/jmr.2014.192.

[208] Yong, C.; Gibbons, G.; Wong, C.; West, G.: A critical review of the material characteristics of additive manufactured IN718 for high-temperature application. Metals 10 12 (2020) 1576. DOI: https://doi.org/10.3390/met10121576.

[209] ISO 13314 Mechanical testing of metals – Ductility testing – Compression test for porous and cellular metals. IHS (2011).

[210] List, F.; Dehoff, R.; Lowe, L.; Sames, W.: Properties of Inconel 625 mesh structures grown by electron beam additive manufacturing. Materials Science and Engineering: A 615 (2014) 191–197. DOI: https://doi.org/10.1016/j.msea.2014.07.051.

[211] Huynh, L.; Rotella, J.; Sangid, M.: Fatigue behavior of IN718 microtrusses produced via additive manufacturing. Materials & Design 105 (2016) 278–289. DOI: https:// doi.org/10.1016/j.matdes.2016.05.032.

[212] Wang, Z.; Zhao, Z.; Liu, B.; Huo, P.; Bai, P.: Compression properties of porous Inconel 718 alloy formed by selective laser melting. Advanced Composites and Hybrid Materials 4 4 (2021) 1309–1321. DOI: https://doi.org/10.1007/s42114-021-00327-9.

[213] Balachandramurthi, A.; Moverare, J.; Hansson, T.; Pederson, R.: Anisotropic fatigue properties of Alloy 718 manufactured by Electron Beam Powder Bed Fusion. International Journal of Fatigue 141 (2020) 105898. DOI: https://doi.org/10.1016/j.ijfatigue. 2020.105898.

[214] Lee, S.-C.; Chang, S.-H.; Tang, T.-P.; Ho, H.-H.; Chen, J.-K.: Improvement in the microstructure and tensile properties of Inconel 718 superalloy by HIP treatment. Materials Transactions 47 11 (2006) 2877–2881. DOI: https://doi.org/10.2320/matert rans.47.2877.

[215] Lee, K.-O.; Bae, K.-H.; Lee, S.-B.: Comparison of prediction methods for low-cycle fatigue life of HIP superalloys at elevated temperatures for turbopump reliability. Materials Science and Engineering: A 519 1–2 (2009) 112–120. DOI: https://doi.org/ 10.1016/j.msea.2009.04.044.

[216] Chan, K.: Characterization and analysis of surface notches on Ti-alloy plates fabricated by additive manufacturing techniques. Surface Topography: Metrology and Properties 3 4 (2015) 44006. DOI: https://doi.org/10.1088/2051-672X/3/4/044006.

[217] Balachandramurthi, A.; Moverare, J.; Dixit, N.; Pederson, R.: Influence of defects and as-built surface roughness on fatigue properties of additively manufactured Alloy 718. Materials Science and Engineering: A 735 (2018) 463–474. DOI: https://doi.org/10.1016/j.msea.2018.08.072.

[218] Kotzem, D.; Arold, T.; Niendorf, T.; Walther, F.: Influence of specimen position on the build platform on the mechanical properties of as-built direct aged electron beam melted Inconel 718 alloy. Materials Science and Engineering: A 772 (2020) 138785. DOI: https://doi.org/10.1016/j.msea.2019.138785.

[219] Kotzem, D.; Arold, T.; Niendorf, T.; Walther, F.: Damage tolerance evaluation of E-PBF-manufactured Inconel 718 strut geometries by advanced characterization techniques. Materials (Basel, Switzerland) 13 1 (2020) 1–21. DOI: https://doi.org/10.3390/ma13010247.

[220] Kotzem, D.; Ohlmeyer, H.; Walther, F.: Damage tolerance evaluation of a unit cell plane based on electron beam powder bed fusion (E-PBF) manufactured Ti6Al4V alloy. Procedia Structural Integrity 28 (2020) 11–18. DOI: https://doi.org/10.1016/j.prostr.2020.10.003.

[221] Kotzem, D.; Höffgen, A.; Raveendran, R.; Stern, F.; Möhring, K.; Walther, F.: Position-dependent mechanical characterization of the PBF-EB-manufactured Ti6Al4V alloy. Progress in Additive Manufacturing (2021). DOI: https://doi.org/10.1007/s40964-021-00228-9.

[222] Kotzem, D.; Dumke, P.; Sepehri, P.; Tenkamp, J.; Walther, F.: Effect of miniaturization and surface roughness on the mechanical properties of the electron beam melted superalloy Inconel®718. Progress in Additive Manufacturing 117 (2019) 371. DOI: https://doi.org/10.1007/s40964-019-00101-w.

[223] Brockmann, S.; Krupp, U. (Hrsg.): Werkstoffprüfung 2021 – Werkstoffe und Bauteile auf dem Prüfstand. Stahlinstitut VDEh, Düsseldorf, ISBN 978-3-941269-98-9 (2021).

[224] Kotzem, D.; Arold, T.; Bleicher, K.; Raveendran, R.; Niendorf, T.; Walther, F.: Ti6Al4V lattice structures manufactured by electron beam powder bed fusion – Microstructural and mechanical characterization based on advanced in situ techniques. Journal of Materials Research and Technology (2022). DOI: https://doi.org/10.1016/j.jmrt.2022.12.075.

[225] Kotzem, D.; Tazerout, D.; Arold, T.; Niendorf, T.; Walther, F.: Failure mode map for E-PBF manufactured Ti6Al4V sandwich panels. Engineering Failure Analysis 121 (2021) 105159. DOI: https://doi.org/10.1016/j.engfailanal.2020.105159

[226] Sepehri, P.: Influence of large-scale and near-net-shape components on resulting surface roughness, microstructure, defect distribution and fatigue properties based on the electron beam melted Inconel 718 alloy, Masterarbeit, Technische Universität Dortmund (2019).

[227] Bleicher, K.: Ermittlung der Schädigungs- und Versagensmechanismen additiv gefertigter Ti6Al4V-Gitterstrukturen, Projektarbeit, Technische Universität Dortmund (2021).

[228] Tazerout, D.: Oberflächencharakterisierung additiv gefertigter Bauteile auf Basis röntgenografischer Datensätze, Projektarbeit, Technische Universität Dortmund (2019).

[229] Riemann, J.: Entwicklung von Methoden zur Verbesserung und Quantifizierung der Oberflächen-qualität additiv gefertigter komplexer Strukturen, Bachelorarbeit, Technische Universität Dortmund (2022).

[230] Aytas, H.: Qualifizierung des elektrochemischen Polierens zur gezielten Oberflächenbeeinflussung additiv gefertigter Strukturen mit steigender Komplexität, Masterarbeit, Technische Universität Dortmund (2022).

[231] ISO 1099 Metallic materials – Fatigue testing – Axial force-controlled method (2006).

[232] DIN 4287 Geometrische Produktspezifikation (GPS) – Oberflächenbeschaffenheit: Tastschnittverfahren – Benennungen, Definitionen und Kenngrößen der Oberflächenbeschaffenheit. Beuth Verlag, Berlin (2010).

[233] Bernhard, F.: Technische Temperaturmessung. Springer Berlin Heidelberg, Berlin, Heidelberg, ISBN 978-3-642-62344-8 (2004).

[234] DIN 50918 Korrosion der Metalle — Elektrochemische Korrosionsuntersuchungen. Beuth Verlag, Berlin (2018).

[235] Davim, J.: Design of experiments in production engineering. Springer International Publishing, Cham, ISBN 978-3-319-23837-1 (2016).

[236] Siebertz, K.; van Bebber, D.; Hochkirchen, T.: Statistische Versuchsplanung. Springer Berlin Heidelberg, Berlin, Heidelberg, ISBN 978-3-662-55742-6 (2017).

[237] DIN 6892-1 Metallische Werkstoffe – Zugversuch – Teil 1: Prüfverfahren bei Raumtemperatur. Beuth Verlag, Berlin (2020).

[238] Huang, M.; Jiang, L.; Liaw, P.; Brooks, C.; Seeley, R.; Klarstrom, D.: Using acoustic emission in fatigue and fracture materials research. JOM 50 11 (1998).

[239] Mazal, P.; Vlasic, F.; Koula, V.: Use of acoustic emission method for identification of fatigue micro-cracks creation. Procedia Engineering 133 (2015) 379–388. DOI: https://doi.org/10.1016/j.proeng.2015.12.667.

[240] Kotzem, D.; Walther, F.: Mechanical assessment of PBF-EB manufactured IN718 lattice structures. In: Da Silva, L. F. M., Ravi Kumar, D., Reis Vaz, M. d. F., Carbas, R. J. C. (Hrsg.) – 1st International Conference on Engineering Manufacture 2022, 3–18, Springer International Publishing, Cham, ISBN 978-3-031-13233-9 (2023).

[241] Dumke, P.: Charakterisierung mikrostruktureller Besonderheiten und quasistatischer Eigenschaften der mittels Elektronenstrahlschmelzen (EBM) hergestellten Inconel 718-Legierung, Bachelorarbeit, Technische Universität Dortmund (2019).

[242] Tillmann, W.; Schaak, C.; Nellesen, J.; Schaper, M.; Aydinöz, M.; Hoyer, K.-P.: Hot isostatic pressing of IN718 components manufactured by selective laser melting. Additive Manufacturing 13 (2017) 93–102. DOI: https://doi.org/10.1016/j.addma. 2016.11.006.

[243] Cakmak, E.; Kirka, M.; Watkins, T.; Cooper, R.; An, K.; Choo, H.; Wu, W.; Dehoff, R.; Babu, S.: Microstructural and micromechanical characterization of IN718 theta shaped specimens built with electron beam melting. Acta Materialia 108 (2016) 161–175. DOI: https://doi.org/10.1016/j.actamat.2016.02.005.

[244] Strondl, A.; Palm, M.; Gnauk, J.; Frommeyer, G.: Microstructure and mechanical properties of nickel based superalloy IN718 produced by rapid prototyping with electron beam melting (EBM). Materials Science and Technology 27 5 (2011) 876–883. DOI: https://doi.org/10.1179/026708309X12468927349451.

[245] Shassere, B.; Greeley, D.; Okello, A.; Kirka, M.; Nandwana, P.; Dehoff, R.: Correlation of microstructure to creep response of hot isostatically pressed and aged electron

beam melted Inconel 718. Metallurgical and Materials Transactions A 49 10 (2018) 5107–5117. DOI: https://doi.org/10.1007/s11661-018-4812-z.

[246] Helmer, H.; Bauereiß, A.; Singer, R.; Körner, C.: Grain structure evolution in Inconel 718 during selective electron beam melting. Materials Science and Engineering: A 668 (2016) 180–187. DOI: https://doi.org/10.1016/j.msea.2016.05.046.

[247] Kirka, M.; Unocic, K.; Raghavan, N.; Medina, F.; Dehoff, R.; Babu, S.: Microstructure development in electron beam-melted Inconel 718 and associated tensile properties. JOM 68 3 (2016) 1012–1020. DOI: https://doi.org/10.1007/s11837-016-1812-6.

[248] Ziółkowski, G.; Chlebus, E.; Szymczyk, P.; Kurzac, J.: Application of X-ray CT method for discontinuity and porosity detection in 316L stainless steel parts produced with SLM technology. Archives of Civil and Mechanical Engineering 14 4 (2014) 608–614. DOI: https://doi.org/10.1016/j.acme.2014.02.003.

[249] Polonsky, A.; Echlin, M.; Lenthe, W.; Dehoff, R.; Kirka, M.; Pollock, T.: Defects and 3D structural inhomogeneity in electron beam additively manufactured Inconel 718. Materials Characterization 143 (2018) 171–181. DOI: https://doi.org/10.1016/j.matchar.2018.02.020.

[250] Galarraga, H.; Lados, D.; Dehoff, R.; Kirka, M.; Nandwana, P.: Effects of the microstructure and porosity on properties of Ti-6Al-4V ELI alloy fabricated by electron beam melting (EBM). Additive Manufacturing 10 (2016) 47–57. DOI: https://doi.org/10.1016/j.addma.2016.02.003.

[251] Gong, H.; Rafi, K.; Starr, T.; Stucker, B.: The effects of processing parameters on defect regularity in Ti-6Al-4V parts fabricated by selective laser melting and electron beam melting. Proceedings of the Solid Freeform Fabrication Symposium (2013) 424–439.

[252] Amato, K.; Gaytan, S.; Murr, L.; Martinez, E.; Shindo, P.; Hernandez, J.; Collins, S.; Medina, F.: Microstructures and mechanical behavior of Inconel 718 fabricated by selective laser melting. Acta Materialia 60 5 (2012) 2229–2239. DOI: https://doi.org/10.1016/j.actamat.2011.12.032.

[253] Edwards, P.; Ramulu, M.: Fatigue performance evaluation of selective laser melted Ti–6Al–4V. Materials Science and Engineering: A 598 (2014) 327–337. DOI: https://doi.org/10.1016/j.msea.2014.01.041.

[254] Algardh, J.; Horn, T.; West, H.; Aman, R.; Snis, A.; Engqvist, H.; Lausmaa, J.; Harrysson, O.: Thickness dependency of mechanical properties for thin-walled titanium parts manufactured by Electron Beam Melting (EBM) ®. Additive Manufacturing 12 (2016) 45–50. DOI: https://doi.org/10.1016/j.addma.2016.06.009.

[255] Townsend, A.; Senin, N.; Blunt, L.; Leach, R.; Taylor, J.: Surface texture metrology for metal additive manufacturing: a review. Precision Engineering 46 (2016) 34–47. DOI: https://doi.org/10.1016/j.precisioneng.2016.06.001.

[256] Persenot, T.; Martin, G.; Dendievel, R.; Buffiére, J.-Y.; Maire, E.: Enhancing the tensile properties of EBM as-built thin parts: Effect of HIP and chemical etching. Materials Characterization 143 (2018) 82–93. DOI: https://doi.org/10.1016/j.matchar.2018.01.035.

[257] Masuo, H.; Tanaka, Y.; Morokoshi, S.; Yagura, H.; Uchida, T.; Yamamoto, Y.; Murakami, Y.: Effects of defects, surface roughness and HIP on fatigue strength of Ti-6Al-4V manufactured by additive manufacturing. Procedia Structural Integrity 7 (2017) 19–26. DOI: https://doi.org/10.1016/j.prostr.2017.11.055.

[258] Wang, P.; Sin, W.; Nai, M.; Wei, J.: Effects of processing parameters on surface rough-ness of additive manufactured Ti-6Al-4V via electron beam melting. Materials (Basel, Switzerland) 10 10 (2017). DOI: https://doi.org/10.3390/ma10101121.

[259] van Bael, S.; Kerckhofs, G.; Moesen, M.; Pyka, G.; Schrooten, J.; Kruth, J.: Micro-CT-based improvement of geometrical and mechanical controllability of selective laser melted Ti6Al4V porous structures. Materials Science and Engineering: A 528 24 (2011) 7423–7431. DOI: https://doi.org/10.1016/j.msea.2011.06.045.

[260] Arabnejad, S.; Burnett Johnston, R.; Pura, J.; Singh, B.; Tanzer, M.; Pasini, D.: High-strength porous biomaterials for bone replacement: A strategy to assess the interplay between cell morphology, mechanical properties, bone ingrowth and manufacturing constraints. Acta biomaterialia 30 (2016) 345–356. DOI: https://doi.org/10.1016/j.act bio.2015.10.048.

[261] Chahid, Y.; Racasan, R.; Pagani, L.; Townsend, A.; Liu, A.; Bills, P.; Blunt, L.: Para-metrically designed surface topography on CAD models of additively manufactured lattice structures for improved design validation. Additive Manufacturing 37 (2021) 101731. DOI: https://doi.org/10.1016/j.addma.2020.101731.

[262] Sombatmai, A.; Uthaisangsuk, V.; Wongwises, S.; Promoppatum, P.: Multiscale inves-tigation of the influence of geometrical imperfections, porosity, and size-dependent features on mechanical behavior of additively manufactured Ti-6Al-4V lattice struts. Materials & Design 209 (2021) 109985. DOI: https://doi.org/10.1016/j.matdes.2021. 109985.

[263] Huang, C.; Chen, Y.; Chang, J.: The electrochemical polishing behavior of the Inconel 718 alloy in perchloric–acetic mixed acids. Corrosion Science 50 2 (2008) 480–489. DOI: https://doi.org/10.1016/j.corsci.2007.07.005.

[264] Zhang, D.; Niu, W.; Cao, X.; Liu, Z.: Effect of standard heat treatment on the microstructure and mechanical properties of selective laser melting manufactured Inconel 718 superalloy. Materials Science and Engineering: A 644 (2015) 32–40. DOI: https://doi.org/10.1016/j.msea.2015.06.021.

[265] Del Guercio, G.; Galati, M.; Saboori, A.: Innovative approach to evaluate the mecha-nical performance of Ti–6Al–4V lattice structures produced by electron beam melting process. Metals and Materials International 27 1 (2021) 55–67. DOI: https://doi.org/ 10.1007/s12540-020-00745-2.

[266] Kahlin, M.; Ansell, H.; Moverare, J.: Fatigue behaviour of additive manufactured Ti6Al4V, with as-built surfaces, exposed to variable amplitude loading. International Journal of Fatigue 103 (2017) 353–362. DOI: https://doi.org/10.1016/j.ijfatigue.2017. 06.023.

[267] Qvale, P.; Härkegård, G.: A simplified method for weakest-link fatigue assessment based on finite element analysis. International Journal of Fatigue 100 (2017) 78–83. DOI: https://doi.org/10.1016/j.ijfatigue.2017.03.010.

[268] Siddique, S.; Awd, M.; Tenkamp, J.; Walther, F.: Development of a stochastic approach for fatigue life prediction of AlSi12 alloy processed by selective laser mel-ting. Engineering Failure Analysis 79 (2017) 34–50. DOI: https://doi.org/10.1016/j. engfailanal.2017.03.015.

[269] Razavi, S.; van Hooreweder, B.; Berto, F.: Effect of build thickness and geome-try on quasi-static and fatigue behavior of Ti-6Al-4V produced by Electron Beam

Melting. Additive Manufacturing 36 (2020) 101426. DOI: https://doi.org/10.1016/j.addma.2020.101426.

[270] Jambor, M.; Bokůvka, O.; Nový, F.; Trško, L.; Belan, J.: Phase transformations in nickel base superalloy Inconel 718 during cyclic loading at high temperature. Production Engineering Archives 15 15 (2017) 15–18. DOI: https://doi.org/10.30657/pea.2017.15.04.

[271] Hilaire, A.; Andrieu, E.; Wu, X.: High-temperature mechanical properties of alloy 718 produced by laser powder bed fusion with different processing parameters. Additive Manufacturing 26 (2019) 147–160. DOI: https://doi.org/10.1016/j.addma.2019.01.012.

[272] Du, J.; Lu, X.; Deng, Q.; Qu, J.; Zhuang, J.; Zhong, Z.: High-temperature structure stability and mechanical properties of novel 718 superalloy. Materials Science and Engineering: A 452–453 (2007) 584–591. DOI: https://doi.org/10.1016/j.msea.2006.11.039.

[273] Fournier, D.; Pineau, A.: Low cycle fatigue behavior of inconel 718 at 298 K and 823 K. Metallurgical and Materials Transactions A 8 7 (1977) 1095–1105. DOI: https://doi.org/10.1007/BF02667395.

Printed in the United States
by Baker & Taylor Publisher Services